JN314207

新編

図解
情報通信ネットワークの基礎

田村　武志 著

共立出版

はじめに

　通信技術はわずか160年程の歴史の中で目覚ましい発展を遂げました．我々は，今日の最先端の通信技術が，先輩技術者のたゆみない努力の積み重ねにより，「今日がある」ことを忘れてはならないと思います．その技術がどのようにして生まれ，改善が行われ，そして発展し，今日あるのか，それを理解する必要があります．

　今日のITの先端技術を理解する上で，これは大変重要なことです．たとえば，長波や短波を使って始まった無線通信が，衛星通信に代わり，そしてモバイルに進展し，今や個人でも高速・大容量の音声，データおよび映像による双方向通信が利用できるようになりました．モバイル通信でも，光ファイバーケーブル通信に匹敵するような高速通信が可能になりました．

　本書は，情報通信工学系の大学や高専で，情報通信技術やネットワーク技術を学ぶ人を対象に作成した教科書です．前著「図解　情報通信ネットワークの基礎」が長年，高専や大学における「教科書」として利用いただきました．

　「データ伝送」や「交換」といった言葉は，今ではあまり使われなくなりました．しかし，現在の先端技術は，「データ伝送」や「交換」技術がベースになって進展しました．

　本書は，通信やネットワーク技術の先端技術だけを取り上げて解説した本ではありません．今では古くなった「データ伝送」や「交換」技術もあえて解説しています．それは，現在の先端技術は，複雑で高度な技術が使われていますが，その考え方は，「データ伝送」や「交換」時代に誕生した技術がベースになっているからです．これを知ることは，現在の先端技術を理解する上で役立ちます．

　情報通信ネットワークは日進月歩で，扱う範囲も広く，全体を把握するのがなかなか難しい学問です．したがって，本書では全体が把握できるように，「学習アーキテクチュア」（次頁の図）を定義し，全体が展望できるようにしました．

　本書は，第1章から第10章まで，全10章で構成しました．先ずこの「学習ア

```
            ┌──┬─────────────────────────┬──┐
            │9.│ 8. ネットワークサービス  │10│
            │  │ ┌──────────────────────┐ │  │
            │待│ │ 7. モバイル通信      │←│ネ│
            │ち│ ├──────────────────────┤ │ッ│
            │行│ │ 6. インターネット技術│←│ト│
            │列│ ├──────────────────────┤ │ワ│
            │理│ │ 5. 通信プロトコル    │ │ー│
            │論│ ├──────────────────────┤ │ク│
            │・│ │ 4. LAN/WAN           │ │セ│
            │信│ └──────────────────────┘ │キ│
            │頼│ ┌──────────────────────┐ │ュ│
            │性│ │ 3. PCM伝送と伝送メディア│ │リ│
            │理│ └──────────────────────┘ │テ│
            │論│ 1. データ伝送基礎技術 2. 交換基礎技術│ィ│
            └──┴─────────────────────────┴──┘
                       学習アーキテクチュア
```

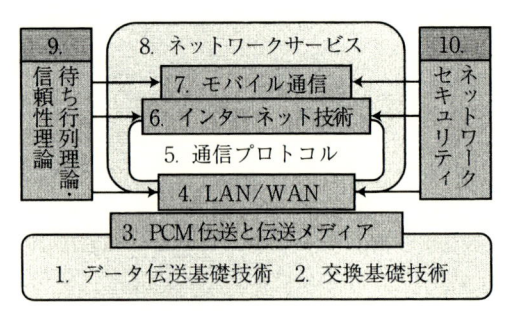

ーキテクチュア」によって，本書の全体像と流れを把握してください．

「学習アーキテクチュア」からわかるように，1. データ伝送技術，2. 交換技術，3. PCM伝送と伝送メディアは，先端技術を支える基盤技術です．そのため，一番下の「土台」に位置付けられています．そして，その土台の上に，4. LAN/WAN，5. 通信プロトコル，6. インターネット技術，7. モバイル通信が位置しています．さらに，これらの技術を包み込むように，通信事業者（プロバイダ）が提供する，8. ネットワークサービスが位置しています．ネットワーク技術者は，通信事業者が提供する各種ネットワークサービスを十分に理解したうえで，自社の業務にあった最適なネットワークを構築しなければなりません．さらに，9. 待ち行列理論と信頼性理論および，10. ネットワークセキュリティが，左右に位置しています．待ち行列理論は，通信やネットワーク技術の本流ではありませんが，ネットワーク設計をするうえで，非常に重要な理論です．また，「ネットワークセキュリティ」はネットワーク設計をする際に，最初に考えなければならない重要事項です．安全・安心なネットワークを構築し，運用保守・管理するために，セキュリティが重要であることには言うまでもありません．

本書の特徴は，以下のとおりです．
① ネットワーク技術の重要事項を10章にまとめた．
② 学習アーキテクチュアを定義し，「ネットワークの知識」を体系化し，構造化してわかりやすくした．
③ 単に表面的な技術を解説するのではなく，技術の歴史をたどり，その技術が

はじめに v

どのように誕生し，発展し，今日の先端技術になったかを体系的に学べるようにした．
④ 章の最後には，演習問題を用意し，略解を巻末に示した．

　本書は，ネットワークエンジニアを目指す高専や大学学部の学生，社会人を対象に，情報通信ネットワークの基礎技術から応用技術までをわかりやすく，体系的にまとめた教科書です．以下，各章の概要を示します．

　第1章ではデータ伝送の発展経緯，基礎技術を概観し，今日のネットワーク技術の基本となった技術を解説します．たとえば，HDLCの概念は，情報をフレームとして扱い，双方向の連続伝送を可能にする画期的な技術で，この考え方が，今日のパケット交換，フレームリレー交換，ATM交換などに発展しました．第2章では，交換の基礎およびパケット交換の基礎について説明します．第3章では，PCM伝送とマルチメディアの要素技術である音声・画像圧縮技術を説明します．またこの章では，伝送メディアとして，地上マイクロ波システムや衛星通信システム，光ファイバーなど，基幹通信システムについて説明します．第4章では，LANとWANについて説明します．

　第5章では，通信プロトコルについて説明します．ここでは，OSI参照モデルの各層の機能，論理構造を把握することが重要です．また，インターネットのプロトコルであるTCP/IPは特に重要です．TCP/IPについては，かなり詳しく説明してあります．第6章では，インターネットの仕組みや，基本技術を取り上げ説明します．第7章では，携帯電話ネットワークや携帯電話端末の構造，仕組みについて説明します．ここでは，CDMAの中心的技術であるスペクトラム拡散の考え方が重要です．第8章のネットワークサービスでは，プロバイダが提供する各種のサービスについて説明します．VPN，MPLS，広域イーサネット，クラウドコンピューティングなどのサービスを理解しておきましょう．

　第9章では，待ち行列やトラフィック理論，信頼性理論を例題中心に説明します．最後の第10章では，ネットワークセキュリティを説明します．暗号化技術の概念など，セキュリティの一般的な技術を説明します．セキュリティ技術も重要ですが，組織体におけるセキュリティの方針，すなわち，セキュリティポリシィが何よりも重要です．これをしっかりと理解しておく必要があります．

読者のみなさんが，情報通信ネットワークを理解する上で，本書が少しでもお役にたてれば幸いです．

　本書を執筆するにあたり，各種図表の引用を許可してくださいました各出版社ならびに著者の方々に感謝を申し上げます．

　さらに，出版に際してお世話になりました共立出版（株）の瀬水氏，佐藤氏ならびに三浦氏に深く謝意を表します．

2013年2月

著　者

目　次

1章　データ伝送の基礎技術

1.1　電気通信の誕生 …………………………………………………………… *1*
　　通信技術の進展　*1*　／　通信方式　*2*
1.2　情報通信ネットワークの発展 …………………………………………… *3*
　　発展経緯　*3*
1.3　データ通信の基礎技術 …………………………………………………… *5*
　　データ通信とは　*5*　／　情報の表現と直列伝送　*6*
1.4　伝送方式 …………………………………………………………………… *8*
　　アナログ信号とデジタル信号　*8*　／　帯域伝送方式　*8*　／　ベースバンド伝送方式　*9*　／　データ通信方式　*9*
1.5　多重化方式 ………………………………………………………………… *11*
　　周波数分割多重化方式　*11*　／　時分割多重化方式　*13*
1.6　伝送制御方式 ……………………………………………………………… *15*
　　伝送制御とは　*15*　／　同期制御方式　*15*　／　誤り制御方式　*16*　／　伝送制御手順　*19*
1.7　ベーシック手順 …………………………………………………………… *20*
　　ベーシック手順の特徴　*20*　／　情報メッセージのブロック化　*21*　／　同期制御　*22*　／　誤り制御　*22*　／　伝送制御の方法　*22*
1.8　HDLC手順 ………………………………………………………………… *24*
　　HDLC手順とは　*24*　／　フレーム構成と各フィールドの機能　*25*　／　同期制御　*26*　／　誤り制御　*26*　／　局の種類と機能　*28*　／　制御フィールドの機能　*29*　／　動作モード　*31*　／　各動作モードにおける制御手順の例　*32*
　　演習問題 ………………………………………………………………… *35*

2章　交換の基礎技術

2.1　交換の概念 ……………………………………………………………… *37*
　　交換接続の概念　*37*　/　交換方式　*38*
2.2　交換方式 ………………………………………………………………… *39*
　　回線交換方式　*39*　/　回線交換網の構成　*40*　/　パケット交換方式
　　41　/　フレームリレー交換方式　*47*　/　ATM交換方式　*48*
2.3　交換システム …………………………………………………………… *52*
　　デジタル交換機　*52*　/　デジタルPBX　*54*
　　演習問題 ……………………………………………………………………… *55*

3章　PCM伝送と伝送メディア

3.1　PCM伝送 ……………………………………………………………… *57*
　　PCM符号化技術　*57*　/　音声・画像圧縮技術　*61*
3.2　伝送システム …………………………………………………………… *67*
　　衛星通信システム　*67*　/　地上マイクロ波通信システム　*72*　/　光ファイバー通信システム　*73*
　　演習問題 ……………………………………………………………………… *77*

4章　LANとWAN

4.1　LANオーバビュー ……………………………………………………… *79*
　　LANの概要　*79*　/　LANの網トポロジー　*80*
4.2　LANのアーキテクチュア ……………………………………………… *81*
　　標準的なアーキテクチュア　*81*　/　LANプロトコル　*82*　/　アクセス方式　*83*
4.3　LANの構成機器 ………………………………………………………… *91*
　　ハブ　*91*　/　各種LAN機器　*92*
4.4　LANスイッチ …………………………………………………………… *95*
　　レイヤスイッチ　*95*
4.5　伝送媒体と無線LAN …………………………………………………… *97*

　　　　伝送媒体　*97*　／　無線LAN　*99*
4.6　LAN構築手法 ……………………………………………………… *101*
　　　　基幹LANの変遷　*101*　／　LANの構築　*102*
4.7　WAN …………………………………………………………………… *104*
　　　　電話ネットワークの構成　*104*　／　ISDN　*105*　／　xDSL　*107*
　　　演習問題 …………………………………………………………………… *109*

5章　通信プロトコル

5.1　ネットワークアーキテクチャ ……………………………………… *111*
　　　　ネットワークアーキテクチャ　*111*　／　通信プロトコル　*112*
5.2　OSIプロトコル ……………………………………………………… *112*
　　　　OSIとは　*112*　／　OSI参照モデル　*112*　／　OSI参照モデルの論理構
　　　　造　*120*　／　コネクションモード　*123*
5.3　TCP/IPプロトコル ………………………………………………… *125*
　　　　TCP/IP概観　*125*　／　IPプロトコル　*133*　／　TCPプロトコル　*136*
　　　　／　UDPプロトコル　*139*　／　IPv6　*141*
5.4　マルチメディア通信プロトコル …………………………………… *142*
　　　　マルチメディア通信プロトコル　*142*　／　TV会議用プロトコル　*145*
5.5　ビジネスプロトコル ………………………………………………… *147*
　　　　全銀プロトコル　*147*　／　JCAプロトコル　*149*　／　流通BMS　*150*
　　　演習問題 …………………………………………………………………… *151*

6章　インターネット技術

6.1　インターネットオーバビュー ……………………………………… *153*
　　　　インターネットとは　*153*　／　サービス概要　*154*
6.2　インターネットの基本構成 ………………………………………… *155*
　　　　しくみ　*155*　／　基本構成　*156*
6.3　インターネットのアドレス体系 …………………………………… *157*
　　　　インターネットアドレス　*157*　／　Webサーバと電子メールのアドレス
　　　　159

6.4 インターネットサービス ……………………………………………… *161*
　　DNS サーバ　*161*　/　Web サーバ　*162*　/　電子メールサービス　*163*
　　/　インターネットのセキュリティ　*164*
　演習問題 ………………………………………………………………… *165*

7章　モバイル通信

7.1 携帯電話の発展経緯 …………………………………………………… *167*
7.2 携帯電話ネットワークの構成 ………………………………………… *168*
　　携帯電話ネットワーク　*168*
7.3 携帯電話端末の構造 …………………………………………………… *172*
　　構造　*172*　/　アンテナ　*173*　/　USIM カード　*174*
7.4 接続方式 ………………………………………………………………… *174*
　　多元接続方式　*174*　/　CDMA 方式　*175*
7.5 変調方式 ………………………………………………………………… *177*
　　変調方式　*177*　/　QAM　*177*
7.6 LTE ……………………………………………………………………… *179*
　　LTE とは　*179*　/　LTE サービス　*179*　/　LTE の要素技術　*180*
　演習問題 ………………………………………………………………… *182*

8章　ネットワークサービス

8.1 専用線サービス ………………………………………………………… *183*
　　専用線サービス　*183*
8.2 VPN サービス ………………………………………………………… *184*
　　VPN とは　*184*　/　MPLS　*186*
8.3 広域イーサネットサービス …………………………………………… *188*
　　広域イーサネット　*188*
8.4 その他のネットサービス ……………………………………………… *189*
　　FWA　*189*　/　WiMaX　*190*　/　クラウドコンピューティング　*191*
　演習問題 ………………………………………………………………… *193*

9 章　待ち行列理論と信頼性理論

9.1　待ち行列理論 …………………………………………………… *195*
　　　待ち行列理論　*195*
9.2　トラフィック理論 ………………………………………………… *203*
　　　トラフィック理論　*203*
9.3　信頼性理論 ………………………………………………………… *210*
　　　信頼性理論　*210*
　　　演習問題 ……………………………………………………………… *215*

10 章　ネットワークセキュリティ

10.1　情報セキュリティ ……………………………………………… *217*
　　　情報セキュリティの3要素　*217*　／　セキュリティの脅威　*218*　／　セキュリティ対策　*218*
10.2　暗号化方式 ………………………………………………………… *220*
10.3　情報セキュリティポリシィ …………………………………… *222*
　　　セキュリティポリシィとは　*222*　／　セキュリティの基本方針と体制　*223*
　　　演習問題 ……………………………………………………………… *223*

演習問題略解 ……………………………………………………………… *225*
参考文献 …………………………………………………………………… *237*
索　引 ……………………………………………………………………… *243*

MS-DOS, MS-Networks, Windows および LAN-Manager は Microsoft 社の登録商標です．また，VINES は Banyan 社，NETBIOS は IBM 社，XNS および Ethernet はゼロックス社，Apple Talk は Apple Computer 社，NetWare は Novell 社の登録商標です．

1章 データ伝送の基礎技術

　情報通信は，当初は「データ通信」といわれた．今日のネットワーク技術を習得するには，先ず「データ通信」の基礎技術をしっかりと理解しておく必要がある．本章では，初めに電気通信の誕生を説明し，情報通信ネットワークの発展経緯について簡単にレビューする．次に，今日のネットワーク技術の基となったデータ通信における伝送方式，伝送制御，伝送制御手順について説明する．特にHDLC手順は，ベーシック手順の非効率性を大幅に改善し，アドレスの概念や全二重通信の実現，高度の誤り制御などを実現したもので，今日のパケット通信の考え方の基礎となった．ネットワークの仕組みを理解する上で，これらの考え方は極めて重要である．

1.1 電気通信の誕生

1.1.1 通信技術の進展

　初めての通信は，情報をモールス符号として組み立て，この符号を送ることによって行った．モールス通信は「電信」と呼ばれた．モールス通信は，その後，テレックス通信に進化し，さらにコンピュータの出現とともに，データ通信に進展した．一方，「電話」は，最初は音声だけを送受信する通信であったが，その後の技術革新により映像と音声が統合化して送れるようになり，ビデオ通信に進展した．さらにコンピュータによる信号の高速処理，大容量化技術の進展とともに，アナログ信号をデジタル信号へ変換することが可能となり，データ，音声および画像の統合が可能となった．アナログ－デジタル変換技術が，今日のマルチメディア通信時代を切り開く大きなターニングポイントになった．

1.1.2 通信方式

通信方式（方法）は，図1.1に示すように有線通信と無線通信に分類できる．本図は，それぞれの技術の発展経緯を示したものである．

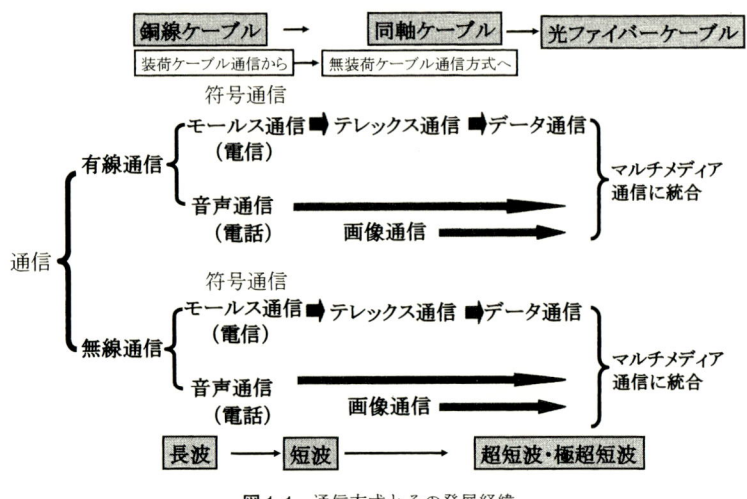

```
                        銅線ケーブル → 同軸ケーブル → 光ファイバーケーブル
                        装荷ケーブル通信から   無装荷ケーブル通信方式へ
                     符号通信
                  ┌ モールス通信 ⇒ テレックス通信 ⇒ データ通信 ┐
                  │   (電信)                                    │ マルチメディア
        ┌ 有線通信 ┤                                              ├ 通信に統合
        │         │ 音声通信        画像通信                      │
        │         └   (電話)                                    ┘
   通信 ┤
        │          符号通信
        │         ┌ モールス通信 ⇒ テレックス通信 ⇒ データ通信 ┐
        │         │   (電信)                                    │ マルチメディア
        └ 無線通信 ┤                                              ├ 通信に統合
                  │ 音声通信        画像通信                      │
                  └   (電話)                                    ┘
                        長波 → 短波 → 超短波・極超短波
```

図1.1 通信方式とその発展経緯

(1) 有線通信

1851年，英国とフランスの間のドーバー海峡に，海底ケーブルが敷設され，世界で初めてモールス通信が行われた．日本では1869年，横浜の灯明台役所と裁判所間，760 mに電柱が立てられ，電信線が架設されて，モールス通信が行われた．また1871年（明治元年）には，デンマークの大北電信会社が長崎～上海間および長崎～ウラジオストク間に海底ケーブルを敷設して通信を行った．端末機としては，情報をモールス符号に変え，さらに電流の変化に変えて伝送する電信機が使われた．米国のペリーが日本に開国を迫った際に幕府へ電信機を献上したといわれている．1873年には，東京～長崎はじめ，各地で電信線が架設され，1879年には，日本全国に電信網が完成した．この電信網が，今日の情報通信ネットワークの原型である．1906年（明治39）には，日米間に海底電信線が敷設され，国際通

信が行われた．このころの電信線は銅線が使われた．通信方式も当初は装荷ケーブル方式であり，短距離間での通信しかできなかった．その後，無装荷ケーブル通信方式が開発され，長距離通信と多重化が可能になった．ケーブルも銅線から同軸ケーブルに代わり，現在では光ファイバーケーブルが使われている．

(2) 無線通信

1888 年，ドイツの物理学者ヘルツが電磁波の存在を発表し，1895 年にイタリアのマルコーニが実際に，この電磁波を利用した無線通信実験に成功した．日本では，1896 年（明治 34 年），三四式無線電信機が開発され，海軍の各艦艇に装備（三六式無線電信機）され，海上通信に利用された．1908 年には海上と陸上間の通信も行われた．昭和に入り，福島県・原町に高さ 200 m の長波のアンテナが完成し，アメリカ，ヨーロッパ，東南アジアとの間で長波による国際通信が行われた．無線通信は，長波から短波通信に代わり，さらにマイクロ波を利用した衛星通信に発展した．さらに現在では，極超短波を使った携帯電話や無線 LAN に発展し，広く使われている．

1.2 情報通信ネットワークの発展

1.2.1 発展経緯

(1) ネットワークの誕生

情報通信ネットワークとは，音声，データおよび画像情報を，より速く，どこにでも，大量に，効率よく，正確に，伝える「仕組み」のことである．1960 年代，わが国の電話網が整備され，1970 年代には，電話加入者数は約 6 千万になり，国民 2 人に 1 台の割合で普及した．1960 年代には，コンピュータの普及とともに電話網とは別にコンピュータネットワーク（データ網）や，画像通信ネットワークが普及した．しかし低速度のデータ通信は，電話網を利用して行われた．高速度のコンピュータ間通信，あるいはデータ端末からホストコンピュータへのデータアクセスなどは，すべてコンピュータネットワークを介して行われた．このように，個々に存在していた電話やコンピュータ，画像通信などのネットワークは **ISDN**（Integrated Services Digital Network）に統合された（図 1.2）．

(2) インターネットの出現

米国・国防省の高等研究局は，大学や研究機関の協力を得て多くの異機種コンピュータを相互接続して資源の共有化を図るという構想のもとに，コンピュータネットワークを実現した．これが有名な ARPA（Advanced Research Project Agency）ネットワークである．ARPA や CSNET がベースとなり，インターネット（Internet）が誕生した．インターネットは「ネットワークのネットワーク」と呼ばれ，ネットワークどうしを結ぶ世界最大規模のネットワークに発展した．

(3) IP ネットワークへの統合

データや音声・映像情報を細かく区切って「小包」にして発信元，宛先（受信者）の名札を付けて送受信することを**パケット通信**という．パケット通信を行うネットワークを IP ネットワークという．IP ネットワークは世界共通の通信プロトコルである IP（Internet Protocol）により動作するネットワークである．インターネットは，IP を使っていることから代表的な IP ネットワークである．また，インターネットは，全世界に配置されているルータを経由して通信を行うことから「ルータネットワーク」とも呼ばれている．今まで，個々に存在していたコンピュータネットワークや電話網，テレックス網，ファクシミリ網，ISDN は，IP ネ

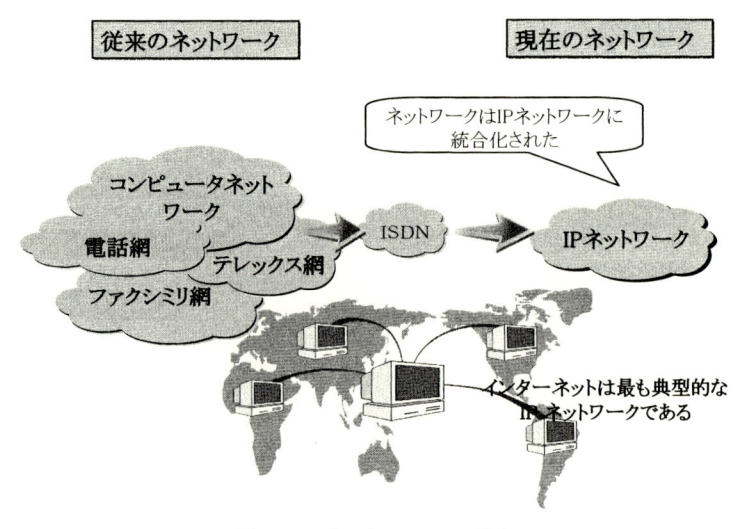

図 1.2 IP ネットワークへの統合

ットワークに統合された（図1.2）．

1.3　データ通信の基礎技術

1.3.1　データ通信とは

　データ通信の役割は通信端末から送られてくる信号（情報）を伝送しやすい形に変換し，効率よく，正確に相手側の端末に届けることである．そのために，いろいろな技術が開発された．図1.3は，データ通信システムの全体像と，そこで使われた代表的な技術を示している．主な技術は，①伝送制御技術，②多重化技術，③変復調技術である．

　伝送制御技術には，同期制御，誤り制御および伝送制御手順がある．変復調技術は，デジタル信号をアナログ信号に変換して伝送する変調方式や，その逆に，元のアナログ信号に戻す復調方式がある．また，大量の情報を効率よく伝送する多重化技術がある．現在のネットワーク技術も，ここに示す各種の技術がベース

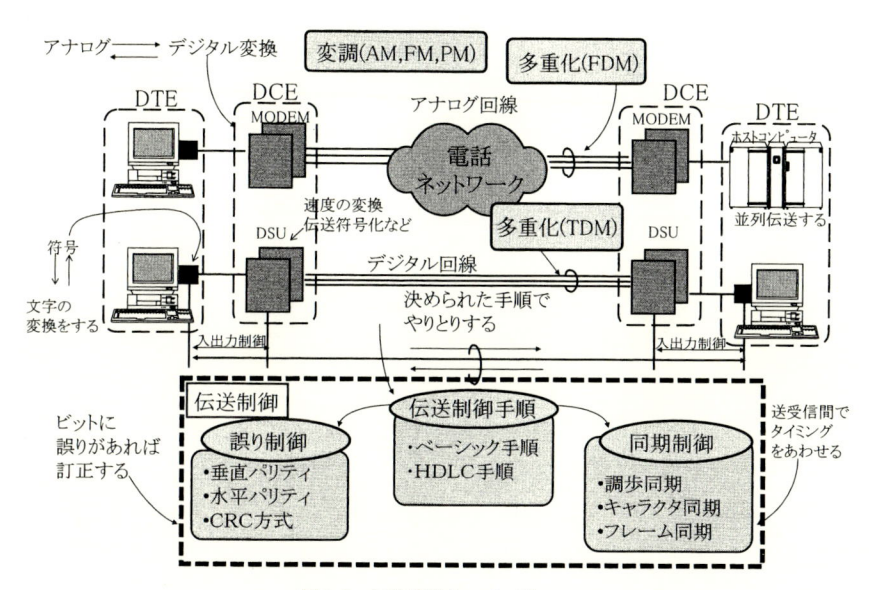

図1.3　伝送技術オーバービュー

になり，それが進展したものである．

1.3.2 情報の表現と直列伝送

(1) 情報の表現

コンピュータで扱われる文字や数値，特殊文字などの情報は0と1を組み合わせた**符号**（**コード**：code）で表現される．文字や数値を表現するコードには，代表的なものとして **EBCDIC コード**，**ASCII コード**および **JIS コード**がある．図1.4 に "K" というアルファベット文字における各コードの2進数表現を示す．EBCDIC コードは主に汎用コンピュータの内部で利用されるコードである．ASCII コードは 1963 年に米国規格協会（ANSI）が定めた文字コード体系であり，128 種類のローマ字，数字，記号などを7ビットで表現するコード体系である．また JIS コードはわが国独自のコード体系である．表 1.1 に JIS 7 単位符号表を示す．

ASCIIコード
b_8 ------ b_1
01001011
(8bit)

EBCDICコード
b_8 ------ b_1
11010010
(8bit)

K

"K" という文字の 2進数表現

JIS7単位コード
b_7 ----- b_1
1001011
(7bit)

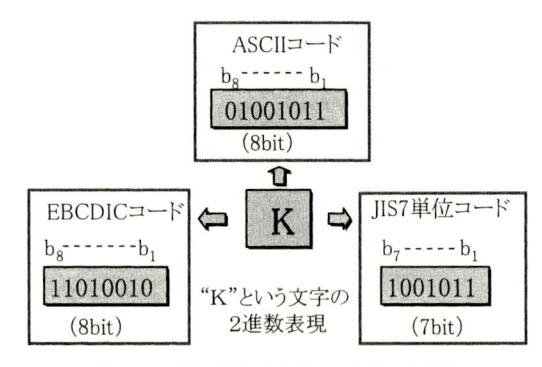

図 1.4 文字 "K" の各種コードによる表現

(2) 直列伝送

図 1.5 に示すように，パソコン端末 A と B が通信をするという最も基本的な通信モデルを考えよう．端末 A のキーボードから "K" という文字を入力し，この文字を遠隔地のパソコン端末 B へ伝送する場合の仕組みについて考える．"K" という文字は，JIS 7 単位符号表（符号表を参照）から "1001011" である．このビット列を端末 A から B まで伝送するために，文字のビット列を並列から直列へ

1.3 データ通信の基礎技術

表 1.1 JIS 7 単位符号表

b7 b6 b5 b4 b3 b2 b1 \ 列/行								SHIFT IN 側								SHIFT OUT 側							
								0	0	0	0	1	1	1	1	0	0	0	0	1	1	1	1
								0	0	1	1	0	0	1	1	0	0	1	1	0	0	1	1
								0	1	0	1	0	1	0	1	0	1	0	1	0	1	0	1
b7	b6	b5	b4	b3	b2	b1		0	1	2	3	4	5	6	7	8	9	10	11	12	13	14	15
0	0	0	0					NUL	(TC7)DLE	SP	0	@	P	`	p					―	タ	ミ	
0	0	0	1					(TC1)SOH	DC1	!	1	A	Q	a	q		。	ア	チ	ム	
0	0	1	0					(TC2)STX	DC2	"	2	B	R	b	r		「	イ	ツ	メ	
0	0	1	1					(TC3)ETX	DC3	#	3	C	S	c	s		」	ウ	テ	モ	
0	1	0	0					(TC4)EOT	DC4	$	4	D	T	d	t		、	エ	ト	ヤ	
0	1	0	1					(TC5)ENQ	(TC8)NAK	%	5	E	U	e	u	機能符号	・	オ	ナ	ユ	
0	1	1	0					(TC6)ACK	(TC9)SYN	&	6	F	V	f	v		ヲ	カ	ニ	ヨ	国字符号部分
0	1	1	1					BEL	(TC10)ETB	'	7	G	W	g	w	機能符号	ァ	キ	ヌ	ラ	
1	0	0	0					FE0(BS)	CAN	(	8	H	X	h	x	(未定義)	ィ	ク	ネ	リ	国字符号部分
1	0	0	1					FE1(HT)	EM	)	9	I	Y	i	y		ゥ	ケ	ノ	ル	
1	0	1	0					FE2(LF)	SUB	*	:	J	Z	j	z		ェ	コ	ハ	レ	
1	0	1	1					FE3(VT)	ESC	+	;	K	[	k	{		ォ	サ	ヒ	ロ	
1	1	0	0					FE4(FF)	IS4(FS)	,	<	L	¥	l	|		ャ	シ	フ	ワ	
1	1	0	1					FE5(CR)	IS3(GS)	-	=	M	]	m	}		ュ	ス	ヘ	ン	
1	1	1	0					SO	IS2(RS)	.	>	N	^	n			ョ	セ	ホ	゛	
1	1	1	1					SI	IS1(US)	/	?	O	_	o	DEL		ッ	ソ	マ	゜	

0 1 0 1

AM：振幅変調
FM：周波数変調
PM：位相変調

端末A — MODEM — アナログ回線 — MODEM — 端末B
       — DSU   — デジタル回線 — DSU

JIS7単位符号
①並列→②直列変換

直列→並列変換

伝送路符号
AMI符号
マンチェスタ符号
CMI符号

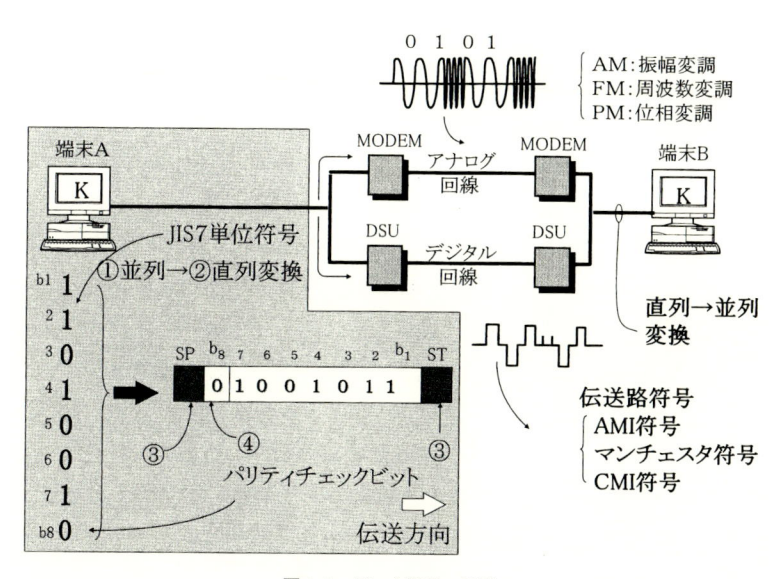

b1 1
2 0
3 0
4 1
5 0
6 0
7 1
b8 0

SP b8 7 6 5 4 3 2 b1 ST
   0 1 0 0 1 0 1 1

③   ④   ③
パリティチェックビット
伝送方向

図 1.5 データ通信の原理

変換する（①，②）．並列に配置されている7ビットを同時に相手側に並列伝送するには7回線が必要である．しかし現実には，物理的，経済的理由から7回線も用意できない．そこで1つの回線で1ビットずつ直列にして順序よく伝送する（直列伝送）．

1.4 伝送方式

1.4.1 アナログ信号とデジタル信号

伝送路を流れる信号（情報）には，音声や映像のような**アナログ信号**とコンピュータ通信などデータ通信で使われる**デジタル信号**がある．アナログ信号は，音声信号のように振幅が時間とともに連続的に変化する信号である．音声の周波数帯域は通話品質を一定水準に保つこと，および装置の経済性から一般に0.3〜3.4 kHzが必要である．デジタル信号は音声信号のように連続的ではなく，0か1いずれかの値（2値信号）しかもたない離散的な情報である．2値信号を複数組み合わせて1個の文字や数値を表す．2値信号の符号系列により，1つの意味をもつ情報を構成する．

1.4.2 帯域伝送方式

アナログ信号をデジタル信号に変換することを**変調**（modulation）という．デジタル信号を再び元のアナログ信号に戻すことを**復調**（demodulation）という．変調方式には，**振幅変調方式**（Amplitude Modulation：**AM**），**周波数変調方式**（Frequency Modulation：**FM**）および**位相変調方式**（Phase Modulation：**PM**）の3つがある（図1.6）．

振幅変調方式は，0と1の2進符号に対し，たとえば1ビットのときには，搬送波（carrier）をON（搬送波を出す）にし，0ビットのときにはOFF（搬送波を出さない）にするという方式である．周波数変調方式は，たとえば0ビットのときには高い周波数を出し，1ビットのときにはそれより低い周波数を出す方式である．位相変調方式は，元の2進符号に対して搬送波の位相を変化させる方式で，たとえば，0ビットと1ビットを位相変位に対応させる．位相変調には**2相方式**，

1.4 伝送方式

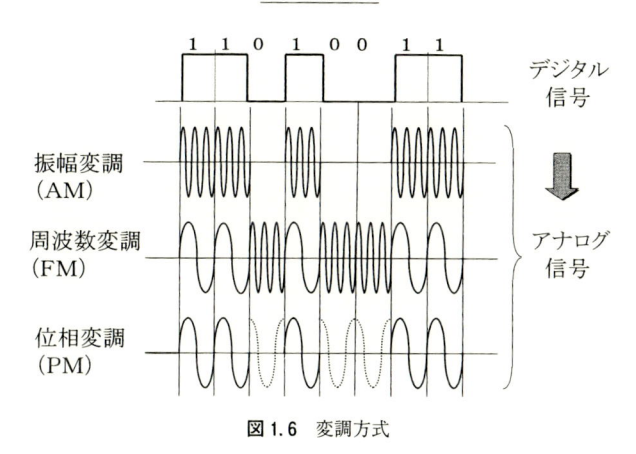

```
         1  1  0  1  0  0  1  1      デジタル信号

振幅変調
(AM)

周波数変調                                    アナログ信号
(FM)

位相変調
(PM)
```

図1.6 変調方式

4相方式など，**2×n相方式**（$n=2, 4, 8, 16, 32, 64\cdots$）がある．たとえば，図1.7（a）に示すように2相方式の場合，"1"ビットは位相変位を0度にし，"0"ビットは180度に対応させる．4相方式では00を0度，01を90度，10を180度，11を270度の位相変位に対応させる（図1.7（b））．したがって，4相方式では4通りの情報が同時に識別できる．現在の携帯電話の変調方式も，この位相変調方式がベースになっている．

1.4.3 ベースバンド伝送方式

0と1で構成されるデジタル信号は，デジタル伝送路にそのままでは伝送できない．そこで，プラスとマイナスの電圧変化に変えて伝送する．電圧の変化に変換されたデジタルデータ信号を**伝送路符号**という．伝送路符号にはいろいろな種類がある．代表的なものとして **NRZ**（Non Return to Zero）**方式**，**バイポーラ**（Alternate Mark Inversion：**AMI**）**方式**，**マンチェスタ方式**および **CMI**（Code Mark Inversion）**方式**がある．それぞれ伝送媒体の特性に応じて利用される．たとえばCMI方式は，光ファイバーケーブルを使った高速LANで使われる．図1.8にその種類と電圧変化に変える方法を示す．

1.4.4 データ通信方式

初期の頃のデータ通信では，端末間でデータの送受信を効率よく行うため，単

(a) 2相方式

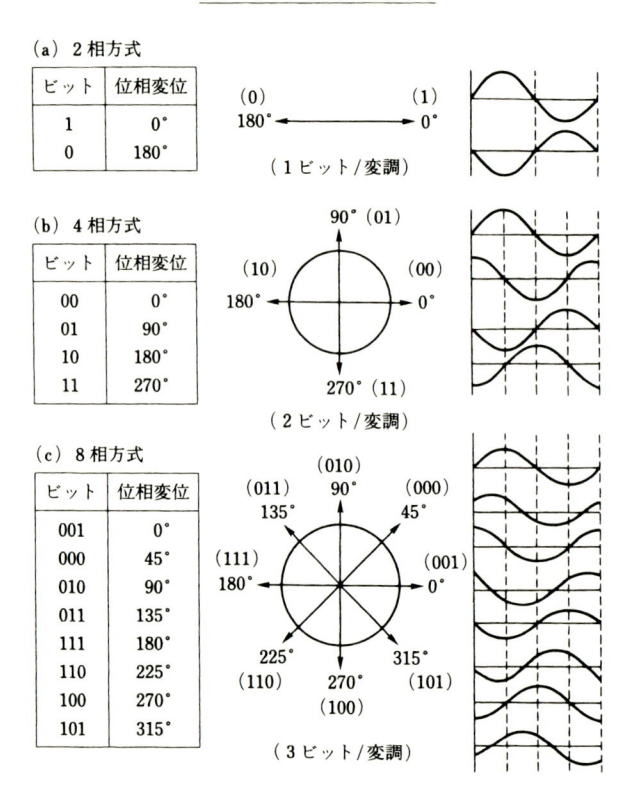

ビット	位相変位
1	0°
0	180°

(0) 180° ← → 0° (1)

(1ビット/変調)

(b) 4相方式

ビット	位相変位
00	0°
01	90°
10	180°
11	270°

90°(01)
(10) 180° — 0° (00)
270°(11)

(2ビット/変調)

(c) 8相方式

ビット	位相変位
001	0°
000	45°
010	90°
011	135°
111	180°
110	225°
100	270°
101	315°

(010)
(011) 90° (000)
135°   45°
(111) 180° — 0° (001)
225°   315°
(110) 270° (101)
(100)

(3ビット/変調)

図1.7 振幅変調の原理

方向通信，半二重通信および全二重通信の3つの方法で実施していた．**単方向通信**（simplex）は，ある端末から端末へ，情報を一方向だけに伝送する方式である．**半二重通信**（half duplex）は，情報をどちらか，一方向に，切り替えて伝送する方式である．たとえば上りか，下り方向か，どちらかに切り替えて利用する．この場合同時には送信できないので，送受信を交互に切り替えながらデータ伝送をすることになる．**全二重通信**（duplex）は，同時に両方向に対して，別々の情報をそれぞれ伝送する方式である．

1.5 多重化方式

ビット列	b_0	b_1	b_2	b_3	b_4	b_5	b_6	b_7
	1	1	0	1	0	0	1	1

入力信号

バイポーラ（AMI）方式：0ビットは0Vで電圧なし．1ビットはプラス電圧とマイナス電圧を交互に出力する．

CMI方式：0ビットは電圧あり，で直ちに電圧を反転させる．1ビットは，電圧ありと，なしを交互に切り替える．

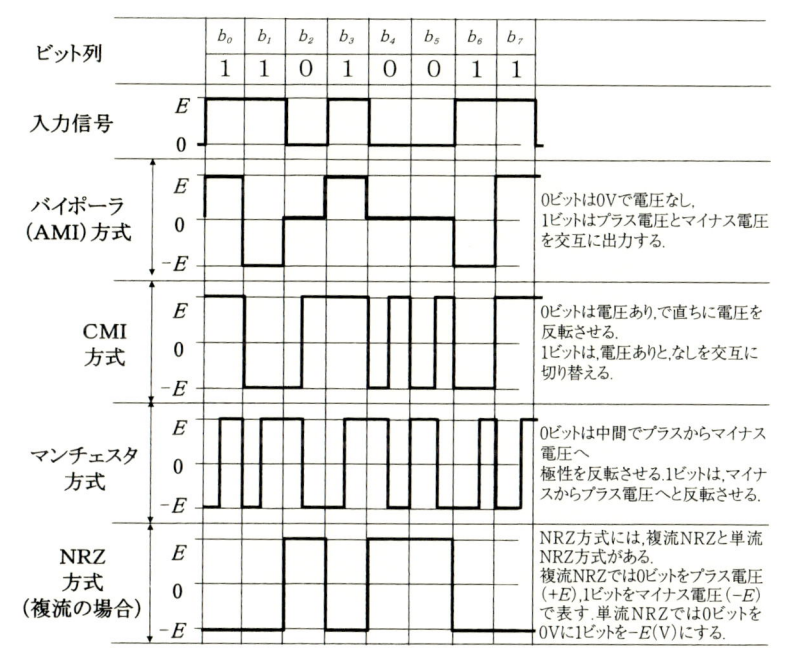

マンチェスタ方式：0ビットは中間でプラスからマイナス電圧へ極性を反転させる．1ビットは，マイナスからプラス電圧へと反転させる．

NRZ方式（複流の場合）：NRZ方式には，複流NRZと単流NRZ方式がある．複流NRZでは0ビットをプラス電圧($+E$)，1ビットをマイナス電圧($-E$)で表す．単流NRZでは0ビットを0Vに1ビットを$-E$(V)にする．

図 1.8　ベースバンド伝送方式の例

1.5 多重化方式

　大量の信号を効率よく伝送するには，信号をまとめて送る必要がある．この方法が多重化方式である．多重化方式には，**周波数分割多重化方式**と**時分割多重化方式**がある．

1.5.1 周波数分割多重化方式

(1) 音声信号の振幅変調

　一般にわれわれ人間の音声を忠実に相手に伝えるには，0.3 から 3.4 kHz 程度までの周波数成分を伝送しなければならない．したがって，電話回線で音声を伝送するには 4 kHz の周波数帯域が必要である．この音声信号を振幅変調し，他の音声とともに周波数軸上に順序よく密に並べて，一度に多数の信号を伝送する方式

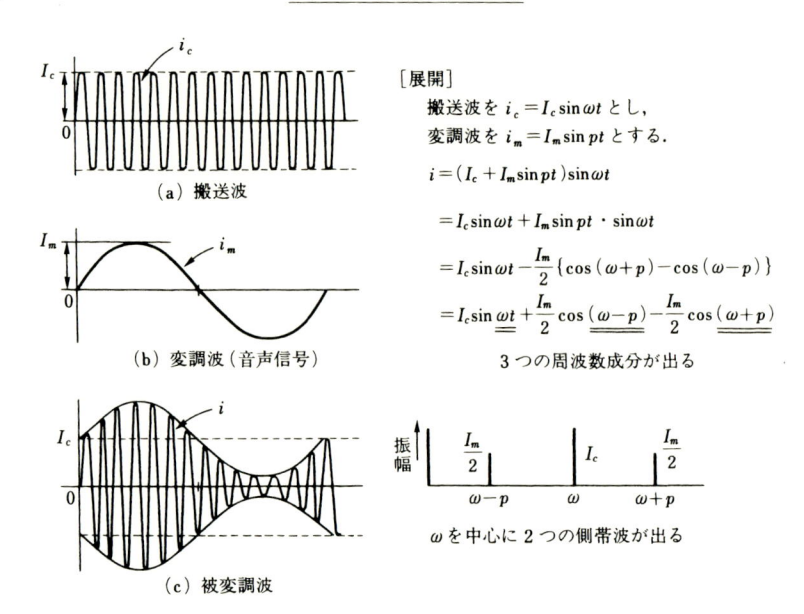

図1.9 振幅変調の過程

[展開]
搬送波を $i_c = I_c \sin\omega t$ とし，
変調波を $i_m = I_m \sin pt$ とする．

$$i = (I_c + I_m \sin pt) \sin\omega t$$
$$= I_c \sin\omega t + I_m \sin pt \cdot \sin\omega t$$
$$= I_c \sin\omega t - \frac{I_m}{2}\{\cos(\omega+p) - \cos(\omega-p)\}$$
$$= \underline{\underline{I_c \sin\omega t}} + \underline{\underline{\frac{I_m}{2}\cos(\omega-p)}} - \underline{\underline{\frac{I_m}{2}\cos(\omega+p)}}$$

3つの周波数成分が出る

ω を中心に2つの側帯波が出る

(a) 搬送波
(b) 変調波(音声信号)
(c) 被変調波

が周波数分割多重化方式（Frequency Division Multiplex transmission system：FDM）である．図1.9により振幅変調の原理を説明する．ここで搬送波（キャリア）を i_c，変調波（音声信号）を i_m とする．i_c を i_m で変調すると，被変調波 i が得られる．図1.9（右）に示す数式から，被変調波 i には，ω と $\omega+p$，$\omega-p$ の3つの周波数成分が含まれていることが分かる．

(2) 周波数分割多重化の原理

図1.10に示すように，3つの音声信号，① A_1，A_2，A_3 をそれぞれ，搬送波（$f_c=$）12，16および20 kHz で変調する．その結果，②まったく同じ内容の上側帯波と下側帯波が生成される．そして，③上側帯波をだけを取り出すバンドパスフィルタを通すと，④ 12.3 から 15.4 kHz の上側帯波が得られる．それぞれの搬送波で変調した A_1，A_2，A_3 の3つの音声信号は，最終的には，12.3 から 23.4 kHz までの周波数軸上に配置される．

(3) FDM アナログハイアラーキ

周波数分割多重化とは，変調過程を通して多数の信号を1つの周波数軸上に配

1.5 多重化方式

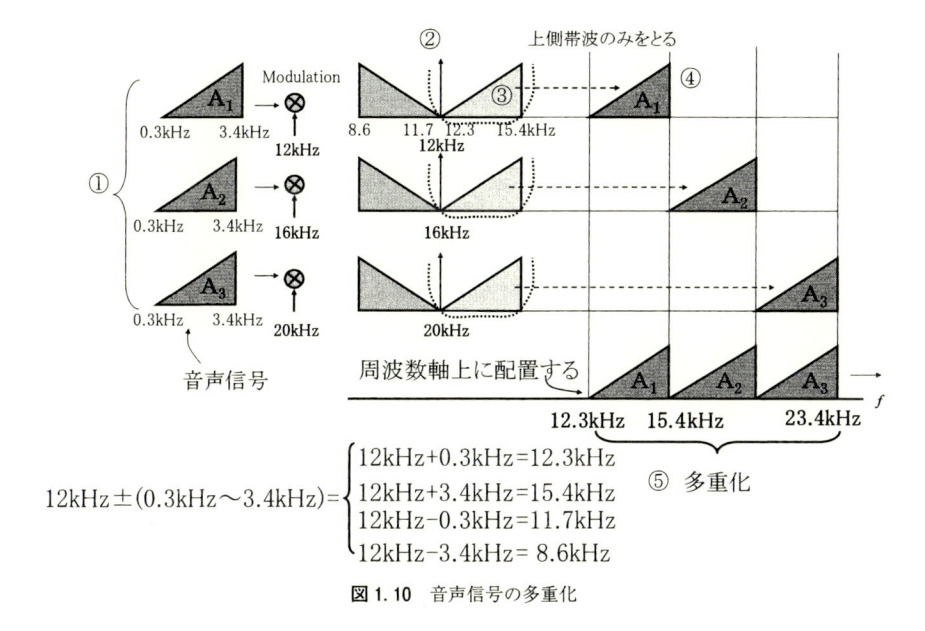

図1.10 音声信号の多重化

$$12\text{kHz} \pm (0.3\text{kHz} \sim 3.4\text{kHz}) = \begin{cases} 12\text{kHz}+0.3\text{kHz}=12.3\text{kHz} \\ 12\text{kHz}+3.4\text{kHz}=15.4\text{kHz} \\ 12\text{kHz}-0.3\text{kHz}=11.7\text{kHz} \\ 12\text{kHz}-3.4\text{kHz}=8.6\text{kHz} \end{cases}$$

置することである.12チャネルの音声やデータ信号を集めて1つのグループにしたものを**基礎群**（G-group）という.さらに,基礎群を5つ集めて**超群**（SG-group）を構成する.超群のチャネルは60チャネルである.このようにFDM方式により多重化を実現し,チャネルの階層化を行うことを**FDMハイアラーキ**という.そして,最終的には12から552kHzの周波数軸上に配置する.昨今のデジタル化に伴い,アナログ信号伝送は行われなくなったが,初期の頃の衛星通信ではFDMハイアラーキによって多重化し通信を行っていた.たとえば,12から552kHzまでの周波数軸上に1G（基礎群）と2SG（超群）をのせ,これをアップリンク用のキャリア（6GHzの無線周波数）で変調し,衛星に向けて伝送し,双方向通信を実現した.

1.5.2 時分割多重化方式

(1) 時分割多重化の原理

図1.11に示すように,加入者の端末装置（この例では3つの端末）から加入者線を経て伝送されてくる低速のデジタル（パルス）信号を高密度に配列すること

を**多重化**という．この例では，端末 A の低速デジタル信号の空き時間に，端末 B と，端末 C からのパルス信号を挿入し，1 つにまとめ，高速化して伝送する．この方式を**時分割多重化通信方式**（Time Division Multiplex transmission system：TDM）という．このように信号の空き時間を利用して，他の端末からの信号を挿入して多重化する方法が **TDM 多重化方式**である．端末 A，B，C から送るべき信号がない場合でも一定時間 t_1, t_2, t_3 を与える多重化方式を**同期式時分割多重化方式**という．これに対して送るべき信号があるときだけ信号を送出する方式を**非同期式時分割多重化方式**という．

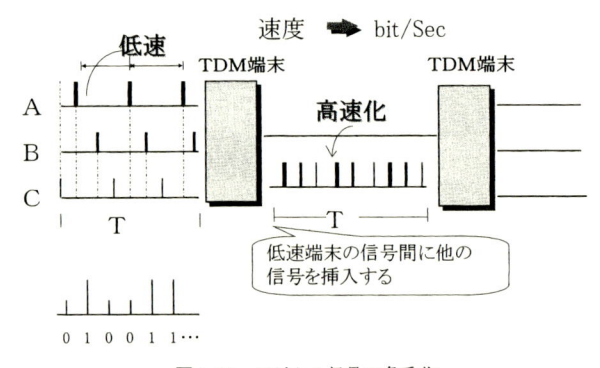

図 1.11 デジタル信号の多重化

(2) TDM デジタルハイアラーキ

パルスとパルスの間に他のチャネルのパルスを挿入して，多重度を高める方法を**デジタルハイアラーキ**という（図 1.12）．デジタルハイアラーキでは，デジタル 1 次群から 5 次群までのハイアラーキが採用されている．伝送系でデジタルハイアラーキを構成するための装置が**デジタル多重端局装置**である．

1.6 伝送制御方式

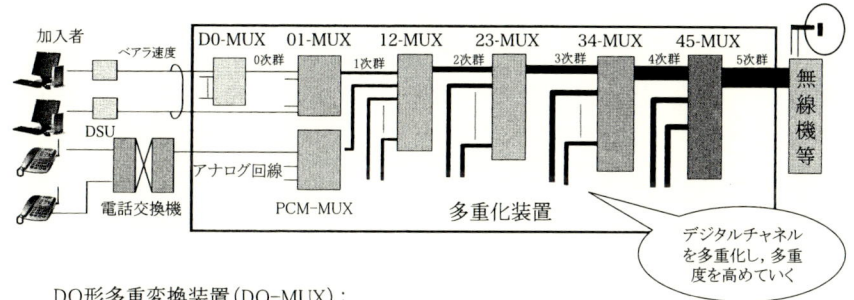

DO形多重変換装置(DO-MUX):
64Kbps以下の低速で,加入者線信号を多数集めて,64Kbpsの0次群速度に多重変換する
または,この逆を行う

01形多重変換装置(01-MUX):
64Kbpsの速度の信号を多数集めて,1.5Mbpsの1次群速度のデジタル信号に多重化する
または,この逆に1次群速度のデジタル信号を0次群への信号に分離する

図1.12 デジタルハイアラーキの仕組み

1.6 伝送制御方式

1.6.1 伝送制御とは

ネットワーク経由で通信相手先と正確にデータ通信を実現するには,伝送制御が必要である.伝送制御には,端末系で行う入出力制御と回線制御,伝送系で行う**同期制御,誤り制御**および**伝送制御手順**がある.入出力制御はデータ端末装置内で行われる制御であり,各種の入出力機器を制御して情報を正確に読み取り,表示する機能である.回線制御は,相手側端末との接続確認,伝送開始および終了の確認,データの送受,回線切断などの諸手続きを行う.同期制御は,送受信端末間で同期をとる機能である.また誤り制御は,伝送中にビット誤りが発生した場合,誤りの検出や訂正を行う.伝送制御手順は,送受信間でデータを確実に送受信するために行う一連の作業手順のことである.

1.6.2 同期制御方式

送信側から受信側へデータを正しく伝送するには,何らかの方法でタイミング

を合わせる必要がある．送受信間でタイミングを合わせる方法を「同期をとる」という．同期制御方式には，**同期式**と**非同期（調歩）式**がある．調歩同期は1文字ずつ同期をとる方法で，初期のころ行われたが現在は使われていない．同期式には**キャラクタ同期**と**フラグ同期**がある．

(1) キャラクタ同期

キャラクタ同期方式は，送信データ（メッセージ）の初めに**同期符号**であるSYN $((16)_{16})$ 符号を2個以上つけて伝送する（図1.13 (a)）．受信側では，2個以上のSYN符号が検出されたとき，次にメッセージが来るものと解釈（同期がとれたと）して，メッセージを受信する．キャラクタ同期は，SYN符号で同期をとり，あとは連続して大量の文字データを送信する．

(2) フラグ同期

フラグ同期方式は，特定のビットパターン $((7E)_{16})$ をもつフラグを情報ブロック（メッセージ情報）の前後に付けて同期をとる（図1.13 (b)）．フラグの識別は0の間に1が6つ連続すると，それはフラグ同期信号であると判断する．しかし情報ビット中で，0の間に1が6つ連続する場合もあるので，フラグであると誤識別しないように，1が5つ以上続いた場合，0を挿入して伝送する．受信側でこの0を削除する．このようにしてフラグパターンと同じにならないようにする．これを「**0挿入0削除**」という．フラグ同期は，後述するHDLC手順で使われる同期方式である．

1.6.3 誤り制御方式

初期の頃のネットワークはメタリックケーブルが主で信頼性が低く，伝送途中で**回線雑音**や**ひずみ**，**瞬断**が発生することがあった．また，伝送装置などで雑音や波形ひずみなどが発生することもあった．そのためにビットが抜けたり，0と1が入れ替わるビットエラー（誤り）が発生した．そこでデータ通信では，**ビットエラー**が発生した場合には直ちに再送を行い，つねに正しいビットが受信できるように工夫した．ビットエラーはある確率で発生する．一般に，誤り率（**BER**：Bit Error Rate）は，次式で表される．

$$\mathrm{BER} = \frac{誤りビット}{伝送したビット数}$$

1.6 伝送制御方式

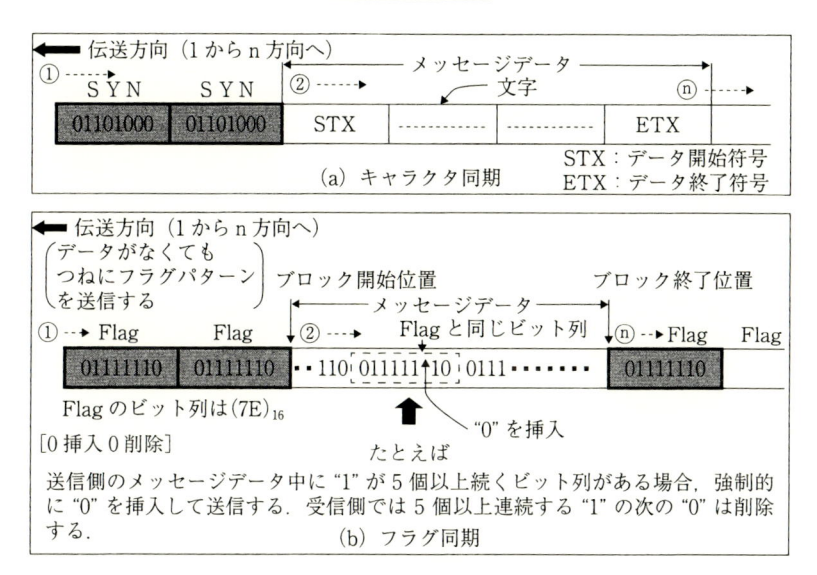

```
←― 伝送方向（1からn方向へ）
① SYN  SYN  ②――┬― メッセージデータ ―┬― ⑪――
   01101000 01101000  STX  文字  ETX
              (a) キャラクタ同期
                         STX：データ開始符号
                         ETX：データ終了符号
```

```
←― 伝送方向（1からn方向へ）
(データがなくても
 つねにフラグパターン
 を送信する)
                  ブロック開始位置        ブロック終了位置
①→ Flag  Flag  ②――┬― メッセージデータ ―┬― ⑪→ Flag  Flag
                      Flagと同じビット列
   01111110 01111110 ‥110 01111110 0111‥‥‥ 01111110
   Flagのビット列は(7E)₁₆         ↑
                             "0"を挿入
[0挿入0削除]          たとえば
送信側のメッセージデータ中に "1" が5個以上続くビット列がある場合，強制的
に "0" を挿入して送信する．受信側では5個以上連続する "1" の次の "0" は削除
する．
              (b) フラグ同期
```

図1.13　キャラクタ同期とフラグ同期

　誤りは受信側で検出し，送信側に再送を要求し，送信側で再送する．このよう
に誤りを検出して訂正する仕組を**誤り制御方式**という．次に主な誤り制御方式に
ついて説明する．

(1) 水平垂直パリティ方式

　一般に水平パリティと垂直パリティは組み合わせて用いられる．これを**水平垂
直パリティ方式**という．たとえば図1.14（左）に示すように，「NETWORK」と
いう文字列ブロックを送る場合，文字の各桁に水平方向に1ビットの数が偶数
個，あるいは奇数個になるように1か0を決めて追加する．垂直方向も同様に垂
直パリティビットを加える．このように水平パリティと垂直パリティを組み合わ
せてチェックすると誤りチェックの信頼性は高まる．

(2) 群計数チェック方式

　群計数チェック方式は，ブロック内の b_1 から b_7 と垂直パリティビットについ
て，それぞれ水平方向にみて，1ビットの数を2進数で加算する．そして，その結
果をチェック符号としてブロックの最後に付加し送信する．この場合のチェック
符号のことを，**ブロックチェックシーケンス**（Block Check Sequence：**BCS**）と

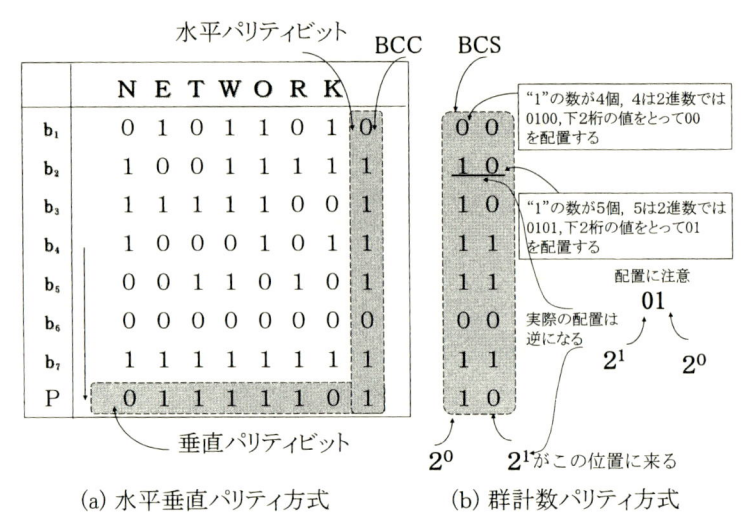

図 1.14 水平垂直・群計数パリティチェック方式

いう．受信側では，送信側と同様にブロック内，各符号の1ビットの数を2進数で加算する．その答えと，送られてきたチェック符号とを照合して，同じであれば正しく受信したものとし，違っていれば誤りであると判断し，再送を要求する．BCSの方法を図1.14（右）に示す．

(3) CRC 方式

 CRC（Cyclic Redundancy Check code）**方式**は，**サイクリック符号方式**と呼ばれる誤り制御方式であり，一番信頼性の高い誤り制御方式である．この制御方式は，0と1ビットで構成される文字や記号などのデータを**多項式**で表現する．この多項式をあらかじめ決められた**生成多項式**で割り算をし，余りをCRCビットとして，これをデータの末尾に付加し送信する．受信側ではこの受信データを生成多項式で割り，割り切れれば（余りゼロ）正常に受信したものとする．もしも余りがあり，割り切れなければ，伝送途中でビット誤りが発生したものと解釈し，再送要求を行う．HDLC手順における誤り制御方式は **CRC** を採用している．**CRC方式**については1.8節（1.8.4）で詳しくその原理を説明する．

1.6.4 伝送制御手順

メッセージ情報を伝送するには，あらかじめ決められた手順にしたがって送受信を行う．そのための一連の手続きを**伝送制御手順**という．伝送制御手順は，①データリンクの確立（設定），②メッセージの転送，③データリンクの解放，という3つのステップがある（図1.15）．

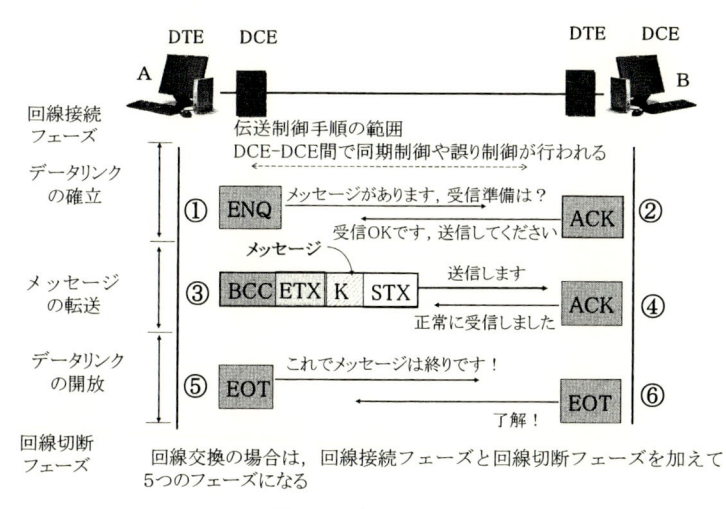

図1.15 伝送制御手順

(1) データリンクの確立

端末Aが端末Bに対して，情報を転送する場合，受信準備ができているかどうか，問い合わせる．受信端末Bは，準備OKであれば，その旨，送信側に連絡する．

(2) メッセージの転送

端末Aは，送るべきメッセージを転送する．端末Bは，メッセージが正確に受信できれば，その旨連絡する．

(3) データリンクの解放

端末Aは，これ以上，送るべきメッセージがなければ，終了を知らせる制御信

号を送信する．これを受信した端末Bは，メッセージ伝送終了を確認し，通信を終了する．伝送制御手順は，現在では，通信プロトコルという．

　回線交換の場合には，この3つの手順の前後に，交換網に対して通信相手の宛先アドレスを送出し，回線設定の準備をする①回線接続フェーズがあり，②データリンク確立フェーズ，③情報転送フェーズ，④データリンク解放フェーズが続き，最後に，通信終了に伴い，交換網内の回線接続を切断する⑤回線切断フェーズの5つの制御フェーズがある．しかし専用回線の場合には回線はすでに接続されているので，回線接続フェーズと切断フェーズは省略する．データ伝送の場合の伝送制御手順には，ベーシック手順とHDLC手順がある．

1.7　ベーシック手順

1.7.1　ベーシック手順の特徴

ベーシック手順は，歴史的に最も古い伝送制御手順で，今では使われていない．しかしデータ通信の基本的な制御手順であり，HDLC手順や現在のパケット通信を理解する上で学んでおく必要がある．ベーシック手順の主な特徴は次のとおりである．
① 送信権の制御方法には，ポーリング／セレクティング方式とコンテンション方式の2つの方法がある．
② 通信方式としては半二重片方向通信，半二重片方交互通信および全二重通信ができる．
③ データを**ブロック単位**で伝送する方式で，1ブロックごとに受信確認をする**逐次応答方式**である．
④ ベーシック手順には，基本モードと拡張モードがある．拡張モードには会話モード，両方向同時伝送モード，複数従属局セレクションおよびコードインデントモードがある．
⑤ ベーシック手順ではJIS 7単位符号を使う．

1.7.2 情報メッセージのブロック化

ベーシック手順における情報メッセージの構成を図1.16に示す．図に示すように，ベーシック手順では，データをブロックに区切り，テキストに先行して，①ヘッダー（ブロック1）を付ける．ヘッダーには，メッセージ番号や伝送経路および優先度などの情報が含まれる．しかし，非常に長いテキストデータを送る場合，伝送途中でエラーが発生すると，最初から再送することになり伝送効率が低下する．従って，②のようにいくつかのブロックに分けて伝送する．ブロックの長さにはとくに制限はない．通常，128～256バイト程度の長さである．また，各ブロックにはそれぞれ意味のある10種類の**伝送制御キャラクタ**（Transmission Control Character：**TCC**）や，誤り制御用のBCC符号を付けて伝送する．ベーシック手順ではテキストをブロックに区切って伝送し，ブロック単位で誤りのチェックや受信の確認を行い効率化を図っている．ブロックは伝送制御キャラクタSTXで始まり，ETBとBCCで終わる．最後のブロックはテキストの最後であるので，STXで始まりETXとBCCで終わる．ETXは，データの最後のブロックであることを表す．

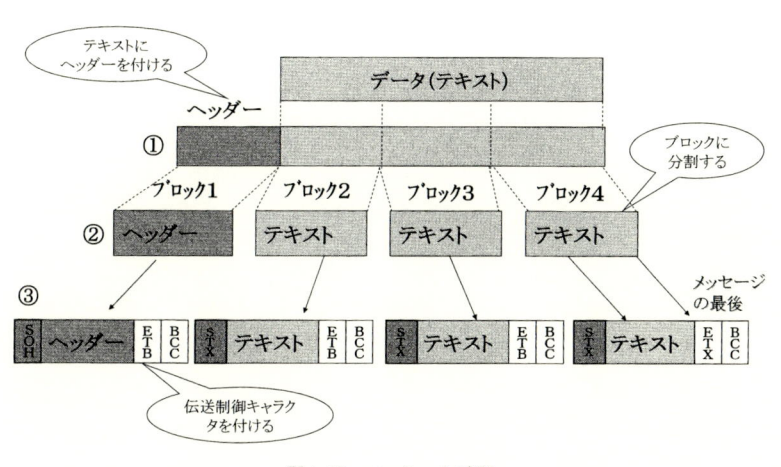

図1.16　ベーシック手順

1.7.3 同期制御

ベーシック手順の同期方法は，キャラクタ同期方式を採用している．すなわち，通信の始めにSYN信号を連続して2個以上送り同期をとる．いったん同期が確立されるとあとはブロックを次々と送信する．

1.7.4 誤り制御

ベーシック手順の誤り制御は，主に**水平垂直パリティチェック（BCC）方式**が使われる．誤りチェックの対象は，最初の制御キャラクタSOHまたはSTXの直後からBCCの直前までである．

1.7.5 伝送制御の方法

ベーシック手順では，データリンクを確立する方法として，コンテンション方式とポーリング/セレクティング方式の2つがある．

(1) コンテンション方式

コンテンション方式（contention）は，図1.17(a)に示すようにネットワーク内の各端末がそれぞれ1つの回線で1対1に接続されている場合のデータリンク確立の方法である．この場合，各端末には主従の関係がなく互いに対等である．データを送信しようとする端末はいつでもリンクの確立が要求できる．図1.17(a)に示すように，①端末がホストコンピュータに対してデータリンクの確立を要求する（送信要求符号（ENQ）送出）．ホスト側は受信準備ができていれば，受信準備完了符号（ACK）を端末に返す．この例では，センター側では，未だ受信準備ができていない場合を示し，②端末側にNAK信号を返す．③端末は再びENQ信号によりデータリンク確立の要求をセンターに対して行う．④センター側は準備OKであれば，ACK信号を送出する．これでデータリンクが確立されたことになる．次に，④端末はブロック1を送信する．センターはブロック1を正常に受信した場合は，⑤ACK信号を返す．⑥端末は，センターが正常にデータを受信したことを確認し，⑦ブロック2を送信する．ブロック2が最後であればETXを付けて送信する．端末側はこれ以上送るべきブロックがなければ，⑧センターに対してEOTを送り，伝送終了をセンターに通知する．ここでデータ

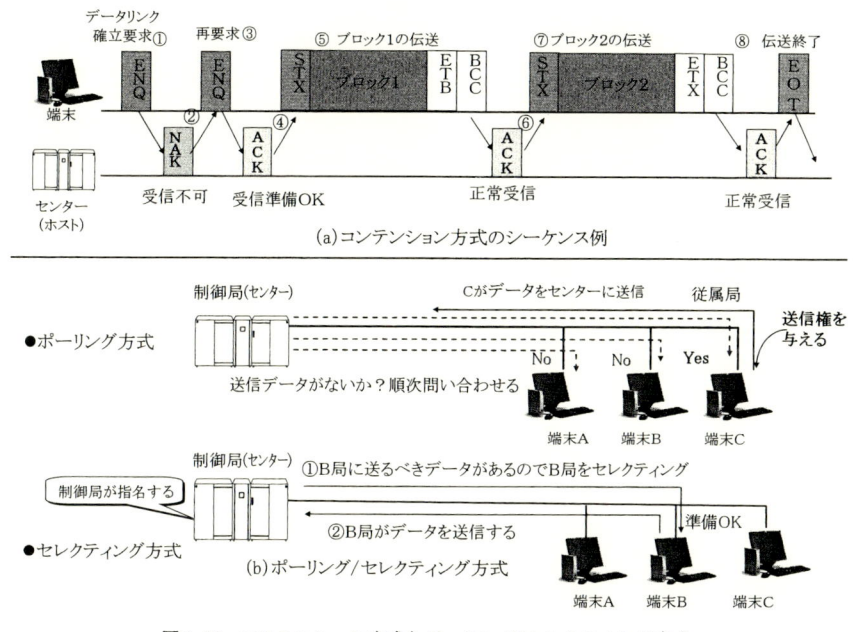

図1.17 コンテンション方式とポーリング／セレクティング方式

リンクの解放が行われ，通信は終了する．

(2) ポーリング／セレクティング方式

ポーリング／セレクティング方式（polling/selecting）は，1つの回線を複数の端末が共有する場合のデータリンク確立の方法である（図1.17 (b)）．複数の端末が1つの回線を共有するので，各端末には「主従の関係」を決めて制御する．通常，制御権をもつ端末を**制御局（主局）**といい，制御局により制御される端末を**従属局（従局）**という．ポーリング方式は，制御局であるホストコンピュータが従属局である各端末に送るべきデータがあるかどうかを問い合わせ，送信すべきデータがある端末にだけ，送信権を与える．セレクティング方式は，これとは逆に制御局から従属局へデータを指名して送る方式である．制御局は，データを送りたい従属局がある場合，あらかじめ従属局をSA（Station Address）で指定し，受信準備をさせ，準備完了を確認してからデータを送信する．

1.8　HDLC 手順

1.8.1　HDLC 手順とは

　ベーシック手順では，ブロックごとに送受信間で確認動作を行う．そのために伝送に時間がかかり，コンピュータ間通信など，高速・大容量の伝送には十分に対応できなかった．これを改善し，さらに高速化して，効率のよい高度な制御を行う手順が考えられた．これが **HDLC**（High level Data Link Control procedure）**手順**である．HDLC 手順は，ベーシック手順の欠点を補い，数々の改善を行い，効率的な伝送，拡張性および信頼性の向上を行った．HDLC 手順の考え方は，その後のパケット交換やフレームリレー交換，ATM 交換，LAN およびインターネットを含む今日の IP ネットワークの代表的なプロトコルである TCP/IP に広く応用されている．HDLC 手順には次のような特徴がある．

　① 両方向同時伝送

　ベーシック手順では一方向しか伝送できなかったが，HDLC 手順ではデータの**両方向同時伝送（全二重）**が可能である．

　② データの連続転送

　ベーシック手順は1ブロックごとに送受信間で確認しながら伝送を行う**逐次応答方式**であり，非効率的であった．HDLC 手順ではデータを連続転送できる．

　③ 高度な誤り制御

　ベーシック手順では，伝送制御符号は誤り制御の対象外である．しかし HDLC 手順では制御フレームも誤りチェック対象とするため信頼性が高い．

　④ 任意のデータ伝送

　ベーシック手順では，文字符号（8ビット）が伝送の最小単位である．HDLC 手順では，任意の長さのデータがビット単位で伝送できる．

　HDLC 手順では，フレームごとにアドレスを付けることができる．そのため1つの回線が1端末に占有されることがなく，任意の端末にデータを送ることができる．またフレームごとに，端末間で送受信の確認をしないで，いくつかのフレームをまとめて確認できる．そのために高速化が可能になった．

1.8.2 フレーム構成と各フィールドの機能

(1) フレームフォーマット

HDLC 手順では情報（メッセージ）や制御情報，アドレス情報，誤り制御情報など各種の機能をまとめて**フレーム**を構成する．HDLC におけるフレームフォーマットと機能を図 1.18 に示す．このフレームを 1 つの単位として情報を伝送する．また HDLC ではユーザー情報の長さにはとくに制限がなく，任意のビットパターンの長さで伝送できる．次に，各フィールドの機能を説明する．

開始フラグ	アドレス	制御	伝送データ	フレーム検査シーケンス	終了フラグ
F	A	C	I	FCS	F
01111110					01111110

- フラグシーケンス：フレームの開始を表す
- アドレスフィールド：宛先、送信元のアドレス
- 制御フィールド：相手局に対する動作の指示や応答情報を表す
- 情報フィールド：送るべきユーザー情報
- フレームチェックシーケンス：フラグを除く各フィールドが正確に伝送されたか、チェックする
- フラグシーケンス

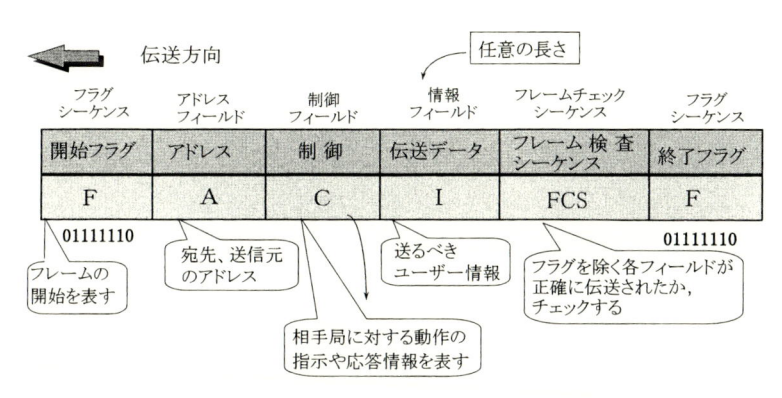

図 1.18 HDLC のフレームフォーマットと機能

(2) フィールドの機能

(a) フラグシーケンス (F)

フラグシーケンス（Flag sequence）は，1 つのフレームの始まりと終わりを示し，**フラグ同期**の機能をもっている．フラグシーケンスは '01111110' の 8 ビットで構成される．受信側では，このフラグシーケンスを認識して同期をとる．

(b) アドレスシーケンス (A)

アドレスシーケンス（Address sequence）は 8 ビットで構成され，フレームの宛先，送信元のアドレスを示す．

(c) 制御フィールド (C)

制御フィールド（Control field）は，相手局に対する動作の指示や応答情報を表

示する．HDLC 手順で使われるフレームには **I フレーム**，**S フレーム**および**U フレーム**の3つの基本形式がある．制御フィールドは，これら3つの基本形式のうち，どのフレームであるかを示す．

　(d)　情報フィールド（I）

情報フィールドには，ユーザーのメッセージが入る．この場合，メッセージの長さは任意である．情報フィールドのことを I フィールドという．

　(e)　フレームチェックシーケンス（FCS）

フレームチェックシーケンスは，フラグを除くアドレスフィールド，制御フィールド，情報フィールドの内容が正確に転送されたかどうかをチェックする誤り制御のためのフィールドである．

1.8.3　同期制御

HDLC 手順における同期制御は，フラグ同期方式である．これは前述のように，フラグシーケンス（F）によって行う．フラグパターンは，01111110 である．すでに説明したように，ユーザー情報のなかに1が6個連続すると，送信側では5個目に0を自動的に挿入し，受信側では挿入した0を削除する「**0 挿入 0 削除**」の方式をとる．

1.8.4　誤り制御

HDLC 手順の誤り制御は，**CRC 方式**により行う．この制御方式は，データを**多項式**で表現し**生成多項式**で割り算を行う．割り算の結果，生ずる余りを **CRC ビット**として，これをデータの末尾に付加し送信する．受信側ではこの受信データを生成多項式で割り，余りがゼロの場合，正常に受信したものとする．もしも余りがあれば，伝送途中でビット誤りが発生したものとし，再送要求を行う．次に，CRC 方式を具体的な例で説明する．

　① 　文字 "K" を送信する場合を考える．"K" は，7 単位符号のビット配列では 1001011 である．

$$K \Rightarrow \underset{b_7\ b_6\ b_5\ b_4\ b_3\ b_2\ b_1}{1001011}$$

1.8 HDLC手順

② このビット配列を X の多項式で表すと，次のようになる．

$1001011 \Rightarrow 1\cdot X^6+0\cdot X^5+0\cdot X^4+1\cdot X^3+0\cdot X^2+1\cdot X^1+1\cdot X^0$

$\Rightarrow X^6+X^3+X+1$

この多項式を T とおく．

$$T = X^6+X^3+X+1$$

③ あらかじめ決められた生成多項式を G とする．

$$G = X^6+X^2+1$$

④ G の最高次の項，X^6 と T を掛ける．

$$TX = T \times X^6 = (X^6+X^3+X+1) \times X^6$$
$$= X^{12}+X^9+X^7+X^6$$

⑤ TX を生成多項式 G で割り，余りを求める．その余りを CRC 符号とする．

$$\frac{TX}{G} \cdots 余り \Longrightarrow \text{CRC}$$

この場合の割り算は，モジュロ2という特殊な方法により行う．その演算方式には次のような約束がある．

$0+0 = 0,\ 0+1 = 1,\ 1+0 = 1,\ 1+1 = 0,\ 0-1 = 1$

$$\begin{array}{r}
X^6+X^3+X^2+X \\
X^6+X^2+1 \overline{)\ X^{12}++X^9++X^7+X^6} \\
\underline{X^{12}++X^8+X^6} \\
X^9+X^8+X^7 \\
\underline{X^9++X^5+X^3} \\
X^8+X^7+X^5+X^3 \\
\underline{X^8++X^4+X^2} \\
X^7++X^5+X^4+X^3+X^2 \\
\underline{X^7++X^3+X} \\
\text{CRC} =X^5+X^4+X^2+X
\end{array}$$

⑥ 送信データとして，TX に CRC を付加して送信する．

$TX+\text{CRC} = (X^{12}+X^9+X^7+X^6)+(X^5+X^4+X^2+X)$
$= X^{12}+X^9+X^7+X^6+X^5+X^4+X^2+X$

多項式をビットの配列で表すと，1001011110110 になる．実際にはこのビット

列を送信する．

⑦ 受信側では，これを生成多項式 $G(=X^6+X^2+1)$ で割り算をする．

$$R = \frac{TX+\text{CRC}}{G}$$

$$
\begin{array}{r}
X^6+X^3+X^2+X \\
X^6+X^2+1 \overline{\smash{\big)}\, X^{12}+X^9+X^7+X^6+X^5+X^4+X^2+X} \\
\underline{X^{12}+X^8+X^6} \\
X^9+X^8+X^7++X^5+X^4+X^2+X \\
\underline{X^9+X^5+X^3} \\
X^8+X^7++X^4+X^3+X^2+X \\
\underline{X^8++X^4+X^2} \\
X^7++X^3+X \\
\underline{X^7++X^3+X} \\
0
\end{array}
$$

この例では，余りが0で割り切れる．これは正常に受信できたことを表す．

実際のデータ通信の場合には，生成多項式として，$\underline{G=X^{16}+X^{12}+X^5+1}$ が使われる．これを **16次生成多項式**という．この生成多項式は **ITU-T** で勧告され，国際的に決められている．CRC 方式は誤り制御方式の中では最も精度の高い方法で，HDLC 制御手順の誤り制御に用いられている．また，さらに精度を高めるために **32次生成多項式**

$$G = X^{32}+X^{26}+X^{23}+X^{22}+X^{16}+X^{12}+X^{11}+X^{10}+X^8+X^7+X^5+X^4+X^2 \\ +X+1$$

が使われる場合もある．

1.8.5 局の種類と機能

(1) 局の種類と構成

ネットワーク内の端末やセンターのホストコンピュータ間で効率よく，スムーズにデータ伝送を行うためには，統制のとれた制御が必要である．そのために，HDLC 手順では，端末やセンター局に対して1次局，2次局および複合局という3種類の**局レベル**を設けている．1次局は2次局を制御し，データリンクの誤り

1.8 HDLC手順

表1.2 HDLCのコマンド／レスポンスの種類と機能

フォーマットによる分類	コマンドの略称	レスポンスの略称	機能の概略
情報転送	I	I	シーケンス番号付の情報または受信成功の通知
監視	RR RNR REJ SREJ	RR RNR REJ SREJ	受信OKまたは受信成功の通知 ビジー状態の通知 指定したIフレーム以降の再送を要求 指定したIフレーム（1つ）の再送を要求
非番号性	SNRM SARM DISC SIM UP	 UA CMDR	2次局をNRMに設定 2次局をARMに設定 2次局の動作モード終了 非番性コマンドの受け入れを通知（2次局→1次局） 再送で回復不能誤り検出を通知 相手を初期化モードに設定 複数または1つの局をポーリング

や回復に責任をもつ制御局である．2次局は1次局の指示により動作する局である．また複合局はデータリンクの制御に関してはまったく対等で，1次局と2次局の両方の機能をもつ局である．

(2) コマンド／レスポンス

HDLC手順では伝送はすべてフレーム単位で行われる．1次局から2次局に送信するフレームを**コマンドフレーム**という．また，2次局から1次局へ送信するフレームを**レスポンスフレーム**という．複合局どうしが1対1で構成される平衡型手順クラスでは両局は対等であるので，お互いにコマンドとレスポンスを送信することができる．代表的なコマンド／レスポンスの種類と機能を表1.2に示す．

1.8.6 制御フィールドの機能

制御フィールド（C）には，Iフレーム，SフレームおよびUフレームのいずれかの1つの形式を表示する．図1.19に3つのフレームのビットパターンとその機能を示す．

(1) Iフレーム

Iフレームは，ユーザー情報をもつフレームである．Iフレームでは制御フィールドはI形式となり，$b_2 \sim b_4$ビット（3ビット）で**送信順序番号**（$N(S)$）を表す．

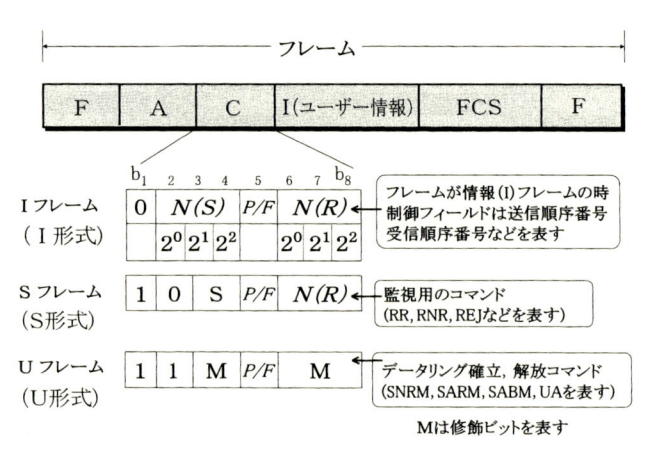

```
            ├─────────── フレーム ───────────┤
            ┌───┬───┬───┬──────────┬─────┬───┐
            │ F │ A │ C │I(ユーザー情報)│ FCS │ F │
            └───┴───┴───┴──────────┴─────┴───┘
```

```
              b₁ 2 3 4 5 6 7 b₈
  Iフレーム    ┌─┬────┬───┬────┐  ← フレームが情報(I)フレームの時
  (I形式)    │0│N(S)│P/F│N(R)│    制御フィールドは送信順序番号
              └─┴────┴───┴────┘    受信順序番号などを表す
                 2⁰2¹2²   2⁰2¹2²

  Sフレーム    ┌─┬─┬─┬───┬────┐  ← 監視用のコマンド
  (S形式)    │1│0│S│P/F│N(R)│    (RR,RNR,REJなどを表す)
              └─┴─┴─┴───┴────┘

  Uフレーム    ┌─┬─┬─┬───┬─┐    ← データリング確立, 解放コマンド
  (U形式)    │1│1│M│P/F│M│      (SNRM,SARM,SABM,UAを表す)
              └─┴─┴─┴───┴─┘
                              Mは修飾ビットを表す
```

図 1.19　I・S・U フレーム構成

また，b_6〜b_8 ビット（3 ビット）で**受信順序番号**（$N(R)$）を表す．b_5 は P/F
（**Poll/Final**）ビットといわれ，相手局に応答（レスポンス）を要求したり，応答
要求に対する返答に使うビットである．たとえば P が"1"であるコマンドを受
信した受信局は，直ちに送信局に対して応答しなければならない．$N(S)$ は I フ
レームの送信順序番号を示し，$N(R)$ は受信順序番号を示す．順序番号はシーケ
ンス番号ともいう．

(2) S フレーム

S フレームは，監視用のコマンドである（図 1.19）．b_3〜b_4 ビットの S ビット
（2 ビット）で監視の種類を表す．たとえば RR の場合には b_3〜b_4 ビット目は
'00' となり，次の I フレームが受信できることを相手に通知する．また RNR
（'01'）の場合は，受信不可能を通知する．REJ（'10'）の場合は再送要求を通知
するコマンドを表している．

(3) U フレーム

U フレームは，通信開始時のデータリンクのモード設定および通信終了時の解
放を行うコマンドを表す．この場合，シーケンス番号はつけない．たとえば通信
開始時に，1 次局が 2 次局を**ノーマルレスポンスモード**にして通信を要求する場
合，**SNRM**（Set Normal Response Mode）を送信する．それに対して 2 次局側が
1 次局の要求に対して「了承」する場合は **UA**（Unnumbered Acknowledgement）

を返す．

1.8.7 動作モード

(1) 送受信動作モードの種類

HDLC の動作モードには（a）**正規応答モード**，（b）**非同期応答モード**および（c）**非同期平衡モード**の3つがある．

　（a）　正規応答モード（Normal Response Mode: NRM）

NRM は1次局と2次局が交互に通信し，2次局は1次局からの許可を得たときだけレスポンスを送信するモードである．このモードでは，2次局はフレーム制御部の P ビットが "1" にセット（$P=1$）されたコマンドフレームを1次局から受信したときは，必ず1次局に F ビットのついたレスポンスを返さなければならない．また，2次局は1次局からの P ビットが "1" になるまでは，フレームを送信することができない．

　（b）　非同期応答モード（Asynchronous Response Mode：ARM）

ARM は，ベーシック手順のコンテンションに対応する動作モードである．すなわち1次局，2次局とも両方向同時伝送ができるモードである．このモードでは，2次局は1次局からの許可がなくてもレスポンスを送信できる．ただし1次局からの P ビットが "1" のときは，直ちに $F=1$ のレスポンスを返さなければならない．

　（c）　非同期平衡モード（Asynchronous Balance Mode：ABM）

ABM は，複合局どうしが独立で互いに許可なくコマンドまたはレスポンスを送信することができる．

(2) データリンクの確立および解放

HDLC 手順による通信は，まず動作モードを設定するコマンドを相手側に送信してから行われる．動作モード設定コマンドには，正規応答モード設定コマンド，非同期応答モード設定コマンドおよび非同期平衡応答モード設定コマンドの3つがある．モード設定のために指示するコマンドは各動作モードの名称の先頭にS（セット）をつけた名称となっている．

複合局どうしで正規応答モードによるデータ伝送をする場合のデータリンクの確立と通信終了後のデータリンク解放の手順例を図1.20示す．図に示すように，

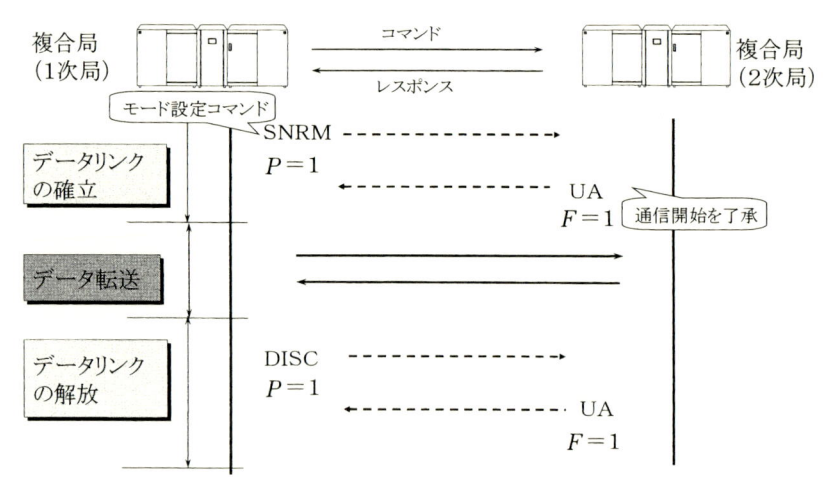

図1.20 NRMモードによるデータリンクの確立，解放の例

はじめに1次局からSNRMコマンドが2次局に対して伝送される．2次局が正規応答モードの設定を受け入れる場合は，UAレスポンスを返す．これで正規応答モードによるデータリンクが確立されたことになる．この後，データ転送が行われる．データリンクの終了は1次局がDISCコマンドを送信し，2次局がUAを返すことにより行われる．

1.8.8 各動作モードにおける制御手順の例

HDLC手順では，本来F, A, C, FCS各シーケンスおよびユーザー情報を含めたフレーム全体が送受信される．しかし本書ではF, A, FCSの各シーケンスおよび情報を付けると図が煩雑になるので省略し，Iフレームを図1.21（上）に示すように略記して制御手順を説明する．

(1) 連続転送の例

フレームの連続転送の例を図1.21（下）に示す．この例では1次局がIフレームを3フレーム連続して送信した後（①②③），③フレームで$P=1$（③）とし，2次局の受信状態を報告するように要求している．2次局はRRコマンドで正常受信を通知（④）している．RRコマンドはIフレームの受信準備完了を意味し，受信順序番号$N(R)-1$まで正しく受信されたことを表す．この例ではRR（3）で

1.8 HDLC手順

```
Iフレーム   | F | A | N(S), N(R), P=0/1 | データ | FCS | F |
```

Iフレームの略記号 → I(1, 0, P=1)

略記の意味号：シーケンス番号1のIフレームを送信[N(S)=1]した，相手局からの受信フレーム[N(R)=0]はない．P=1で相手局に対し，応答を要求する

Iフレーム：N(S)=1，N(R)=0，"1"の場合応答を要求

制御シーケンスの略記

1次局 ──────────────── 2次局

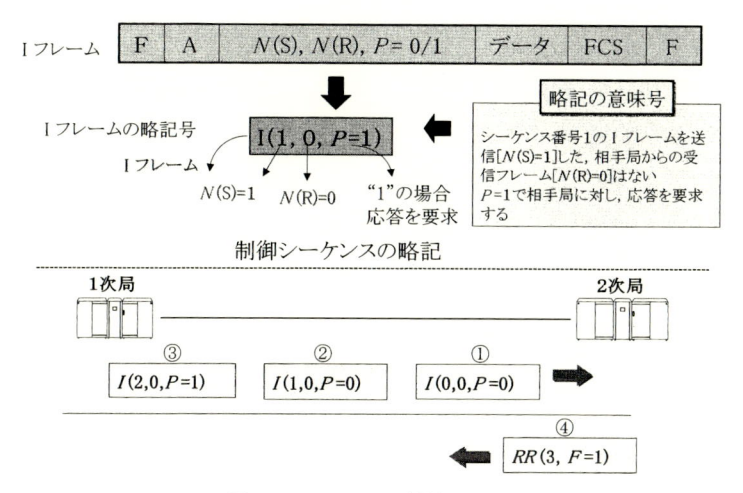

③ I(2,0,P=1)　② I(1,0,P=0)　① I(0,0,P=0) →

← ④ RR(3, F=1)

図 1.21 フレームの連続転送の例

あるから「3フレーム受信しました！」ということになる．すなわち受信順序番号では（3−1=2），2番まで正しく受信したので，次の順序番号3の受信（到着）を期待している．この例にはないが，RRコマンドの他にRNRコマンド（表1.2）がある．これは，相手側にビジー状態を通知するコマンドで，「現在ビジー状態でIフレームは受信できない」ことを通知する．RNRを受信した送信局は一時送信を中断する．

(2) 双方向同時伝送の例

HDLC手順では，1次局，2次局とも，相手に対して送るべきデータがあれば，それぞれ，送信することができる．すなわち，自分でデータを送りつつ，同時に相手からのデータを受信することができる．図1.22に示すように，1次局は2フレーム送信後（①②），②でP=1とし，2次局に受信状態の報告を要求している．2次局は③受信番号1まで（2フレーム）正常受信し，番号2のフレームの送信を期待している．その結果，1次局は次の2フレームを送信後（④⑤），⑤でP=1とし，受信状態を要求している．2次局は1次局に2フレームを送信（⑥⑦）すると同時に，番号3まで正常受信し，番号4の受信を期待している．1次局は（⑧⑨）2次局からの番号1まで（2フレームを）正常受信したことを通知すると同時に，番号4，5を送信している．2次局はRRにより受信番号5まで正常受信した

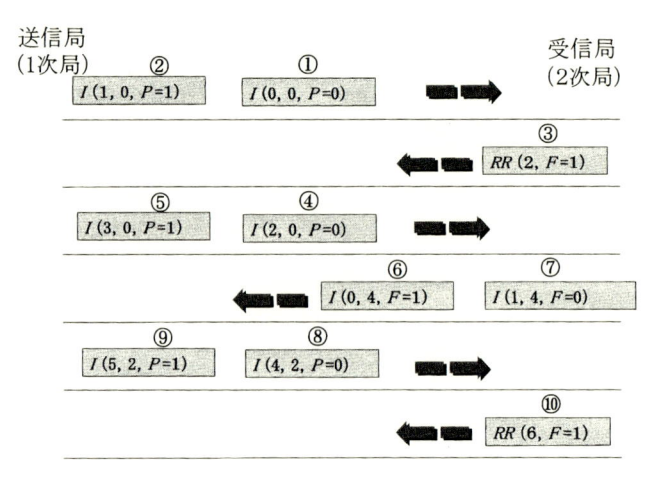

```
         送信局                                        受信局
        (1次局)     ②           ①                     (2次局)
                I (1, 0, P=1)  I (0, 0, P=0)
    ─────────────────────────────────────────────────────────
                                               ③
                                          RR (2, F=1)
    ─────────────────────────────────────────────────────────
                    ⑤           ④
                I (3, 0, P=1)  I (2, 0, P=0)
    ─────────────────────────────────────────────────────────
                                ⑥           ⑦
                            I (0, 4, F=1)  I (1, 4, F=0)
    ─────────────────────────────────────────────────────────
                    ⑨           ⑧
                I (5, 2, P=1)  I (4, 2, P=0)
    ─────────────────────────────────────────────────────────
                                               ⑩
                                          RR (6, F=1)
```

図 1.22　双方向同時転送の例

ことを通知（⑩），番号6の受信を期待している．

(3) 再送の例

図1.23において，1次局は送信番号2まで（3フレーム）送信後（①〜③），$P=1$で応答を要求．2次局は受信番号0（1フレーム）を正常受信したことをRRで通知している（④）．1次局は送信番号1と2が正常受信されていないことを確認（⑤）し，1次局は，番号1から再送する（⑥〜⑧）．2次局は番号3まで正常受信したことを通知（⑨）し，次のフレーム番号4の送信を期待している．

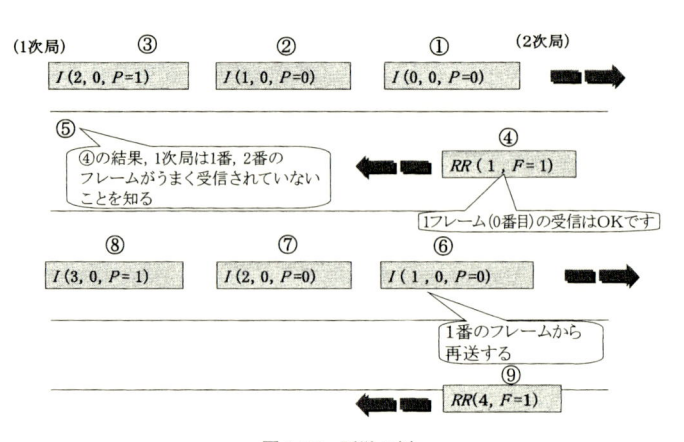

```
      (1次局)     ③           ②           ①           (2次局)
              I (2, 0, P=1)  I (1, 0, P=0)  I (0, 0, P=0)
    ─────────────────────────────────────────────────────────
      ⑤                                          ④
    ┌─────────────────────┐                   RR (1, F=1)
    │④の結果，1次局は1番，2番の│
    │フレームがうまく受信されて│                  ┌─────────────────┐
    │いないことを知る         │                  │1フレーム(0番目)の受信はOKです│
    └─────────────────────┘                   └─────────────────┘
                  ⑧           ⑦           ⑥
              I (3, 0, P=1)  I (2, 0, P=0)  I (1, 0, P=0)
    ─────────────────────────────────────────────────────────
                                          ┌──────────────┐
                                          │1番のフレームから│
                                          │再送する       │
                                          └──────────────┘
                                                     ⑨
                                                RR (4, F=1)
```

図 1.23　再送の例

[演習問題]

1.1 下図に示すように「MEDIA」という文字列を水平垂直パリティ方式および群計数チェック方式で伝送する場合，JIS 7 単位符号によるビット配列を記入しなさい．またそのときの BCC，BCS を求めなさい．

	M	E	D	I	A	BCC	BCS
b_1							
b_2							
b_3							
b_4							
b_5							
b_6							
b_7							
P							

図 1.24

1.2 FDM と TDM の違いについて簡単に説明しなさい．
1.3 ベーシック手順と HDLC 手順の特徴や違いについて表にまとめなさい．
1.4 JIS 7 単位符号の文字「イ」を伝送する場合，CRC による誤り制御の手順を示しなさい．ただし，生成多項式は $G = X^6 + X^2 + 1$ とする．
1.5 下図は 1 次局と 2 次局が HDLC 手順により双方向伝送しているシーケンスを示している．(a)〜(d) に適当な数値を記入しなさい．

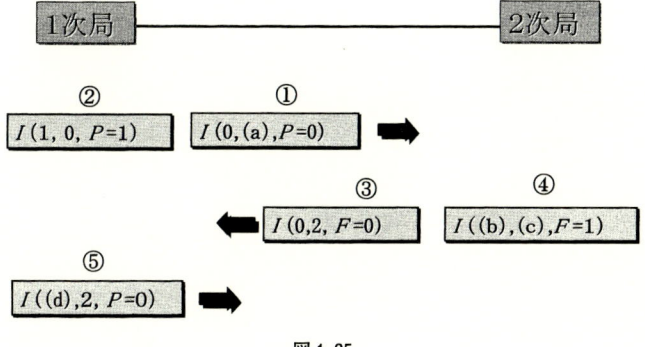

② $I(1, 0, P=1)$
① $I(0, (a), P=0)$
③ $I(0, 2, F=0)$
④ $I((b), (c), F=1)$
⑤ $I((d), 2, P=0)$

図 1.25

2章　交換の基礎技術

本章では，交換技術について説明する．はじめに交換とは何か，交換の概念について説明し，次に回線交換，パケット交換，フレームリレー交換および ATM 交換方式について説明する．それぞれの方式の違いや特徴に注目し，学習することが大事である．特に，パケット交換は，今日の IP パケット通信の基礎となる技術であり重要である．

2.1　交換の概念

2.1.1　交換接続の概念

複数の電話機を自由につないで通話をするには，原理的にはすべての電話機どうしを回線で結ばなければならない（図 2.1（左））．n 個の電話機が互いに自由に通話をするには

$$_nC_2 = \frac{n(n-1)}{2} \text{（本）}$$

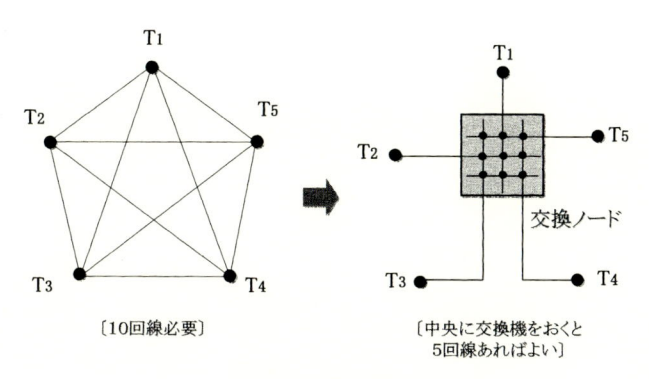

〔10回線必要〕　　　〔中央に交換機をおくと5回線あればよい〕

図 2.1　交換の概念

の回線が必要である．たとえば5個の電話機が互いに自由に通話をするには，$n=5$から

$$_5C_2 = \frac{5(5-1)}{2} = 10$$

となり，10回線必要である．電話機の数が増えると，それに応じて回線を増やさなければならない．しかし電話機の増加に伴って，回線を増やすのは物理的にも経済的にも不可能である．そこで回線を中央に集めて，切り替え機能をもった**交換ノード**により効率よく接続する．これが交換機である．

2.1.2 交換方式

交換とは，スイッチング（Switching）機能により最適な伝送ルートを選択して効率よく情報を転送することである．交換方式には，大きく分けて**回線交換方式**と**蓄積交換方式**がある（図2.2）．同図（a）に示すように，回線交換方式は，通話中，物理的に回線をずっと保持する．回線交換方式の代表的なものが，今まで伝統的に使われてきた「加入電話」である．加入電話では，呼の生起（発生）から終了まで物理的な回線がずっと保持される．一方，蓄積交換方式（同図（b））は，交換装置（**交換ノード**）が蓄積機能をもち，**パケット**や**セル**内のアドレス情報を解釈して，その情報を基にネットワーク内を次々と中継し情報転送するという方式である．現在のIPネットワークは，ルータを使ってパケットを次々に中継するものでこの方式に近い．

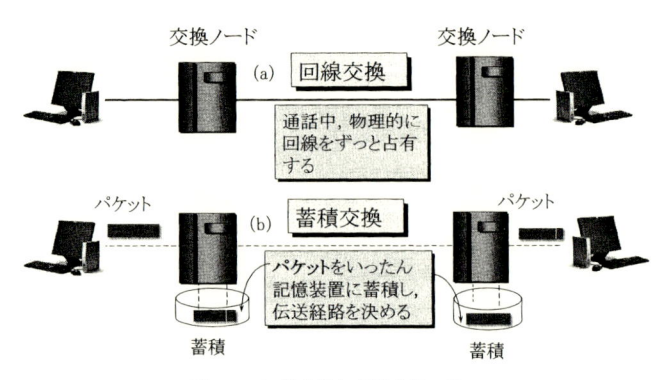

図 2.2 回線交換と蓄積交換の違い

2.2　交換方式

2.2.1　回線交換方式

回線交換方式には，回線設定の仕方により**空間分割交換方式**と**時分割交換方式**の2つがある．

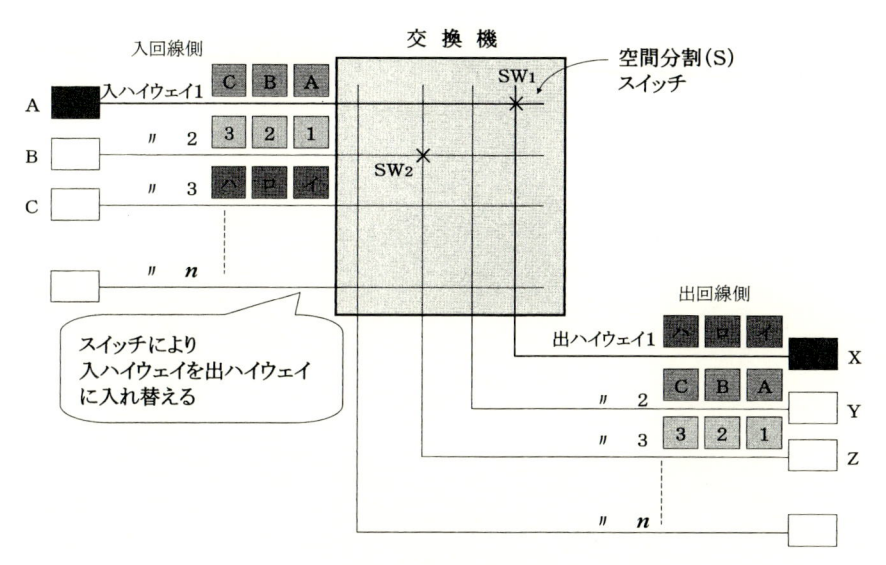

(1)　空間分割交換方式

空間分割交換方式は，図 2.3 に示すように，交換機の入回線と出回線を格子状に構成し，交点のスイッチを閉じることにより回線接続をする方法である．たとえば端末 A が X と通信をする場合，交換機のスイッチ SW_1 を閉じると A-X 間の回線が設定される．同様に B が Z と通信をする場合には，スイッチ SW_2 を閉じると B-Z 間の回線が設定される．どのスイッチを閉じるかは，発信側がダイヤルするアドレス番号により決まる．設定された通信路は，通話中はずっと保持される．

図 2.3　空間分割交換方式

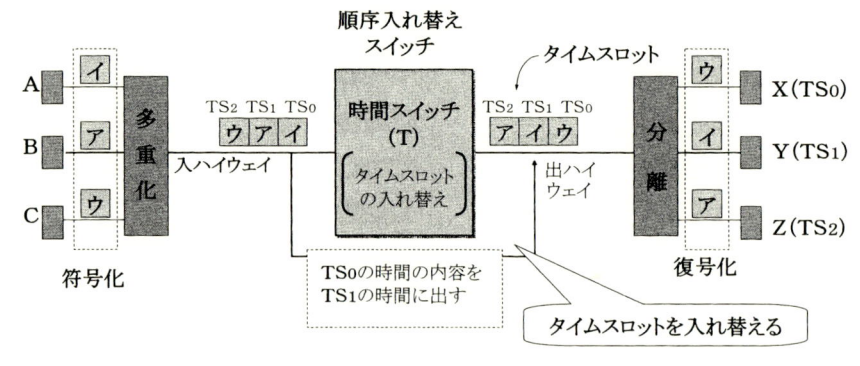

図 2.4 時分割交換方式

(2) 時分割交換方式

時分割交換方式は，アドレス番号に基づいて**時間位置（タイムスロット）**を入れ替えて交換を行う方式である．図 2.4 に示すように，端末 A，B，C からの信号は，多重化装置でデジタル信号に符号化され，多重化装置で TS_0, TS_1, TS_2 ……のように一定時間間隔に時分割多重化される．**順序入れ替えスイッチ**（時間スイッチ）では，端末 A からの情報（イ）は TS_0 の時間に配置し，端末 B からの情報（ア）は TS_1 に，C（ウ）からの情報は TS_2 に配置する．一方，出回線側の端末 X には，あらかじめ TS_0 の時間を割り当て，Y には TS_1 を，Z には TS_2 の時間を割り当てておく．すなわち，出回線側の加入者端末にタイムスロット番号をそれぞれ割り当てておく．端末 A と Y を接続する場合には，TS_0 の情報 "イ" を TS_1 の時間に出力すれば，"イ" は端末 Y に転送され，スイッチング（交換）が行われたことになる．A-Y が通信中，このタイムスロットの入れ替えパターンはずっと保持され，通信路が維持される．同様に B-Z，C-X 間についてもタイムスロットの入れ替えにより交換が行われる．このように時分割交換方式は各端末にタイムスロットをあらかじめ割り当てておき，順序入れ替えスイッチでスロットを入れ替えて交換を行う．

2.2.2 回線交換網の構成

回線交換網は，大きく**集線多重化装置**（Line Concentrator：LC）とデジタル多重伝送のための**多重化装置**（MUltipleXer：MUX）および**デジタル交換機**から構

成される．スイッチは，実際には**時間スイッチ**と**空間スイッチ**を多段に組み合わせてリンクを構成する．

回線交換網では，伝送遅延は約 5～30 msec，ビット誤り率は 10^{-6} 程度の品質が保証されている．また，回線の接続時間は 700 msec 以下になるように決められている．通常は 400 msec 程度である．

2.2.3 パケット交換方式

(1) 概念

パケット交換は端末から送られてきたメッセージをいったん交換装置に蓄積し，一定の大きさに区切って伝送交換する．一定の大きさに区切ったものを**パケット**（小包）という（図 2.5）．それぞれのパケットの前後には，図に示すように，フラグ（F），アドレス（A），制御（C），ヘッダー（H）およびフレームチェックシーケンス（FCS）をつける．これは，ネットワーク内を転送するために必要な宛先情報，誤り制御情報，転送順序番号などの情報である．この考え方は HDLC の概念そのものである．

(2) パケット交換の機能

パケット交換の主な機能は次のとおりである．

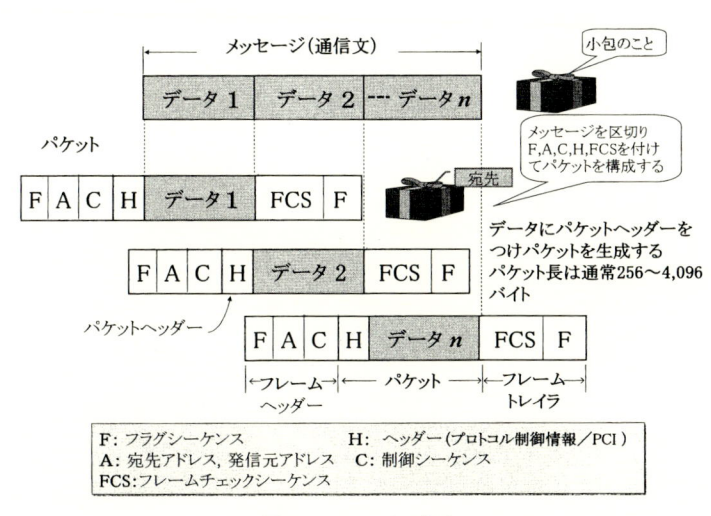

図 2.5 パケットの概念

① 通信路の設定（呼設定）
発信端末の要求により通信路の設定を行う．
② ルーティング機能
ルーティング機能とは，パケットをどのルートで転送するかを決める機能のことである．ルーティングの基準は，伝送時間が最小となるルートを選択すること，ネットワーク内のトラフィック量を均等化し，一箇所にトラフィックが集中しないように調整すること，伝送路や交換機に障害があれば別のルートを迂回させること，等である．
③ フロー制御
パケット交換では，受信側の交換機のバッファメモリに，ある容量以上のデータが流れ込まないようにフロー制御をする．フローを防ぐ方法は，送信側では，受信側から受信許可が来るまで次のパケットを送らないように制御する．
④ 通信路の切断（呼解除）
DTE-DTE 間の通信が終了したときに，発信，着信いずれかの DTE の要求により通信路を解除する．

(3) **パケット交換網**

パケット交換網は，パケット交換設備，回線終端装置（DCE），加入者回線および中継伝送路から構成される．またパケット交換設備は，**パケット交換機**（PS），**パケット多重化装置**（Packet MultipleXer：PMX），**パケット組立・分解機能**（**PAD**）および**網内接続機能**から構成される．PMX は，加入者端末から受信した通信文をいったん蓄積し，パケット多重化を行って転送する．

(4) **パケット多重と論理チャネル**

パケット交換の大きな特徴は，パケット多重化である．たとえば，図 2.6 (a) に示すように，端末 A から 1 回線上に，それぞれアドレスの異なる端末 B，C，D 宛のパケットを同時に転送する．交換機では，各パケットの宛先を解釈し，各端末にそれぞれのパケットを転送・交換する．このように物理的には 1 回線しかないのに，同時に複数の端末と通信することができる．これがパケット多重の原理である．

この場合，端末 A はあたかも端末 B，C，D とはそれぞれ独自の回線で通信しているように見える．すなわち，端末 A と交換機の間には実際には 1 回線しか

2.2 交換方式

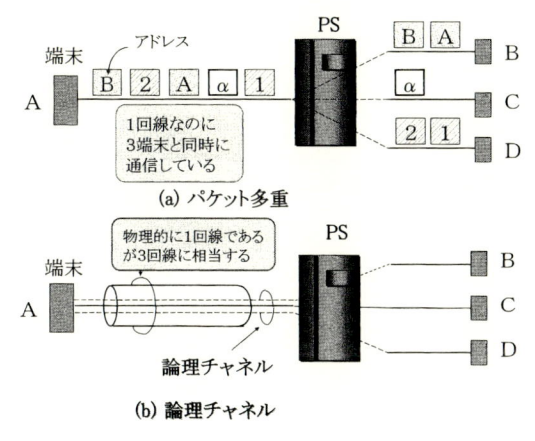

図 2.6 パケット多重と論理チャネル

(a) パケット多重

(b) 論理チャネル

ないのに，あたかも3回線あるように見える．このように物理的には存在しないが論理的に存在する回線を**論理チャネル**（図 2.6（b）：logical channel）という．送信側の端末ではパケットのヘッダに必ず**論理チャネル番号**を付けて送信する．

(5) パケットフォーマット

パケット交換は，ITU-T の勧告 **X.25 プロトコル**によりデータ交換が行われる．X.25 プロトコルは，基本的には HDLC 手順と同じである．すなわち，パケットを HDLC 手順のIフレーム情報部にのせて転送する．パケットフォーマットには，**呼制御パケット**と**データパケット**の2種類がある．

(a) 呼制御パケットのフォーマット

図 2.7（a）に呼制御パケットのフォーマットを示す．**ゼネラルフォーマット識別子**（General Format Identifier：GFI）は，パケット形式や X.25 のバージョンを示す識別子である．この識別子により，パケットフォーマットの識別や将来，X.25 がバージョンアップ（機能拡張）されたときに対応する．

論理チャネルグループ番号（Logical Channel Group Number：**LCGN**）と**論理チャネル番号**（Logical Channel Number：**LCN**）は，パケット多重やパケットタイプ識別を行うためのフィールドである．**パケットタイプ識別子**は，呼設定および呼解放などを行う各種制御のためのパケットを表す．アドレスフィールドは発呼端末のアドレスや着呼端末のアドレスを表す．

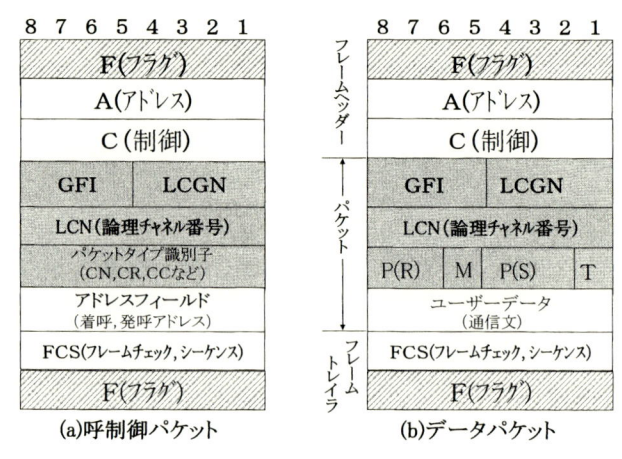

図 2.7 呼制御パケットとデータパケット

(b) データパケットのフォーマット

図 2.7 (b) にデータパケットのフォーマットを示す．フレームヘッダは，呼制御パケットと同じである．データパケットの場合，パケットヘッダの $P(S)$ が送信シーケンス番号を表し，$P(R)$ が受信シーケンス番号を表す．これは送信確認を $P(R)-1$ まで行い，R が次の受信を期待する番号を表す．たとえば $P(4)$ の場合は，シーケンス番号 3 まではパケットを正常に受信し，次に 4 番のパケットの受信を期待していることを表す（「次に 4 番のパケットを送信してください」という意味でもある）．

M はモアデータ表示を表し，$M=1$ でデータパケットが継続していることを表す．T はパケットタイプ識別子で，このパケットが「呼制御パケット」か，「データパケット」か，識別を行う．$T=0$ の場合，データパケットを表し $T=1$ で呼制御パケットを表す．ユーザーデータ領域は，最大 4,096 オクテッドのユーザー情報をのせる領域である．

(6) 端末間の通信

(a) 呼の設定と解放

パケット交換による端末間通信の例を図 2.8 に示す．パケット交換では，初めに，①発信端末（PT 1）から**発呼要求パケット**（**CR**）が網に対して送出される．CR パケットには，発信元アドレス，宛先アドレスおよび論理チャネルグループ

2.2 交換方式

```
         PT1                              PT2
        ┌───┐        ネットワーク          ┌───┐
        └───┘ ──────────○──────────────── └───┘
                   パケット交換機 ②
         ┌ ①発呼要求パケット    発呼要求パケット
         │      ┌──┐              ┌──┐
         │      │CR│──→        ──→│CN│
   呼設定 ┤ ④   └──┘           ③ └──┘
         │   接続完了パケット    着呼受付パケット
         │      ┌──┐              ┌──┐
         └      │CC│←──        ←──│CA│
                └──┘              └──┘
                         データ
   ⑤データ通信 ←──────────────────→
         ┌ ⑥復旧要求パケット   ⑦切断指示パケット
         │      ┌──┐              ┌──┐
         │      │CQ│──→        ──→│CI│
   呼解放 ┤      └──┘              └──┘
         │ ⑨復旧確認パケット  ⑧切断確認パケット
         │      ┌──┐              ┌──┐
         └      │CF│←──        ←──│CF│
                └──┘              └──┘
```

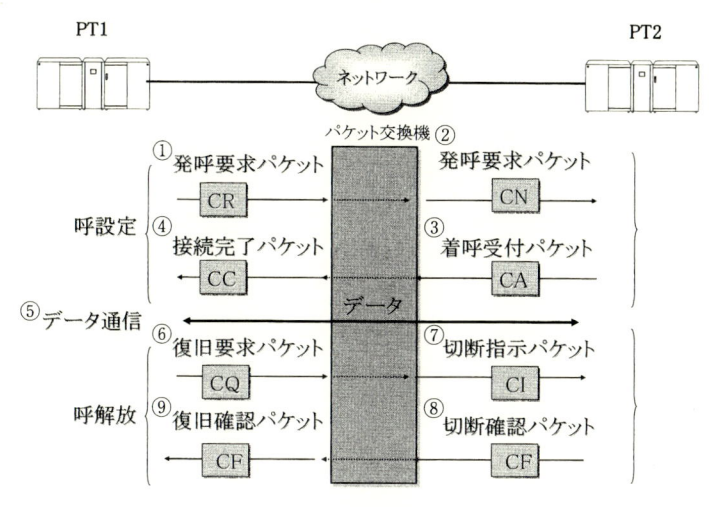

図2.8 パケット交換手順

番号(LCGN),論理チャネル番号(LCN)が含まれている.網はこれを解読し,網内のリンクメモリを設定する.つまり,網は宛先アドレスで指定された着信端末(PT 2)に対して,②**着呼パケット(CN)**を転送する.このとき,CNには論理チャネル番号(LCN)をセットする.

PT 2は,③通信可能であれば,同じ論理チャネル番号をもつ着呼受付パケット(CA)を網に送出する.網は,④**接続完了パケット(CC)**をPT 1に転送する.

このようにして発信端末と着信端末間で論理チャネルが1チャネル設定され呼設定が完了する.これにより,⑤データ転送が行われる.

呼の開放は,PT 1が⑥**復旧要求パケット(CQ)**を出すと,網は⑦**切断指示パケット(CI)**をPT 2に対して転送する.PT 2は⑧**切断確認パケット(CF)**を網に送出し,網は⑨**復旧確認パケット(CF)**をPT 1に転送して呼の開放が行われる.

(b) データパケットによる通信

パケット交換では,各パケットは網内をいろいろなルートで転送される.そのため,端末間で,どこまでパケットを送受信したかをたえずチェックする必要がある.HDLC手順と同様に,パケット交換でもパケットに**送信順序番号**($P(S)$)と**受信順序番号**($P(R)$)を付けて,**シーケンス番号**で管理する.またパケット交換網では,網内で**トラフィック制御**を行い,パケット転送の信頼性を高めている.

トラフィック制御には，パケットの流量を制御する**フロー制御**と障害などで網に異常が発生した場合に行う**輻輳制御**がある．

(a) フロー制御

フロー制御とは受信側端末で連続して受信できるパケット数をあらかじめ決めておき，バッファがオーバーフローしないように管理することである．すなわち，受信側では送信側からつねに一定量のパケットを受信する．連続して送ることのできるパケット数を**ウィンドウサイズ**(W) という．W により，つねにパケットの最適数を受信することを**ウィンドウ制御**という．

ウィンドウ制御によるパケット通信の例を図 2.9 に示す．たとえば，図の例で $W=3$ とした時，発信端末 PT 1 は，データパケットを 3 つまで連続して送信できる．受信側では，3 つまで正常に受信したことを RR (3) により通知する．これは RR (3)−1=P(2)，すなわち送信番号 P(S)=2 まで正しく受信し，次の P(S)=3 のパケットの送信を期待している，という意味でもある．RR (3) を受信した PT 1 は正常受信を確認し，さらに連続して，データパケットを 3 つ送信する．送信側では受信側から受信許可 (RR) がくるまでパケットを送出しない．このようにして W によりフロー制御を行い，オーバーフローしないようにしている．

図 2.9 ウィンドウ制御

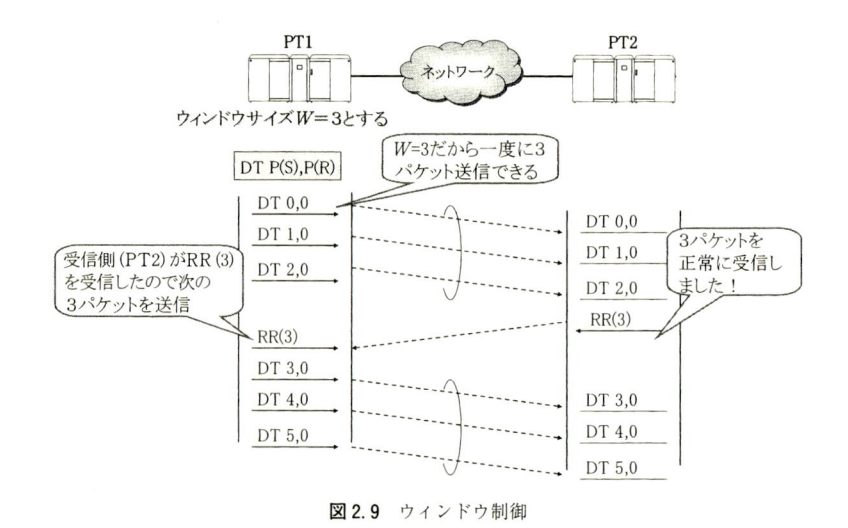

2.2 交換方式

(b) 輻輳制御

パケット交換網は，交換機の CPU やバッファの使用能率をつねに監視している．使用率が一定値を越え，すべての端末との通信が継続できないと判断すると，パケットの交換機への入力を規制する．使用率が一定値以下になると**入力規制**を解除し，交換処理を再開する．このような制御を輻輳制御という．

2.2.4 フレームリレー交換方式

(1) フレームリレーの概念

初期の頃のパケット通信速度は，64 Kbps 程度で，非常に遅かった．**フレームリレー**（Frame Relay：**FR**）は，これを改善したもので，2 Mbps までのパケット通信を可能にした．FR は，ビデオ会議や LAN 間接続など，比較的，高速データ通信のニーズに対応できるので今まで広く使われてきた．しかし近年では高速大容量の光ファイバーが普及し，次第に使われなくなってきている（図 2.10）．

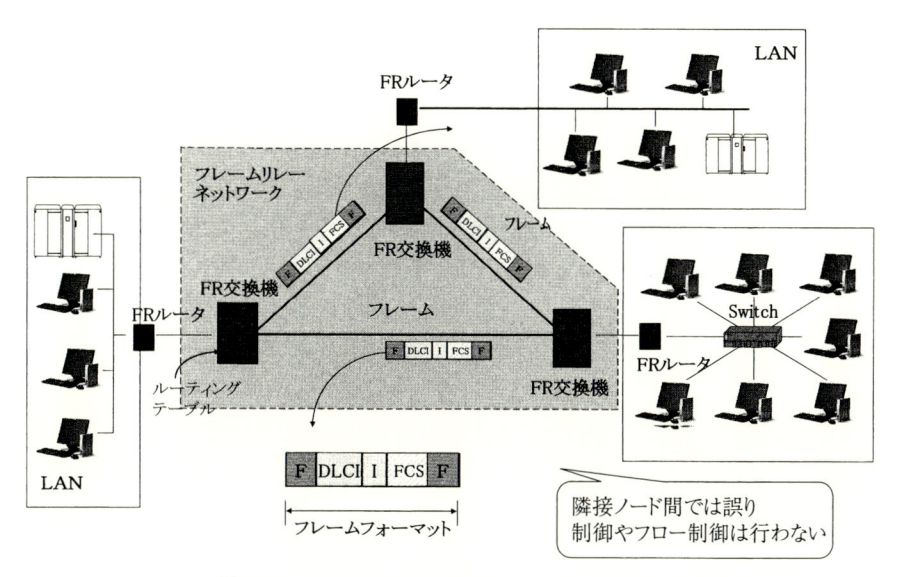

図 2.10 フレームリレーの構成とフレームフォーマット

(2) フレームリレー交換の特徴

パケット交換では後述する OSI の第 2 層および第 3 層をカバーし，隣接するノ

ード間で誤り制御を行う．そして誤りがあれば再送制御を行い，信頼性を上げている．ノード間の再送制御は従来の伝送系がアナログ設備を中心としたもので，必ずしも高い信頼度が保障されなかったために必要であった．しかし最近の伝送路は光ファイバーケーブルとデジタル通信設備が主となり，信頼性はかなり向上している．したがって必ずしも隣接するノード間で，きめ細かな誤り制御をする必要性がなくなってきた．

FRではノード間でのきめ細かな誤り制御は省略し，誤りがあれば端末間で再送制御を行い，高速化を実現するデータ交換方式である．FRの場合，ネットワーク内の遅延時間はX.25パケット交換に比べ約1/10である．さらに後述するDLCIにより，複数の論理チャネルを設定することができる．このように，FRはパケット交換に比べ多くの利点がある．FRはLAN間接続など，大規模な企業内情報通信ネットワークを構築する場合に有利であり，今までに広く使われてきた．FRの特徴は，次のとおりである．

① 蓄積交換方式であり異速度端末間接続が可能である．
② X.25（パケット交換）に比べプロトコルを簡略化し，誤り制御やフロー制御は隣接するリンク間では行わないで高速通信を可能にした．
③ バースト的なトラフィックに対応するため，帯域の有効利用ができる．
④ 1本の物理回線で複数拠点と同時接続（論理多重）が可能である．
⑤ DLCI（Data Link Connection Identifier：データリンクコネクション識別子）によりフレーム論理多重が可能．

(3) フレームフォーマット

FRのフレームフォーマットは，フレームチェックシーケンス（Frame Check Sequence：FCS），ユーザーの情報（I），アドレス部（DLCI）および同期をとるためのフラグ（F）から構成される（図2.10）．DLCIにはアドレスに相当する情報を付加して伝送する機能がある．これによって，パケット多重と同様に，1本の物理回線で複数の相手と通信ができる．これを**フレーム多重**という．

2.2.5 ATM交換方式

(1) ATM交換とは

ATM（Asynchronous Transfer Mode：**非同期転送モード**）はフレームリレーに

対して**セルリレー**とも呼ばれ，音声，データ及び映像など，いわゆるマルチメディア情報を一元的に処理する交換方式である．またATMは，回線交換とパケット交換の両者の長所を有する伝送方式でもある．ATM交換の概念を図2.11に示す．

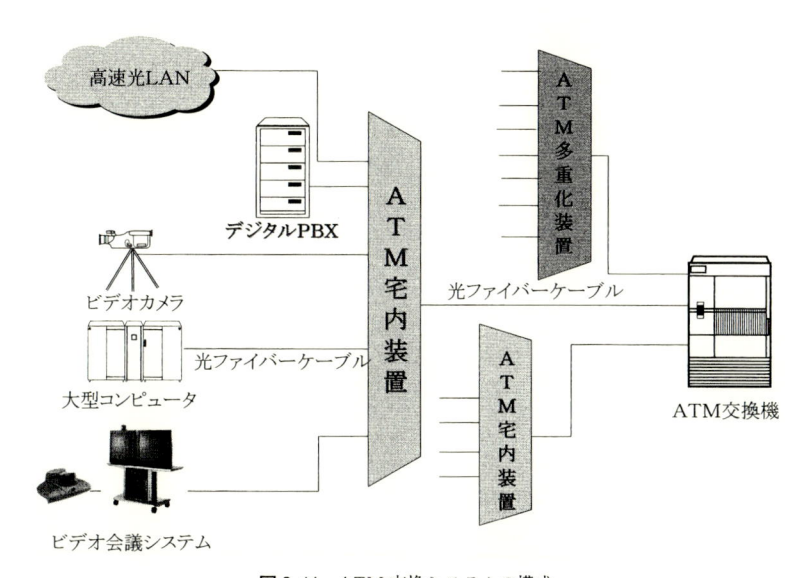

図2.11 ATM交換システムの構成

(2) ATM交換の特徴

回線交換方式では端末と端末間はつねに物理的な回線が設定され，大量のデータが高速伝送できる．したがって，電話や動画のように連続的に発生する情報の転送には適している．しかし情報がないときでもタイムスロットを割り当てるため無駄が生じる．一方パケット交換では，情報が発生したときにパケットを生成するのでバースト的な情報転送には適しているが，大量データの高速伝送には無理がある．またパケット交換ではパケットをいったん蓄積し，アドレスをソフトウェアで読み取り，処理を行うために時間がかかる．さらに，伝送中の誤り制御や再送制御などもソフトウェアで行うので伝送速度はおのずから限界がある．

ATMは，このような課題を解決する交換方式として考えられた．ATMは原

理的には蓄積型のパケット交換と同じであるが，アドレスの読み取りや制御はすべてハードウェアで対応する．したがって，高速通信が可能である．また，ATMでは情報量に応じてセルの数が増減でき，情報内容により速度を自由に設定できるという特徴がある．すなわち，速度の速いデータにはセルを多く生成して送り，遅いものにはセルを少なくして送る．伝送速度は，標準速度が156 Mbps，通常620 Mbps程度まで可能である．

(3) セルのフォーマット

ATMでは，音声・データ・動画像を区別なく，すべてをセルと呼ぶ53バイトの固定長パケットに分割し，これに宛先情報を付加して伝送する．53バイトの内，宛先情報を含むヘッダ部が5バイトで情報部が48バイトである．図2.12にセルのフォーマットを示す．

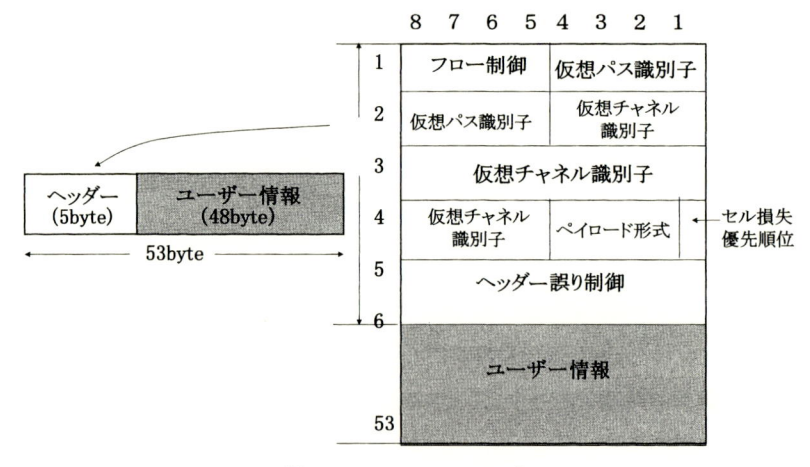

図2.12 セルのフォーマット

ヘッダー部は，フロー制御（Generic Flow Control：GFC），仮想パス識別子（Virtual Path Identifier：VPI），仮想チャネル識別子（Virtual Channel Identifier：VCI），ペイロード形式（Payload Type：PT），セル損失優先順位（Cell Loss Priority：CLP）およびヘッダー誤り制御（Header Error Control：HEC）から構成される．GFCは各端末から送出されるセルの衝突を防ぐために制御を行う．

VPI と VCI はセルのあて先を決める機能をもつ．PT は，情報内容がユーザー情報か制御情報かを識別するためのものである．CLP は，セルを損失なく優先的に送る場合に利用する．HEC は，ヘッダーの誤り制御を行う．

(4) STM と ATM

電話ネットワークやデータ網で使われてきた回線交換方式の多重化形態は時分割多重化方式で，**同期転送モード**（Synchronous Transfer Mode：**STM**）と呼ばれる．STM は**位置多重**とも呼ばれる．図 2.13 (a) に示すように，STM では各端末からの信号情報を入れる時間位置をあらかじめ割り当て，指定の時間位置に順序よく，端末からの信号を並べる．したがって，仮に送るべき情報がなくても端末にはこの時間がつねに割り当てられる（**割り当てスロット**）．また STM では速度はつねに固定で 64 kbps の整数倍となる．

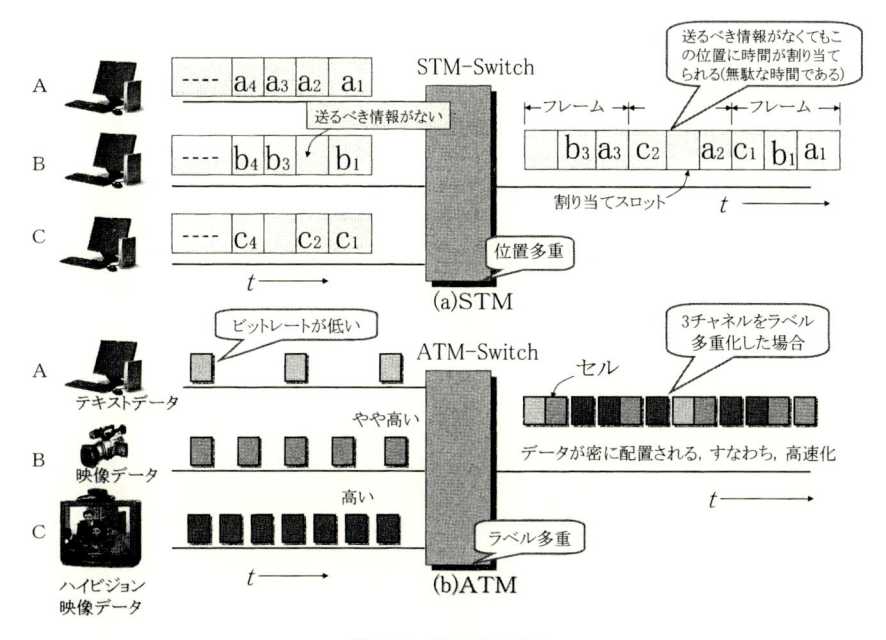

図 2.13 STM と ATM

一方，図 2.13 (b) に示すように ATM は**非同期転送モード**と呼ばれる．ATM はセルにヘッダーを付けてヘッダーのアドレス番号により識別を行う．ATM で

はラベルを付けることから，**ラベル多重**ともいわれる．各端末のビットレートは速度の遅いもの，速いものとそれぞれ異なるが，速度の遅いものはセルを少なくして送り，速いものはセル数を多くして伝送する．バースト的な情報は，それに応じて発生時に集中してセル数を多く伝送する．多重化後の信号は当然，速度の遅いものはセル数が少なく，速いものは多くなる．このように，ATM では速度は固定ではなく，送るべき情報量に応じてセル数を決め，速度が自由に設定できるのが大きな特徴である．

2.3 交換システム

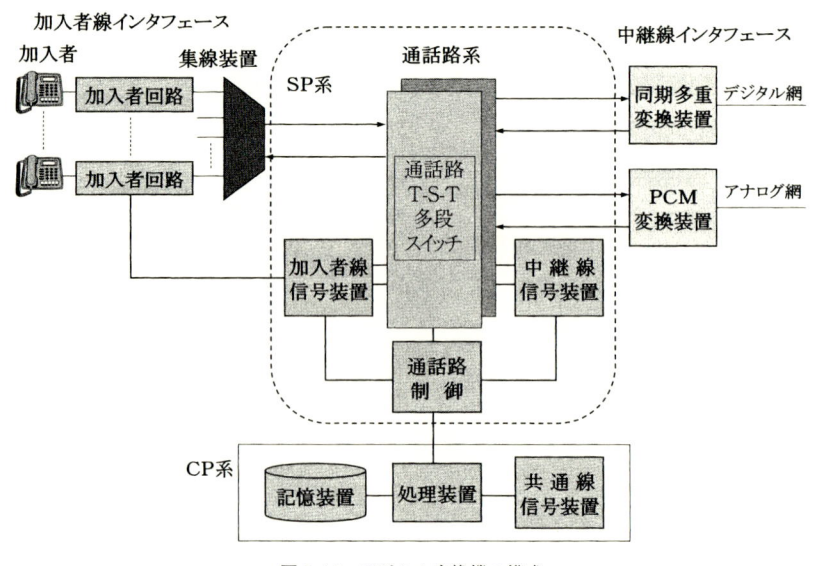

2.3.1 デジタル交換機

(1) デジタル交換機の構成

これまでの**アナログ交換機**に代わり，最近では**デジタル交換機**が主流になっている．デジタル交換機には，**回線交換機とパケット交換機**がある（図 2.14）．回

図 2.14 デジタル交換機の構成

線交換機は，大きく SP 系と CP 系に分けられる．**SP 系**は時間（T）スイッチや空間（S）スイッチなど，デジタルスイッチを中心としたスイッチング装置などから構成される．**CP 系**はプログラムやデータを記憶する記憶装置（Main Memory：MM）と，プログラムにしたがって通話路系を制御する中央制御装置（Central Control：CC）などから構成される．

(2) 空間スイッチと時間スイッチ

スイッチには空間スイッチ（S）と時間スイッチ（T）がある．空間スイッチは前項の「空間分割交換の原理」（図 2.3）で説明したように，高速で開閉するゲートスイッチを使い，スイッチの開閉により**ハイウェイの入れ替え**を行う．すなわち複数の入ハイウェイを集めて，ハイウェイ上のタイムスロットは変えないで出ハイウェイを選択することにより交換を行う．

一方，時間スイッチは図 2.4 に示したようにハイウェイはそのまま**タイムスロットを入れ替える**ことによりスイッチングを行う．すなわち，時間スイッチは，多重化された 64 Kbps 信号のタイムスロット位置を同一ハイウェイ上で入れ替える．

(3) パケット交換機

パケット交換機も，その構成はほとんど回線交換機と同様である．パケット交換機の場合には，LC ではなく，**パケット多重化装置**（Packet MultipleXer：**PMX**）を使う．PMX は集線機能のほかに，一般端末（NPT）から受信した通信文をいったん蓄積し，パケット化を行う PAD 機能をもつ．また下り方向のパケットに対しては，逆に通信文を復元して一般端末に送出する．

(4) ATM 交換機

ATM 交換機の構成を図 2.15 に示す．ATM 交換機は，入出力回線（インターフェース）部，スイッチ部および制御部から構成される．入力回線部は，伝送路と ATM 交換機間のインタフェース機能をもつ．たとえば，セルの流量を監視したり，ヘッダー変換などを行う．スイッチング部は，セルのヘッダー情報をもとに，宛先に対応する出力回線を選択し，リンクを設定してセルを伝送する．このように，ATM 交換機の交換機能は，アドレスをもとにルーティングを行うことである．制御部はヘッダー変換の管理やシステム障害管理などを行う．

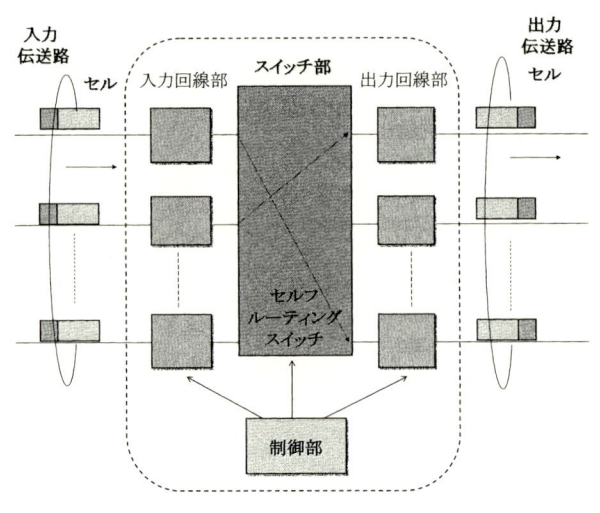

図 2.15　ATM 交換機の構成

2.3.2　デジタル PBX

(1)　DPBX の概要

デジタル PBX（Digital Private Branch eXchange：DPBX）は，デジタル交換技術を基本にしたマルチメディア交換機で，音声，データ，映像信号を統合的に扱うことができる（図 2.16）．DPBX は，企業や学校，事業所，ホテルなどで利用される**構内デジタル交換機**である．

(2)　DPBX の構成

DPBX は，図 2.16 に示すように，通話制御を行う時分割スイッチを中心にスター型の構成である．大きく通話路系，共通制御系，端末インタフェース，回線インタフェースおよび保守用コンソールから構成される．通話路系は時分割スイッチで構成され，スイッチング（交換）を行う部分である．通常，通話路スイッチは小型化されたパッケージで構成される．端末インタフェースは加入者回路であり，電話機やコンピュータ，ファクシミリなどの各種端末を収容する．回線インタフェースは中継トランクや局線トランクから構成される．

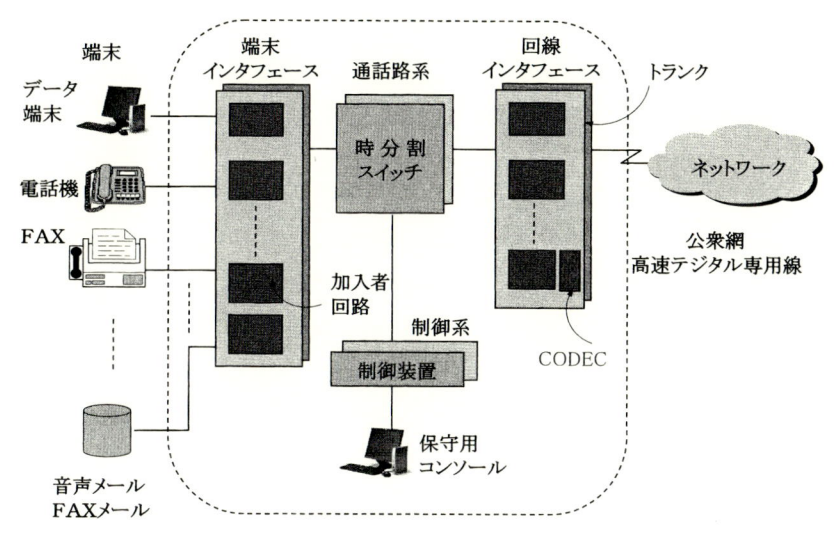

図 2.16　デジタル PBX の構成

(3) DPBX の機能

　DPBX は，電話機（音声），コンピュータ（データ），ファクシミリ，テレビ会議システム（画像）などの各種端末を収容できるので，LAN と統合し，大規模な企業内ネットワークを構築する場合に用いる．端末インタフェースは，通話に必要な電流を加入者線を通して電話機に供給する．また，回線インタフェースを介して，公衆網や専用回線網との接続ができる．さらにマルチメディア多重化装置の中にある CODEC により，音声を 64 Kbps から 16 Kbps に圧縮し，効率のよい伝送・交換を行うことができる．このほか，DPBX は，公衆電話網との相互接続の際のダイヤルイン，ダイヤルアウトなどの機能や着信呼の自動分配機能，コンピュータインタフェース機能など，高度な機能をもっている．

[演習問題]

2.1　フレームリレー交換がパケット交換に比べ，高速化できる理由を挙げなさい．
2.2　STM と ATM の本質的な違いについて記述しなさい．
2.3　ウィンドウ制御，輻輳制御について簡単にまとめなさい．
2.4　ATM 交換とパケット交換の違いについて簡単に記述しなさい．

3章 PCM 伝送と伝送メディア

　PCM は，アナログ信号をデジタル信号に変換し，または，その逆にデジタル信号を元のアナログ信号に復元する技術であり，今日のマルチメディアの基本技術である．もしも「PCM 技術」がなければ，今日のマルチメディアやネットワーク社会は実現していなかったであろう．本章では PCM の原理と，音声や映像信号の圧縮技術について説明する．また本章では，基幹伝送媒体として衛星通信や地上マイクロ波通信，光ファイバー通信，移動体通信について説明する．

3.1　PCM 伝送

3.1.1　PCM 符号化技術

　音声や映像信号などのアナログ信号は，時間とともに変化する時間関数である．アナログ信号を 0 や 1 で構成するビット列（デジタル信号）に変換することを **PCM**（Pulse Code Modulation）**符号化**という（図 3.1）．アナログ信号がデジタル信号に変換できれば，大きなメリットである．たとえば，①信号を圧縮することができ，②圧縮により大量の情報が効率よく伝送できる，③情報を低コストで経済的に伝送できる，などのメリットがある．PCM 符号化技術はネットワークの基盤技術であり，今日のネットワークは，データ伝送技術や PCM 符号化技術の理論の上に成り立っているといってもよい．

(1)　PCM 符号化および復号化の過程

　PCM 符号化では，時間とともに変化するアナログ信号を，0 か，1 のビット列に変換する（図 3.1）．PCM 符号化の過程を図 3.2 に示す．図に示すように，はじめにアナログの入力信号を①**標本化**し，②**量子化**を行う．量子化された信号を，③**符号化**により 0 と 1 の符号系列にする．そして，最終的にはパルス信号に変換して伝送する．受信側では，このパルス信号を元のアナログ信号に戻す復号

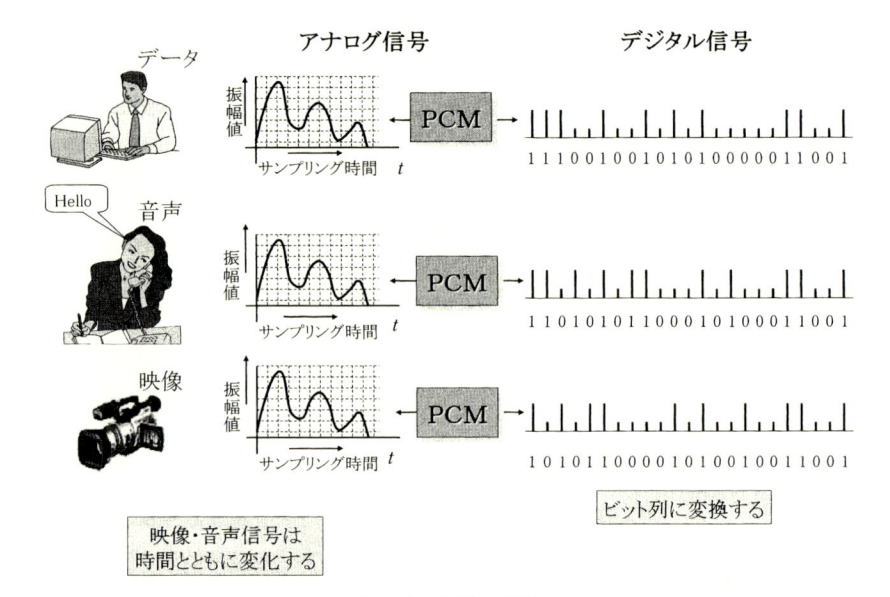

図 3.1 PCM の原理

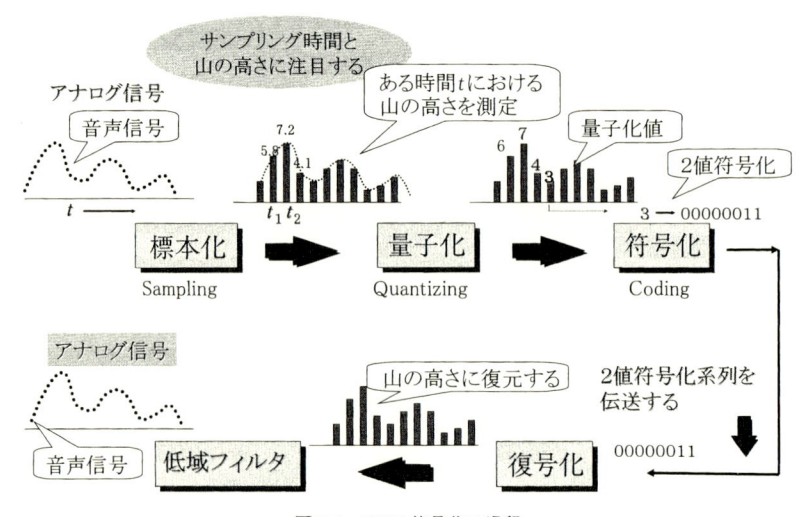

図 3.2 PCM 符号化の過程

(2) PCM 符号化の原理

(a) 標本化

標本化では，時間とともに変化するアナログ信号に対して，時間（t）と振幅（値）量に注目する．図3.3に示すように，ある時間 t_1 における山の高さ（振幅値）を測り，その値をデジタルで表す．たとえば，同図で，時間 t_1 の時の山の高さは，1.9 である．これを四捨五入すると 2 になる．これを 8 ビットのビット列で表すと，00000010 になる．同様に，t_2 の時の山の高さは，3.8 であり四捨五入すると 4 になる．ビット列で表すと，00000100 になる．このように，ある時間における山の高さを測り，その値をデジタル化すればアナログ信号は，デジタルに変換できる．しかし，どのような時間間隔で山の高さを測ればいいのか，ここが重要なところである．時間間隔を短くして，頻繁に山の高さを測り，デジタル化すれば，それだけ忠実にアナログ信号の時間変化が表現できる．しかし，頻繁に測定し，ビット列に変換するので時間がかかり効率が悪い．かといって，時間間隔を大きくすると，効率は良くなるがアナログ信号を忠実に表現することはできない．そこで，実験により，最適な時間間隔を明らかにした．これが**標本化の定理**である．標本化の定理は「元信号が含む周波数成分の最高周波数の 2 倍以上の周

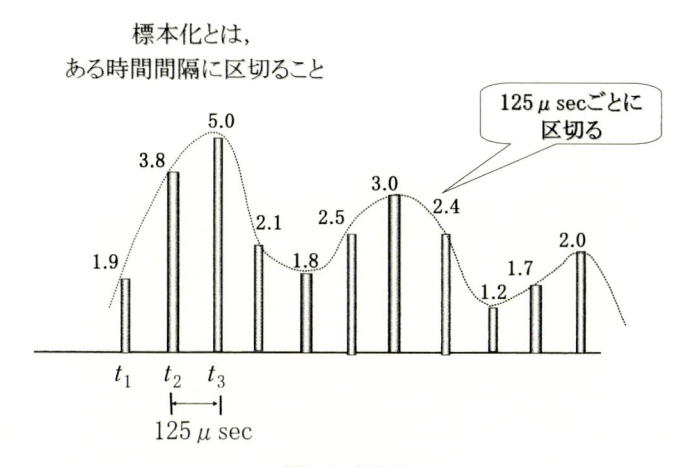

図 3.3 標本化

波数で元信号をサンプリングし,伝送すれば,受信側で元信号を忠実に復元することができる」ということである.標本化の定理は,どのようなタイミングでサンプリング(振幅値を求めるか)すればいいか? という定理であるので**サンプリングの定理**ともいわれる.ここで,標本化の定理により音声信号を符号化する場合のサンプリング周波数を求める.

電話伝送における周波数成分の最高周波数を f_0 とする.電話伝送の場合,伝送帯域は 4 kHz であり最高周波数 f_0 は 4 kHz である.標本化周波数 f は $f=2f_0$ であるから,f は次のように求められる.

$$f = 2f_0 = 2\times 4 \text{ kHz} = 8 \text{ kHz}$$

すなわち標本化の定理によれば,音声信号をデジタル信号に変換する場合,8 kHz の周波数でサンプリングすれば,受信側で音声信号を忠実に復元できる,ということになる.よって,時間とともに変化する音声信号は,125 μ sec ($T=1/f$)間隔で読み出し,そのときの振幅値を求めれば(山の高さを測定すれば)よいことになる.

(b) 量子化

量子化とは 125 μ sec ごとに測定したときの振幅値に注目し,これを数量化することである.すなわち標本値の切り上げ,切り捨てを行い,振幅値を 8 ビット($2^8=256$)で表現できる 256 段階に区切って大きさを求める.この値を量子化値という.標本値の切り上げ,切り捨てを行うと誤差が生じるが,これを量子化雑音という.

(c) 符号化

量子化された値を 8 ビットの符号系列にして伝送する.音声信号の場合,1/8,000 秒ごとに 8 ビットを伝送する必要があるので,

$$1 \text{ 秒間には } 8 \text{ bit} \times 8,000 = 64,000 \text{ bps} = 64 \text{ Kbps},$$

すなわち,64 Kbps の速度が必要である.サンプリング周波数 8 kHz,8 ビット符号化による「64 KbpsPCM 符号化方式」は,音声帯域(0.3~3.4 kHz)の符号化方式として,ITU-T において標準化(勧告 G.711)されている.PCM 符号化のプロセスのまとめを図 3.4 に示す.

3.1 PCM 伝送

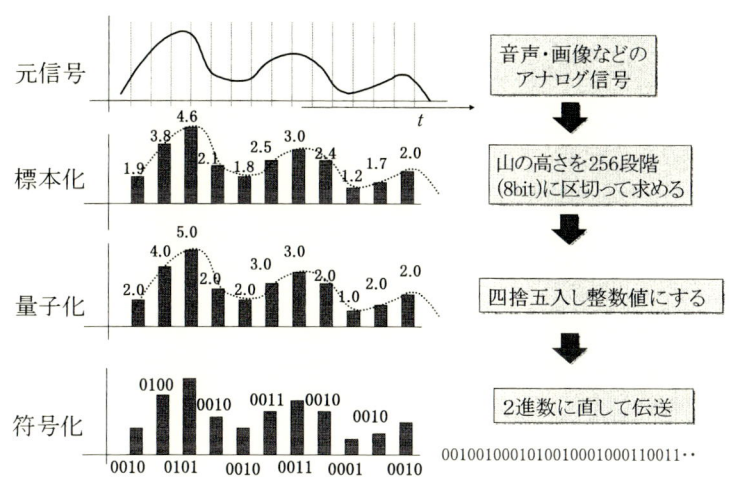

図3.4 PCM 符号化プロセスのまとめ

3.1.2 音声・画像圧縮技術

(1) 情報圧縮と高能率符号化技術

　アナログ電話回線，1回線の伝送帯域は4kHzである．この帯域を使って音声信号をデジタル伝送する場合にはサンプリングの定理により，64Kbpsの速度が必要になる．映像信号をデジタル伝送する場合には，伝送速度はどれくらい必要か，考えてみる．映像信号は，情報量も多いことから当然，音声よりも広い帯域が必要である．通常NTSCカラーテレビ伝送では，**輝度信号**が4.2MHzで，2つの**色差信号**がそれぞれ1.5MHzと0.5MHzの帯域を必要とする．したがって，約6MHzの帯域が必要である．サンプリングの定理により，2倍の周波数で標本化し，標本値を8ビットで量子化すると，6(MHz)×2×8＝96Mbpsとなる．したがってテレビ信号をデジタル伝送するには，約100Mbpsの速度が必要である．このテレビ信号を仮に64Kbpsの電話回線で伝送するとした場合，約1,562回線が必要である．またHDTV伝送の場合には，60MHzの伝送帯域が必要である．これをデジタル伝送するには，1.2Gbpsの速度が必要になる．このように，**映像信号**をそのままデジタル化して伝送しようとすると膨大な伝送帯域が必要になり，コスト高となり，現実的でない．

テレビ信号を経済的にデジタル伝送するには，情報量の大幅な削減が必要である．ところが，幸い音声信号やテレビ信号には，かなり類似した情報や，そもそも送らなくてもよい余分な情報が含まれている．また予測可能な情報もあり，元信号の情報をそのまま，すべて忠実に伝送しなくてもよい．たとえば音声信号の場合，人間の視聴覚特性から，必要のない**冗長な情報**がかなり多く含まれている．冗長な情報は省いても実用上支障はない．テレビ信号にしても同様である．このように，冗長な情報は省いて，人間の**視聴覚特性**から必要な情報だけを送る．これを**高能率符号化**という．

(2) 情報圧縮の原理

無駄な情報は極力省いて必要な情報だけを送るようにすれば，情報量を大幅に削減することができる．たとえば，図3.5に示すように"エ"という図形を送る場合を考える．画面を升目に区切って，白の升目を"1"とし，グレーを"0"にすれば，図形情報をデジタル信号に変換して送ることができる．この例では，0と1で構成される15ビットのビット列を送ればよい．しかし，升目の中のすべてのビットを忠実に送る必要はない．要は，"エ"という図形を送ればよい．そこで，あるルールを決める．① "1"が3つ連続する場合は"1"と決める．② "101"

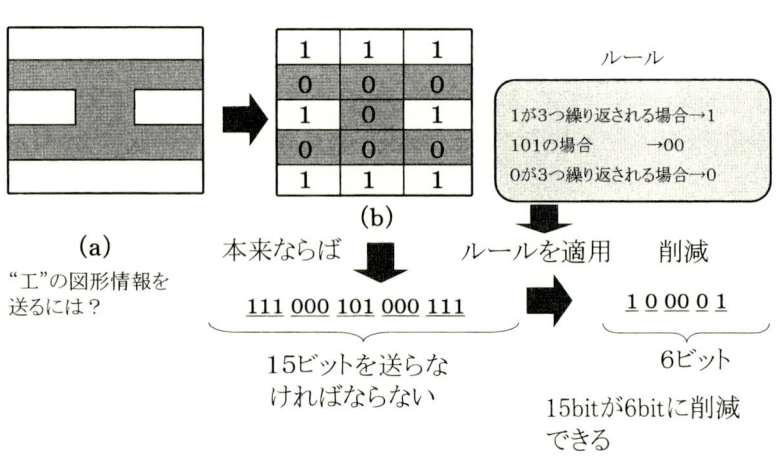

図3.5　画像圧縮の概念

の場合は"00"とする．③ "0"が3つ連続する場合は"0"とする．このようなルールを送受信間で決めておき，受信側で再生すれば，15ビットが約半分の6ビットで伝送できる．このように，無駄な情報（"111"）は送らないで，しかも図形は損なうことなく，効率よく伝送できる．

(3) 画像符号化アルゴリズム

情報圧縮の**符号化アルゴリズム**には，多くの方法がある．代表的な符号化アルゴリズムを図3.6に示す．現在，主流となっている符号化アルゴリズムは**予測符号化**と**変換符号化**である．**ベクトル量子化**もよく使われる．実際には，いろいろな符号化アルゴリズムを組み合わせて使っている．

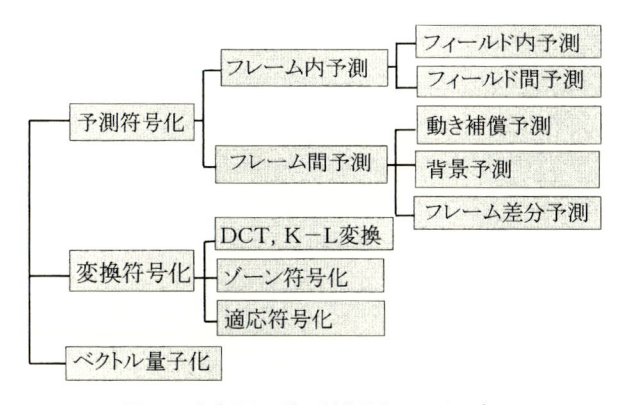

```
                    ┌ フレーム内予測 ┬ フィールド内予測
                    │                └ フィールド間予測
        ┌ 予測符号化 ┤
        │           │                ┌ 動き補償予測
        │           └ フレーム間予測 ┼ 背景予測
        │                            └ フレーム差分予測
        │           ┌ DCT，K－L変換
        ├ 変換符号化 ┼ ゾーン符号化
        │           └ 適応符号化
        └ ベクトル量子化
```

図3.6 代表的な画像圧縮符号化アルゴリズム

(a) 予測符号化方式

画像の隣接要素間の相関はきわめて高い．この性質を利用して行う予測符号化方式には**フレーム内予測**と**フレーム間予測**がある．フレーム画面上では近い距離にある画素は統計的に強い相関があり，よく似ているという性質がある．**予測符号化方式**（predictive coding）はすでに符号化した値を利用し，これから符号化しようとする画素の予測値を求めて，予測誤差のみを符号化して伝送する方法である．

① フレーム内予測

　　実際のテレビ伝送では1画面（フレーム）を約25～30万個の点（**画素**）に分解し，その画素すべてを伝送する．さらに，画素で構成されるフレー

```
            ─────────→ y
   •    •    •    •    •      フレーム
  x₁y₁ x₁y₂ x₁y₃ x₁y₄ x₁y₅

   •    ⊙    •    ⊙    •
  x₂y₁ x₂y₂ x₂y₃ x₂y₄

   •    ⊙    ⊚    •
  x₃y₁ x₃y₂ x₁yⱼ              画素
```

- フレームは画素の集合

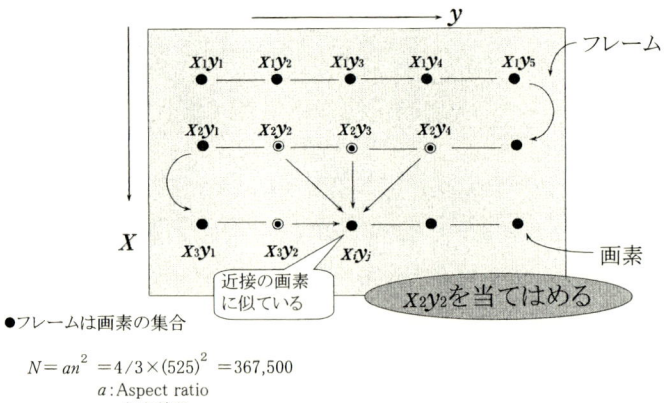

$N = an^2 = 4/3 \times (525)^2 = 367{,}500$
a：Aspect ratio
n：走査線数

- フレーム内の近接した画素は互いによく似ている
  ✓ 近接画素間は統計的に極めて高い相関がある

近接の画素に似ている / x_2y_2 を当てはめる

図 3.7 フレーム内予測の原理

ムを 1 秒間に 30 枚連続して伝送する（図 3.7）．ところが，1 枚のフレームだけに着目し，フレーム内の画素間の関係を見ると**近接した画素**は互いによく似ている，という統計的性質がある．図 3.7 に示すように，近接画素間にはきわめて高い相関がある．したがって一度信号を送れば，あとは「前後はよく似ている」（高い相関がある）という性質を利用して一部の情報は送信しないで，すでに送ったもので代用する．このような方法で，情報量の大幅な削減が可能になる．

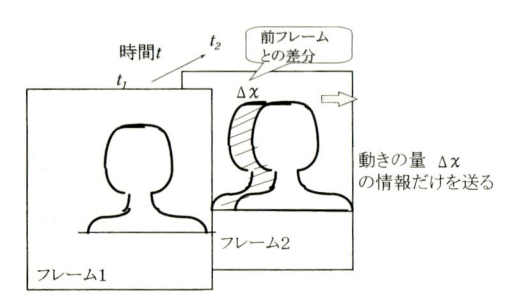

時間 t / t_1 / t_2 / 前フレームとの差分 / Δx / 動きの量 Δx の情報だけを送る / フレーム 1 / フレーム 2

- 1 秒間に 30 フレーム，連続伝送している
- 近接したフレーム間は統計的によく似ている

図 3.8 フレーム間予測の原理

たとえば，図3.7に図示するように，平坦な画像では x_iy_j の値はすでに符号化された周辺の値，x_2y_2, x_2y_3, x_2y_4, x_3y_2 からごく近い位置にある．よって，これらの値を使えば x_iy_j の値は予測できるので送信しなくてもよい．
② フレーム間予測

テレビ伝送では，1秒間に30フレームを連続して伝送する．時間的に連続するフレームは互いによく似ているという性質がある．したがって前フレームとの動きの差分（Δx）だけを取り出し，符号化して伝送する（図3.8）．これを**動き補償予測**という．**背景予測符号化**は，物体が動いた後の背景を予測する方法である．

(b) 変換符号化方式

変換符号化方式の代表的なものが，**DCT**（Discrete Cosine Transform）**方式**である．DCT は**直交変換**のことで**離散コサイン変換**ともいう．いままで説明した予測符号化は時間に注目し，次々と変化する情報の時間領域での予測符号化である．それに対し，直交変換は周波数領域で冗長性を削除するという符号化方式である．すなわち，周波数領域では低周波数成分に信号電力が集中して分布するという性質がある．これを利用し，信号電力が集中して分布する成分の係数を中心に変換符号化して情報量を削減する．たとえば図3.9において，y_1, x_1 を画面上で隣接する2画素とする．両者間には強い相関があり，画素の列は $y=x$ の近傍に集中（相関が高いため）して分布する．そこで座標軸を45度回転すると，新しい座標軸の一方（y_2）のみに電力が集中する．DCT はこれを利用して，軸に対す

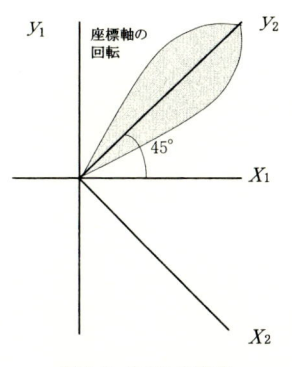

図 3.9 DCT の原理

る情報量の配分を変えて符号化する方式である.

(c) ベクトル量子化方式

ベクトル量子化(Vector Quantization：**VQ**)とは,複数の画素をブロック化してパターンマッチング手法により符号化する方式である.この方式では,送受信端末でお互いにコードブックと呼ばれる同一の標準画素パターン表をもつことにする.そして,入力画像を4×4画素からなるブロックに区切って標準画素をパターンと照合させる.一番似ている標準画素パターンを探し出し,その標準画素パターンのインデックスのみを伝送する.受信端末では,インデックスをキーとして標準画素パターンを探して再生する(図3.10).この方法をベクトル量子化という.ベクトル量子化方式では,インデックス情報のみを伝送すればよいので大幅な情報の圧縮ができる.

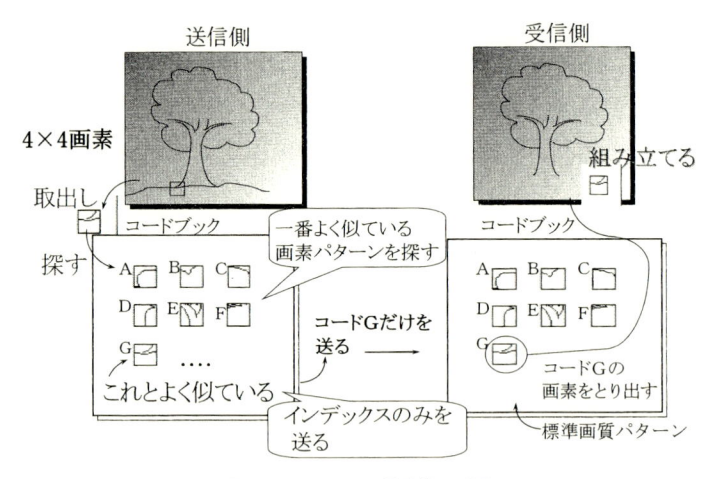

図3.10 ベクトル量子化の原理

(4) 音声符号化アルゴリズム

音声帯域におけるサンプリング周波数8kHz,8ビット符号化による64Kbpsの**PCM符号化方式**についてはすでに説明した.この方式は,アナログ信号をそのままデジタルに変換する方法である.PCM音声符号化方式には,音声の圧縮という概念はない.しかし,画像信号と同様に音声信号についても周波数領域,

あるいは時間領域における統計的性質と人間の聴覚上の特性を利用すれば冗長である情報を大幅に削減することができる．すなわち，音声信号の圧縮が可能である．よって音声信号のすべてを必ずしも 64 Kbps で送る必要はない．高能率符号化技術により信号圧縮し，たとえば 8，16 および 32 Kbps で伝送することが可能である．

音声の**高能率符号化**にも各種の方式がある．主なものとして，**差分 PCM**（Differential PCM : **DPCM**）と**適応 PCM**（Adaptive PCM : **APCM**）がある．DPCM は，直前の入力信号の標本値をもとに現在の入力信号との差分を量子化し，符号化する方式である．APCM は信号の局所的な性質に応じて，予測と量子化の方法を適用する方式である．

APCM と DPCM 方式を組み合わせた符号化方式として，**適応差分 PCM**（Adaptive Differential PCM : **ADPCM**）がある．ADPCM 方式は音声品質に優れているため，32 Kbps 用の**音声符号圧縮装置**（**32 Kbit/CODEC**）としていろいろな分野で使われている．この方式は，アナログの音声電話（0.3～3.4 kHz）信号を 32 Kbps（8 kHz×4 ビット）のデジタル信号に符号化する方式である．ITU-T において標準化（G.721）されている．この他，テレビ会議システムなどに用いられる SB-ADPCM 符号化方式がある．これは，高品質音声（0.05～7 kHz）を 64 Kbps，56 Kbps および 48 Kbps のデジタル信号に符号化する方式である．

3.2　伝送システム

伝送方式には，無線通信方式と有線通信方式がある．さらに，無線通信方式は，固定通信と移動体通信に分類できる．固定通信には，地上マイクロ波通信，衛星通信がある．移動体通信には，携帯電話などのモバイル通信がある．有線通信方式には，同軸ケーブル通信と光ファイバー通信がある．

3.2.1　衛星通信システム

(1) 電波とは

電波は電磁波と呼ばれ，光や赤外線，X 線などと同じ種類のものである．しかし周波数（波長）がそれぞれ異なる．電波の種類と周波数帯，主な用途を表 3.1

表 3.1 無線通信用周波数の分類

電波の名称	周波数帯	主な用途
長波（LF） low frequency	30〜300 kHz	長距離固定通信 船舶通信
中波（MF） medium frequency	300〜3,000 kHz	放送，船舶通信 航空通信など
短波（HF） high frequency	3〜30 MHz	中距離，長距離国際 通信，船舶通信
超短波（VHF） very high frequency	30〜300 MHz	テレビ放送，船舶 航空通信
極超短波 （UHF）ultra high frequency （SHF）super high frequency （EHF）extremely high frequency	300〜3,000 MHz 3〜30 GHz 30〜300 GHz	地上マイクロ波通信 衛星通信 移動体通信

に示す．

(2) 電波伝搬

図 3.11 に示すように，地表から 500〜1,000 km 程度までの間には**電離層**がある．電離層は電子が宇宙線によってたたかれ，電離してできる層である．UHF 以上の周波数はこの影響を受けずに通過するが，HF はここで反射する．この反射を利用した通信が短波通信である．UHF 以上の周波数は電離層を通過し自由空間（真空中）の伝搬となり，障害物による影響をあまり受けないで通信衛星まで到達する．そして衛星の出力電力はあまり大きくないので，微弱な電波となって地上へ到達する．とくに地上 5〜10 km 程度までの大気圏では，空気や水蒸気，降雨があり，電波はここで大きく減衰する．

(3) 静止衛星の仕組み

(a) 静止衛星の原理

通信衛星は赤道上空，約 36,000 km の位置で**等速だ円運動**をしている（図 3.11（上））．この位置は，地球の引力と衛星が地球から飛び去ろうとする力が等しくなり，バランスがとれて等速だ円運動する．衛星の自転周期は地球の自転周期と等しいために，衛星は地球からは静止して見える．赤道上に等間隔に 120 度の間

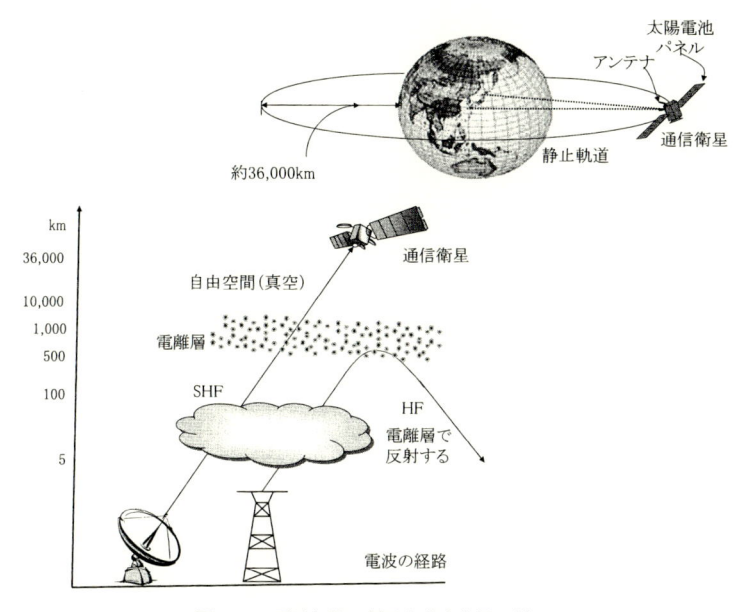

図 3.11 電波伝搬の様子と静止衛星の様子

隔で3個の衛星を打ち上げて配置すれば，全世界をカバーする**衛星通信網**が構成できる．実際には大西洋，太平洋，インド洋上空にINTELSATの商用衛星が打ち上げられ，これにより国際通信が行われている．

INTELSAT（International Telecommunication Satellite Organization）は，1973年に組織された**国際電気通信衛星機構**である．INTELSATは今までに多くのインテルサット商用衛星を打ち上げ国際通信に利用されている．太平洋の赤道上空には通信衛星だけでなく，放送や，気象，地質衛星など多数の静止衛星が打ち上げられ，利用されている．

(b) 衛星通信方式の特徴

衛星通信は，宇宙空間に静止した**マイクロ波中継器**を利用する通信方式である．衛星通信は**マイクロ波通信方式**であり，**地上マイクロ波通信方式**と基本的に同じである．しかし地上マイクロ波通信方式では，後述するように50 kmごとに設置された中継局で信号を増幅する．衛星通信では約37,000 kmもの間，無中継である．したがって地球局系，通信衛星系ともに微弱な電波を扱うことになり，

地上マイクロ波通信方式とは違った仕組みが必要になる．たとえば地球局では，大型アンテナの制御や電力増幅，受信系では低雑音化に必要である．

（c）使用周波数帯

衛星通信では，SHF 帯が主に使われる．とくに衛星通信では，6/4 GHz 帯を **C バンド**，14/11，14/12 GHz 帯を **Ku バンド**，30/20 GHz 帯を **Ka バンド**という．Ku バンドは C バンドと比べ周波数が高いため，小型アンテナをもつ地球局間の通信に使われる．Ka バンドはさらに周波数が高くなるため，降雨による影響が大きい．

(4) 多元接続の原理

静止衛星からの電波は，地上の複数の地球局で同時に受信できる．これを利用し，1 つの通信衛星を経由して多数の地球局間で回線が構成できる．これを**多元接続**（multiple access）という．その原理を図 3.12 に示す．

① A 局から F_A（たとえば 6,328 MHz）の電波（キャリア）を衛星に向けて発射し，衛星内では F_A を f_A（たとえば 4,103 MHz）の周波数に変換して B，C 各地球局に向けて送信する．

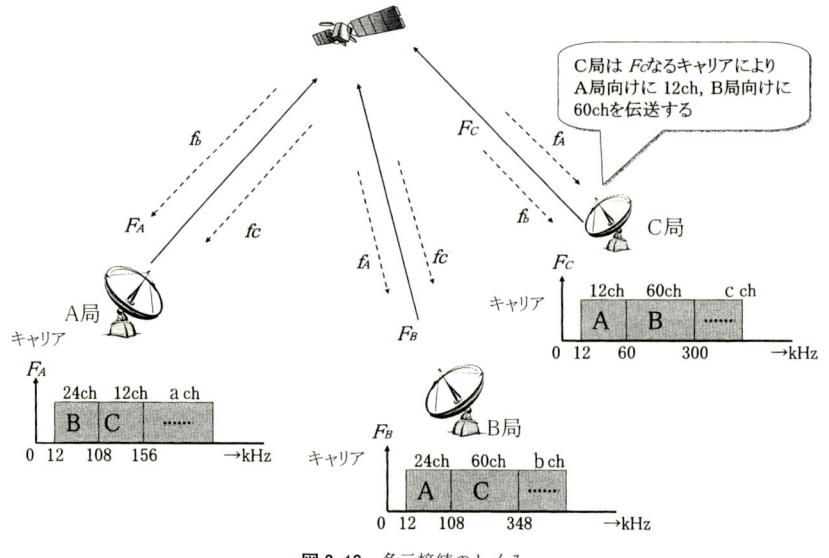

図 3.12 多元接続のしくみ

② B, C 各地球局では，それぞれ f_A を受信し，その中から自局向けの信号だけを選択し取り出す．

③ A, B, C 局がそれぞれ同図に示すチャネル数をそれぞれ相手局に設定する場合，ベースバンド信号をそれぞれ，F_A, F_B, F_C なるキャリアで変調し送信する．

④ それぞれの局では，他局のキャリア中，自局に必要なキャリアを受信し，そこから自局向けの信号だけを取り出す．

このようにして A, B, C 地上局相互の衛星通信網が形成される．

(5) 地上局設備

商用サービス型地上局は，図 3.13 に示すように，アンテナ設備，給電装置，アンテナ制御装置，電力増幅器，周波数変換器，変復調装置，端局装置，電源設備，運用システムなどから構成される．衛星通信サービスがはじめて提供された頃は，アナログ通信方式であったが現在ではほとんどデジタル通信方式に代わっている．

(6) VSAT

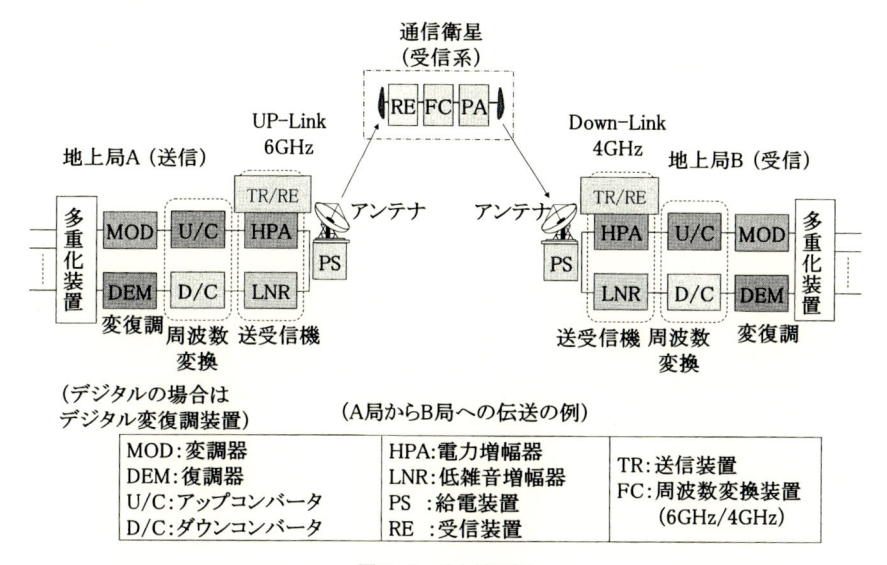

図 3.13 地上局設備

VSAT (Very Small Aperture Terminal) とは，超小型衛星通信用地球局のことである．VSAT による情報ネットワーク構成例を図 3.14 に示す．ネットワークは複数の VSAT 局（子局）と，それを制御する 1 つの制御局（親局：Hub 局）から構成される．子局は，直径 1.2 m 程度の小型パラボラアンテナと電力増幅器，低雑音増幅器などの ODU (Out-Door Unit：屋外装置) と，コンバータ，モデム機器などからなる IDU (In-Door Unit：屋内装置) から構成される．通信形態としては，親局が複数の子局に対して一斉同報通信を行う場合と，親局を経由して子局どうしが映像，音声，データによるマルチメディア相互通信を行う場合がある．

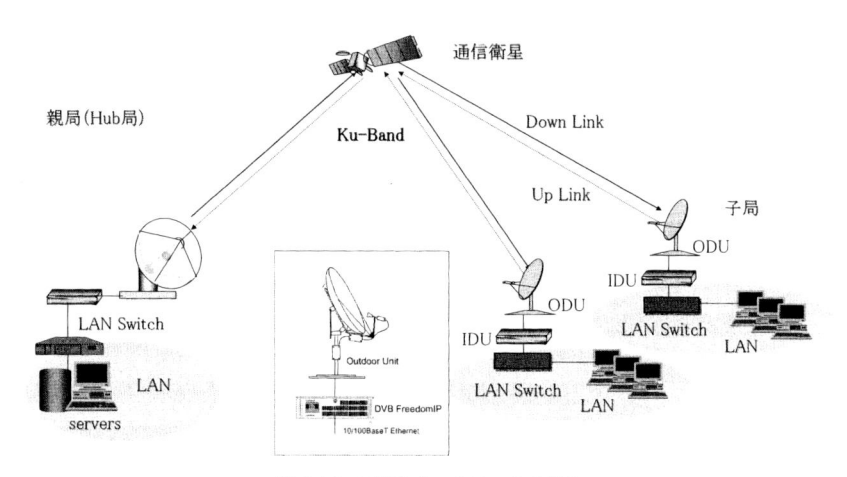

図 3.14 VSAT ネットワークの構成

3.2.2 地上マイクロ波通信システム

マイクロ波は，300 MHz から 300 GHz まで，広い範囲の周波数帯域の電波である．しかし一般には，1 から 10 数 GHz の範囲をマイクロ波と呼んでいる．**地上マイクロ波通信システム**はこのような範囲のマイクロ波を使い，大量の情報（大束回線）を中継するシステムである．地上マイクロ波通信システムは**衛星通信**や**光ファイバーケーブル通信**と並んで，**長距離基幹通信網**を構成する重要なシステムである．

図 3.15　地上マイクロ波通信システムの構成

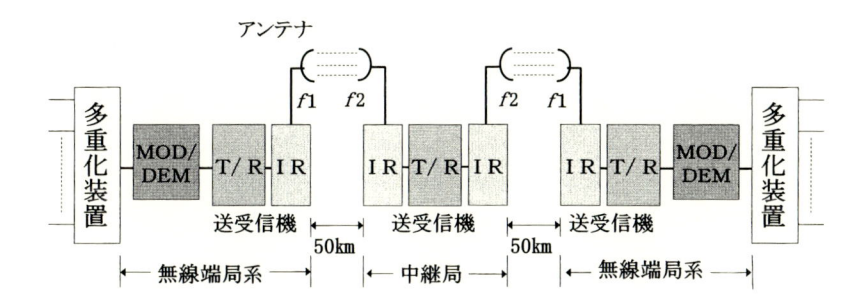

MOD/DEM：変復調器
T/R　　：送受信機
IR　　　：分波器

　図3.15にマイクロ波中継システムの構成を示す．図に示すように，多数の音声信号やデータ信号などは**多重化装置**（**TDM**）で多重化され，変調器に入る．ここで変調され，高周波（マイクロ波）に変換される．マイクロ波となった変調波は，送信機で電力増幅され，電波となって，アンテナから次の中継局に向けて送信される．次の中継局までの距離（1スパン）は，約50 kmである．中継局のアンテナで受信された信号は，ここで（ヘテロダイン中継の場合）周波数変換される．そして再び送信機で増幅され，アンテナから次の中継局へ送られる．最終的には，受信局で復調され多重化装置で元の信号に変換される．

　中継局が行う中継方式には，一度受信したマイクロ波を中間周波数（70 MHz）に変換する**ヘテロダイン中継**と，ベースバンド信号まで戻す**検波中継方式**あるいは周波数の変換をしないで，直接マイクロ波のままで中継する**直接中継方式**の3つがある．

3.2.3　光ファイバー通信システム

(1)　システムの基本構成と原理

　光ファイバー通信システムは，基本的には①送信部（発光器），②光ファイバーケーブル，③受信部（受光器）より構成される（図3.16）．入力された電気信号は，発光器である**半導体レーザー**などの**発光素子**により変調される．変調された

光信号は**光ファイバーケーブル**を伝搬し，受光器で受信される．受光器では光の強弱を電気信号の大小に変換（復調）する．

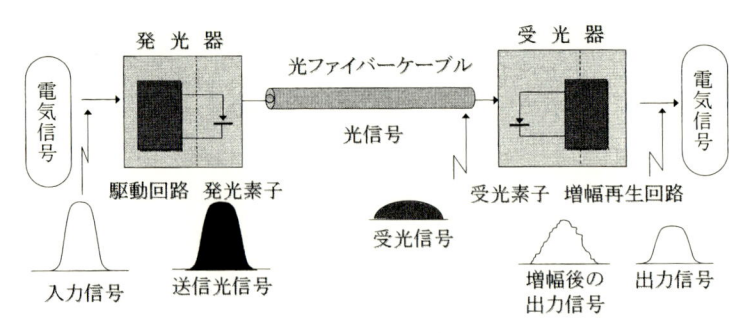

図 3.16 光ケーブル通信の原理

(2) 光デバイスの種類

光ファイバー通信は，光デバイスから発光される光を利用して行う．光デバイスには，発光器として**発光ダイオード**と半導体レーザーがある．また受光器として，**フォトダイオード**が代表的なものである．

発光ダイオード（LED）は，ダイオード（PN接合）に順バイアス電圧を加えると，キャリアとなるホールと電子がGaAs層に注入される．これらが再結合する際にエネルギーが失われる．これが光として放出され発光する．半導体レーザー（LD）もLEDと同様，PN接合に注入されたキャリアが再結合するときに発する光を利用して発光させる．LEDと違うところは，半導体内で発光した光を反射鏡で反射させ，帰還作用をもたせて誘導放出させる．これが増幅作用となり発振する．

(3) 光ファイバー通信の原理

誘電率の異なる境界面に入射した光は反射波と屈折波になる．媒質Aの屈折率 n_a，と媒質Bの屈折率 n_b が次の関係になると全反射する（図3.17）．屈折率の高い媒質内に光を閉じ込めて，全反射させながら光を伝搬させるのが光ファイバー通信である．

(4) 光ファイバーの種類

光ファイバーには，**シングルモードファイバー**（SM）と**マルチモードファイバ**

3.2 伝送システム

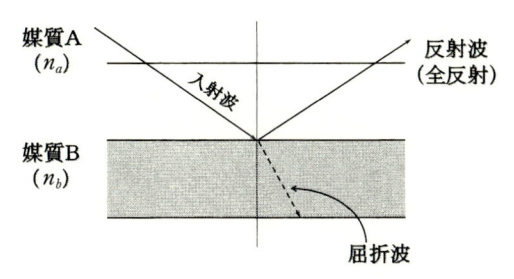

臨界角　$\theta c = \cos^{-1} \dfrac{n_b}{n_a}$

図 3.17　光ファイバーの原理

ー（MM）がある．マルチモードファイバーには，**ステップ型マルチモードファイバー**（SI）と**グレーデッド型マルチモードファイバー**（GI）がある（図 3.18）．

(a) シングルモードファイバー

　光の波長，**コア**と**クラッド**の屈折率差，コア径などがある条件を満たすとファイバー中にただ 1 つのモードができる．光が直進するモードがシングルモードファイバーである（図 3.18 (a)）．1 つのモードを伝送するため，信号ひずみが小さ

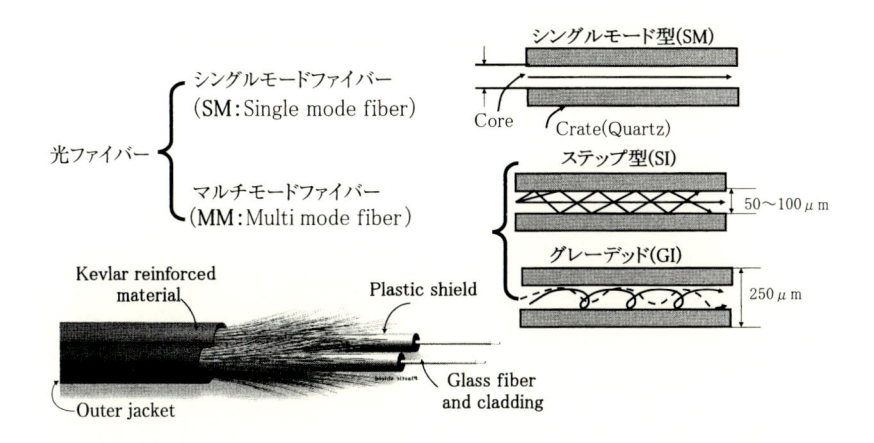

reference: How Networks Work, QUE
www.quepublishing.com

図 3.18　光ファイバーの種類

いという特徴がある．シングルモードファイバーは長距離，大容量伝送（100 Mbps 以上）に使われる．現在の**光海底ケーブル通信システム**はすべて SM 型である．

(b) ステップ型マルチモードファイバー

コア径を大きくしていくと複数個のモードが発生する．これをマルチモードという．ステップ型マルチモードファイバーは短距離伝送に使われる（図 3.18 (b)）．

(c) グレーデッド型マルチモードファイバー

グレーデッド型マルチモード（図 3.18 (c)）の場合には，光がらせん波や蛇行波を描いて進む．このファイバーは伝送速度，100 Mbps 以下のものに使われる．

(5) WDM 技術

1 本の光ファイバーの光波長を少しずつずらして多重化し，大容量化する伝送方式が光波長多重化方式（**WDM**：Wavelength Division Multiplexing）である（図 3.19）．WDM により 1 本の光ファイバーを論理的に複数の光ファイバーにすることができる．一般に周波数多重化方式の場合，周波数軸上に周波数を少しずつずらし信号（情報）を多数並べて多重化する．WDM も基本的には，この周波数多重化方式と同じ原理である．すなわち，波長を少しずつずらし，波長の異なる

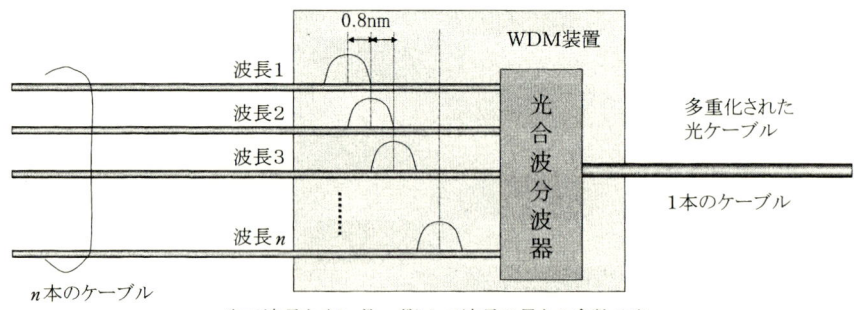

光の波長を少しずつずらして波長の異なる多数の光信号を多重化して同時伝送する

例えば，5.3Gbps の光ファイバーを32波長多重すると170Gbpsになる
5.3Gbps × 32 = 169.6Gbps

図 3.19　WDM の原理

多数の光波信号を多重化して同時伝送する方式である．たとえば，5.3 Gbps の伝送速度を持つ光ファイバーを 32 波長多重すれば 170 Gbps の速度を有する光ファイバーが利用可能となる．WDM により大容量の高速光ファイバー通信が可能になり，これによってインターネットの高速化は一層加速される．映像や音声，3 次元グラフィックス，3D 画像などを豊富に使った遠隔教育なども行われている．

(6) 光ファイバー海底ケーブル通信

衛星通信と並んで長距離通信を実現するのが光ファイバー海底ケーブル通信である．海底ケーブルの媒体として従来同軸ケーブルが使われてきた．しかし現在ではほとんどがシングルモードファイバーによる光ファイバー海底ケーブルに置き換わっている．

[演習問題]

3.1 高品質な音楽をアナログ伝送する場合，通常 7 kHz の伝送帯域が必要である．これをデジタル伝送する場合の速度を求めなさい．

3.2 標本化（サンプリング）の定理とは何か，説明しなさい．また，図 3.20 に示すベースバンド信号をパルス符号変調（PCM）し，伝送するとき，時刻 T_1 から標本化を開始した後，1 msec の間（T_1, T_2 を含む）に送信されるデジタル信号をビット列で表現しなさい．ただしサンプリング周波数は 4 kHz，小数点以下は四捨五入による線形量子化を行うものとする．符号は 4 bit で高位ビットから伝送することとする．

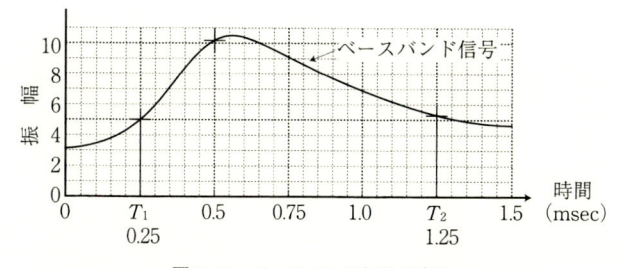

図 3.20 ベースバンド信号の変化

3.3 ベクトル量子化とは何か，簡単に説明しなさい．

4章　LANとWAN

本章では，LANとWANについて説明する．LANとWANは，当初は物理的にも明確に分けることができた．しかし今では，広域イーサネットサービスなどが提供され，LAN-LAN接続が可能になり，その境目があまり明確ではなくなってきた．LANとWANは，発展経緯も異なり，技術的にも，それぞれ違いや特徴がある．ここでは，それぞれの技術の違いや特徴を学習して欲しい．本章では，はじめにLANについて説明し，次にWANについて説明する．

4.1　LANオーバビュー

4.1.1　LANの概要

(1)　LANとは

ネットワークはその規模により，大きく **LAN**（Local Area Network）と **WAN**（Wide Area Network）に分類できる．LANは，企業，官庁，学校，病院などの組織内や，家庭内におけるネットワークである．WANは，主に通信事業者が提供する各種ネットワークのことである．

LANは，構内など比較的限られた場所に設置されたコンピュータやサーバなど関連機器を，高速伝送路やスイッチで結ぶ組織内情報ネットワークである．LANは同一施設，建物内の閉じた網であるため，電気通信事業法などの法的な規制を受けない．

(2)　LANの特徴

LANには，次のような特徴がある．①ネットワークを介して資源の共有化が図れる．②複数の装置に分散された多くの情報を1つのデータベースに集約できる．③機能分散が図れる．④私的ネットワークであり，法的にも何ら制約がない．⑤専用線やVPN，広域イーサネットなどWANを経由してLAN-WAN-

LAN接続が可能である．

4.1.2 LANの網トポロジー

LANのトポロジーには，代表的なものとしてスター型（集中型），リング型，バス型があげられる（図4.1）．スター型はネットワークの中心にスイッチなどのノードをおき，それに複数の端末やサーバを放射状に接続する方法である．スター型はすべてのトラフィックがセントラルノードを通るため比較的制御が簡単で処理効率は高い．しかし，欠点としてノードに障害が発生すると，ネットワーク全体に影響を及ぼすことになる．スター型の代表的なものがデジタルPBXやギガビットスイッチによるLANである．

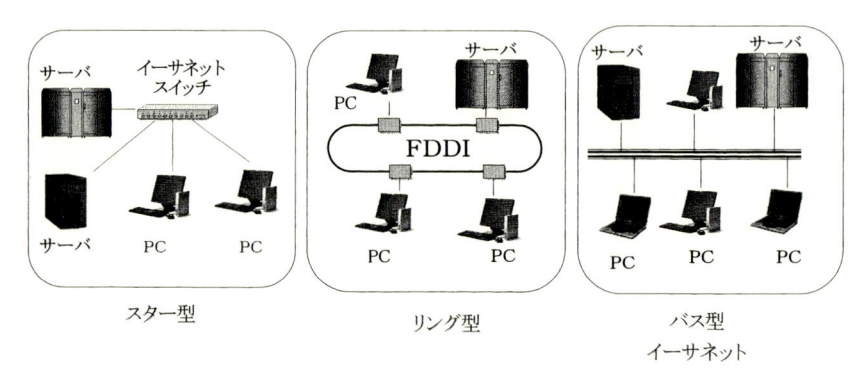

図4.1 LANの網トポロジー

リング型は，ノードをループ状にしてそこに複数のPC端末やサーバを接続する形態である．リング型の長所は，回線を共有するため，回線の長さが短くてすみ，制御も簡単でオーバーヘッドが少ない．またノードは独立性が高く，他のリング型ネットワークとノードを介して接続することも可能である．欠点は，トラフィック量が多くなると回線容量の不足をきたすことである．バス型は，データを通す共通の高速バスにホストコンピュータやパソコンなどの各種機器を接続する形態である．高速バスには，通常，光ファイバーケーブルが使われる．

最近では，集線機能をもつLANスイッチや，スイッチングハブをセントラルノードにして，それにサーバやパソコンを接続するスター型LANが一般的である．

4.2 LANのアーキテクチュア

4.2.1 標準的なアーキテクチュア

LANの標準的なアーキテクチュアには，10 BASE-5，10 BASE-2，10 BASE-T，100 BASE-Tおよび1000 BASE-Tなどがある．

(1) 表示方法

アーキテクチュアの表示法は，「n BASE-m」が使われる．BASEは，伝送方式を表し，この場合，ベースバンドを表している．nは速度を表し，mはケーブルの種類を表す場合と，セグメント長を表す場合がある．

(2) 10 BASE-5

10 BASE-5は，10 Mbpsの速度で1セグメントのケーブル最大長が500 mの標準同軸ケーブル（外被直径約10 mm）を使うLANである（図4.2）．10 BASE-5では，太い標準同軸ケーブルを使うために**Thick Ethernet**ともいわれている．また色がイエロー（黄色）であることから**イエローケーブル**ともいわれる．主に大規模LANを構築する場合に使われる．

(3) 10 BASE-2

10 BASE-2は，10 Mbpsの速度で，1セグメントの最大長が185 mのLANアーキテクチュアである（図4.2）．長さ185 mの安価で柔軟な細心同軸ケーブル（外被直径約5 mm）を利用する．10 BASE-2ケーブルは**Thin Ethernet**ともいわれる．主に小規模LAN用として使われる．

(4) 10 BASE-T

10 BASE-Tは，10 Mbpsの**ツイストペアケーブル**を使うLANである．10 BASE-Tは，たとえば，図4.2に示すようにハブ（HUB）を中心に，ハブと端末を**UTPケーブル**で接続し，スター型LANを構成する小規模LANとして用いられる．ハブと端末間の一セグメント長は，最大100 mである．同軸ケーブルや光ファイバーケーブルに比べると安価で工事も簡単であり，LANの構築には広く使われている．

図4.2 LAN アーキテクチュア

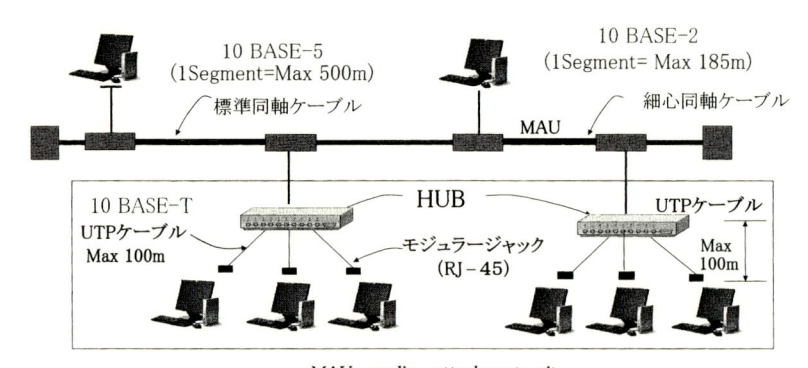

MAU : medium attachment unit
NIC : network interface card

(5) **100 BASE-TX, 1000 BASE-T**

100 BASE-TX は 100Mbps のツイストペアケーブルを使う LAN である．1000 BASE-T は，1 Gbps の速度でツイストペアケーブルを使う LAN である．

(6) **1000 BASE-LH, 1000 BASE-ZX**

1000 BASE-LH は，1 Gbps の速度でシングルモード光ファイバー（波長 1.3 μm）を使う LAN である．1000 BASE-ZX は同じく 1 Gbps の速度で，波長 1.5 μm のシングルモード光ファイバーを使う LAN である．

(7) **10G BASE-T, 10G BASE-LR, 10G BASE-ER**

10G BASE-T は，10 Gbps の速度でツイストペアケーブルを使う LAN であり，10G BASE-LR は 10 Gbps の速度でシングルモード光ファイバー（波長 1.3 μm）を使う．10G BASE-ER は 10 Gbps の速度でシングルモード光ファイバー（波長 1.5 μm）を使う LAN である．

4.2.2　LAN プロトコル

LAN のアーキテクチュアやプロトコルは，IEEE802 委員会において標準化作業が行われてきた．そのために，アーキテクチュアは必ずしも国際標準である OSI 参照モデルとは一致しない．OSI 参照モデルと LAN プロトコルの機能比較を図 4.3 に示す．LAN の場合，データリンク層が 2 つの層に分けられる．2 つの層を**副層**といい，それぞれ**論理リンク制御副層**（Logical Link Control：**LLC**）と媒

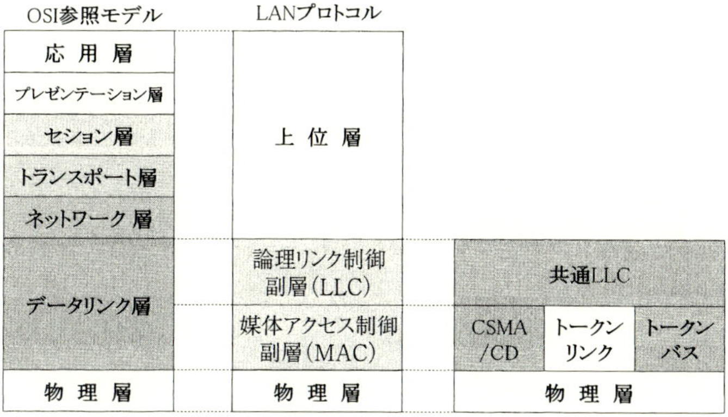

4.2 LANのアーキテクチュア

OSI参照モデル	LANプロトコル				
応用層	上位層				
プレゼンテーション層					
セション層					
トランスポート層					
ネットワーク層					
データリンク層	論理リンク制御副層（LLC）		共通LLC		
	媒体アクセス制御副層（MAC）		CSMA/CD	トークンリンク	トークンバス
物理層	物理層		物理層		

図4.3 OSI参照モデルとLANプロトコル

体アクセス制御副層（Medium Access Control：**MAC**）という．

LLC は LAN 上の各種端末相互間のデータ転送方法に関するプロトコル手順である．LCC は，LAN のアクセス方式である CSMA/CD，トークンリングおよびトークンバスなどに共通的なプロトコル手順を規定している．また，LLC には，データ転送方法に関してコネクションレス型で行うタイプ1と，コネクションオリエンテッド型で行うタイプ2の2つがある．

MAC はパケットフレームの生成，フレームの送受信などの諸機能を有する層である．

4.2.3 アクセス方式

LAN のアクセス方式は，大きく **CSMA/CD 方式**，**トークンパッシング方式**および **TDMA 方式**の3つに分けられる．さらに，トークンパッシング方式は**トークンリング方式**と**トークンバス方式**に分けられる．

(1) CSMA/CD 方式

CSMA/CD（Carrier Sense Multiple Access with Collision Detection）はバス型 LAN のアクセス方式である．バス型 LAN は，トランシーバとの接続が簡単であり，小規模な LAN から逐次大規模な LAN へと拡張が容易にできる．またノードに障害が発生してもそのノードを使用停止にするか，あるいはバスから切り離せば，他の端末に障害の影響を与えないという特徴がある．しかし，欠点は，各

ノードが独立しており，ネットワーク全体を制御する装置がないため，ネットワークのトラフィック量が増大すると各ノードからの送信要求が同時に発生し，バス上でパケットの衝突が発生する（図4.4 (a)）．

(a) フレーム構成

CSMA/CD方式は，宛先アドレスと発信元アドレスを含むパケットをネットワーク内のすべての端末に対して伝送するコネクションレス（CL）型の通信方式である．したがって，フレームは宛先アドレスと発信元アドレスを含んだ構成となる（図4.4 (b)）．CLであるため，各端末はつねにパケットを監視し，自分宛のパケットがあればそれを取り込む．

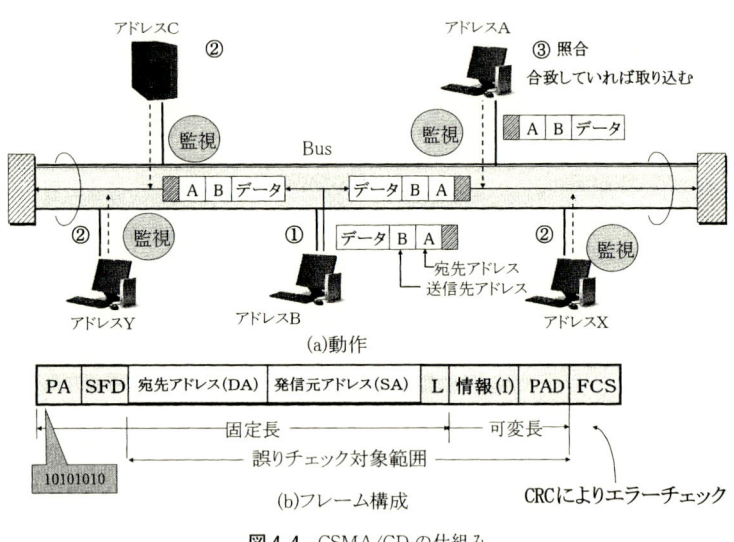

図 4.4 CSMA/CDの仕組み

CSMA/CD方式は，必要のつどフレームパケットを送受信する非同期方式である．したがって，同期をとるために，はじめに"10101010"のビット列の同期信号（プリアンブル：PA）を7個連続して伝送し同期をとる．

① フレーム開始デリミタ（Start Frame Delimiter：SFD）はフレームの先頭を表す識別符号で，"10101011"のビット列で構成される．受信側ではこのビット列を受信して，この符号以降が有効フレームであることを認識する．

② 宛先アドレス（Destination Address：DA）ならびに発信元アドレス（Source Address：SA）は，受信端末のアドレスおよび発信端末のアドレスを表す．
③ 長さ（Length：L）は情報部の論理リンク制御データ（Logical Link Control：LLC）の長さをオクテッドで表す．
④ 情報（Information：I）はLLCデータを格納するユーザー情報フィールドである．
⑤ パッド（PAD）はデータ長が短く最小フレームに達しないとき，ここに余分なビットを追加して長さを調整する．
⑥ フレームチェックシーケンス（Frame Check Sequence：FCS）は，宛先アドレス，発信元アドレス，長さ（L）フィールドおよび情報フィールドまでを対象に，ビット誤りをCRCによりチェックする．CRCは32次生成多項式を使う．

(b) 動作原理

CSMA/CD方式の動作原理を図4.4（a）に示す．①データを送信しようとするノード（端末）はバスが空き状態であることを確認し，フレームパケットをバス上に送出する．②各ノードはパケット信号のアドレスを常にチェックし，自分宛のパケットであれば取り込む．③パケットを受信したノードはCRC方式により誤りチェックを行い，誤りがなければ，情報フィールドからLLCデータを取り出す．

(c) 衝突検出と再送制御の方法

複数のノードから同時にパケットが送出されると，バス上でパケットどうしの衝突（混信）が発生する．CSMA/CD方式では衝突を検出する（**衝突検出**）と，ある一定の遅延時間をおいて再びパケットをバス上に送信し，再送を行う（**再送制御**）．図4.5に示すように，たとえば端末BとCが同時にパケットをバス上に送出すると衝突が発生する．衝突を検出すると，端末B，Cに対し，それぞれ異なった時間遅れ（**バックオフ時間**）を設定して，再送指示を行う．端末B，Cはそれぞれ指示されたバックオフ時間後にパケットを再送し，再度の衝突を回避する．再送は最大16回まで繰り返され，16回の試行がすべて失敗したときは異常終了となる．

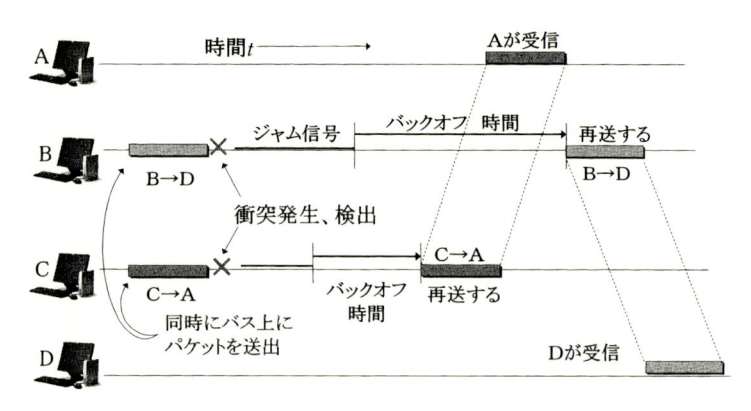

図 4.5 CSMA/CD 原理

(d) MAC 層の機能

CSMA/CD 方式における MAC 層は，LLC 副層から受け取った送信データをフレーム形式にし，下位の物理層にデータビット列として渡す．すなわち，フレームの生成，フレームの送受信，フレームの解析，衝突検出処理および再送制御を行う．

(2) トークンリング方式

トークンリング方式は，データ送信権を与える**トークン**（token）信号をノード間に高速で巡回させ，このトークンを捕えたノードだけが送信権を得て，データを送信できるという方式である．他のノードはビジートークンによりデータの送信はできない．これにより，CSMA/CD のようなデータの衝突は起こらない．

(a) 動作原理

図 4.6 により，ノード B が D にメッセージを転送し，D がそれに応答する場合を例にしてトークンリング方式の動作原理を説明する．

①トークンリング方式では，フリートークン信号がつねに高速でリング内を巡回している．②ノード（端末）B は D にメッセージを送信するために，フリートークンを捕捉する．そして宛先アドレスを書き込んだフレームパケットを生成し，次のノードへ送信する．③ノード C はこれが自分宛のパケットかどうかを調べ，自分宛ではないので次のノードへ転送する．④ノード D はアドレスを調べ，自分宛であることを確認しパケットを取り込む．そして，端末のバッファにコピ

4.2 LANのアーキテクチュア

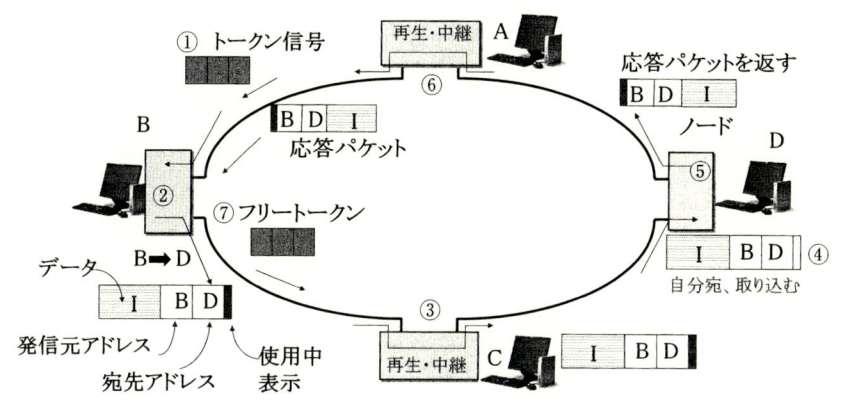

図4.6 トークンリングの原理

ーする．同時に，⑤確かに受信したことを表わすマークをフレーム状態表示（FS）に付けて，応答パケットとして次のノードへ転送する．⑥ノードAはそれを再生・中継する．

⑦発信ノードBは応答パケットを受信し，ノードDが正しく受信したことを確認する．そして，それをフリートークンに変えて次のノードへ転送する．トークンリング方式では，受信ノードがパケット受信後にすぐにフリートークンには変えない．あくまでも発信元のノード（この場合にはB）がアドレスなど，すべての情報を消去してからフリートークンに変える．

(b) フレーム構成

トークンリング方式のフレーム構成を図4.7に示す．トークンリング方式では，伝送媒体上を巡回する信号はトークン信号とデータフレーム信号の2種類である．

① トークン信号のフレーム構成

トークンは，ノードに送信権を与える機能をもつ．図4.7(a)に示す開始デリミタ（Starting Delimiter：SD）は，トークン信号やデータフレーム信号の開始を表す識別信号である．アクセス制御（Access Control：AC）は，トークン信号とフレーム信号の識別を行う機能をもつ．たとえばアクセス制御のT（トークン）ビットが1のとき，トークンを表し，0のときはデータフレームを表す．終了デリミタ（Ending Delimiter：ED）はトークン信号やフレーム信号の終了を表す．

② データフレーム信号の構成

フレーム信号は，実際にメッセージを転送するフレームである．フレーム信号は宛先アドレスや発信元アドレス，情報，フレームチェックシーケンスなどのフィールドをもつ（図 4.7 (b)）．フレーム制御（Frame Control：FC）はフレーム信号が LLC 副層間でデータ転送をするのか，MAC 副層間で制御用データを転送するフレームか，を区別する．またフレーム状態表示（Frame Status：FS）は，フレーム信号が正しく宛先アドレスのノードに届いたかどうかを確認する．

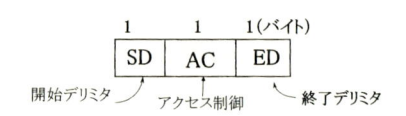

```
        1    1   1(バイト)
       ┌──┬──┬──┐
       │SD│AC│ED│
       └──┴──┴──┘
       開始デリミタ  アクセス制御  終了デリミタ
```

(a) トークン信号フレームの構成

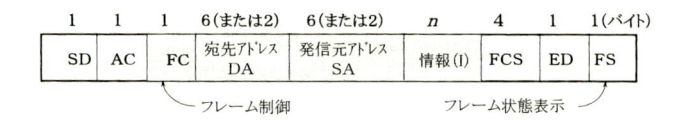

```
  1  1  1  6(または2)    6(または2)    n     4   1  1(バイト)
┌──┬──┬──┬────────┬────────┬────┬───┬──┬──┐
│SD│AC│FC│宛先アドレス │発信元アドレス│情報(I)│FCS│ED│FS│
│  │  │  │   DA   │   SA    │    │   │  │  │
└──┴──┴──┴────────┴────────┴────┴───┴──┴──┘
         └──フレーム制御──┘          └──フレーム状態表示──┘
```

(b) データフレームの構成

図 4.7　トークンリングフレーム構成

(c) MAC 層の機能

トークンリング方式における MAC 層は，フレーム信号の送受信，フレーム信号の再生中継，トークン信号の伝送，優先レベルの付与およびネットワークの監視などを行う機能をもつ．

(3) トークンバス方式

トークンバス方式は，トークンリング方式と同じようにネットワーク内にトークンを巡回させる方式である．したがって，原理的にはトークンリング方式と同じである．しかしネットワークの形態が物理的にリング状ではなく，バス型であることからトークンバス方式といわれている．

(a) 動作原理

トークンバス方式の動作原理を図 4.8 に示す．トークンバス方式はネットワーク内の各ノードに，巡回順序をあらかじめ決めておき，それにしたがってトーク

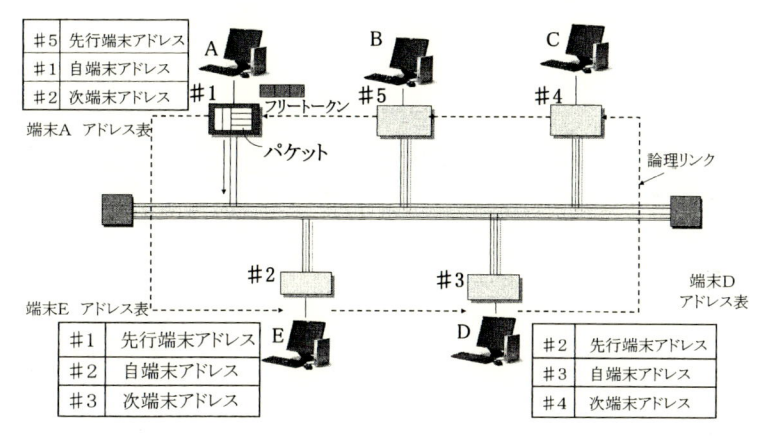

図4.8 トークンバスの原理

ンやデータフレームを巡回させる．巡回順序は，先行ノード，自ノードおよび次ノードアドレスなどを記述した表を作成して各ノードがもち，この論理表にしたがって，巡回順序を決める．

たとえば，ノードAがフリートークンをもっていたとする．Aは，次のノードEのアドレス#2と，自ノードアドレス#1を書き込んだパケットをバス上に送信する．バス上では，すべてのノードがこれをチェックし，自アドレス宛かどうかを見る．ノードEは自ノード宛のアドレスであるので，このフリートークンをいったん取り込む．このときEが送るべきメッセージをもっていれば，これにメッセージをのせる．メッセージがなければアドレス表にしたがって，次ノード#3へトークンを転送する．このように，各ノードはあらかじめ決められたアドレス表にしたがって論理リンクを構成し，メッセージの転送を行う．

(b) MAC層の機能

トークンバス方式におけるMAC層の機能は，論理リングの構成とトークンの循環，フレーム信号の伝送，即時応答機能，論理リンクの監視などである．

(4) FDDI

FDDI（Fiber Distributed Data Interface）は，光ファイバーケーブルを伝送媒体として利用する高速分散処理データインタフェースである．FDDIの伝送速度は1000 Mbpsで，バス型LAN（100 Mbps）やトークンリング型LANのバックボ

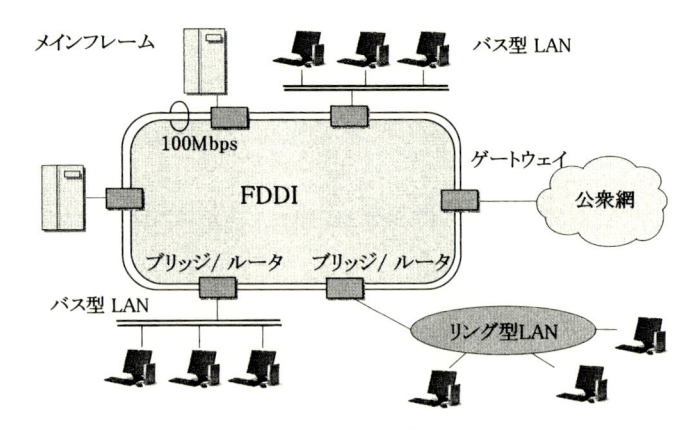

図 4.9　FDDI の構成

ーン幹線 LAN として利用される（図 4.9）．また，FDDI は，**バックボーン LAN**のほか**フロントエンド LAN** および高速デジタル回線との**ゲートウェイ**として利用される．

(5) TDMA 方式

TDMA（Time Division Multiple Access）は伝送路を時分割多重方式により複数のチャネルに分割し，各ノードに割り当てる方式である．TDMA は，CSMA/CD やトークンリング，トークンバスのように，宛先アドレスを付加したパケットを伝送するパケット交換方式ではない．通信相手のノード相互間にタイムスロットを割り当てる回線交換方式である．

TDMA 方式のチャネル割り当て方式には，**プリアサイン方式**と**デマンドアサ**

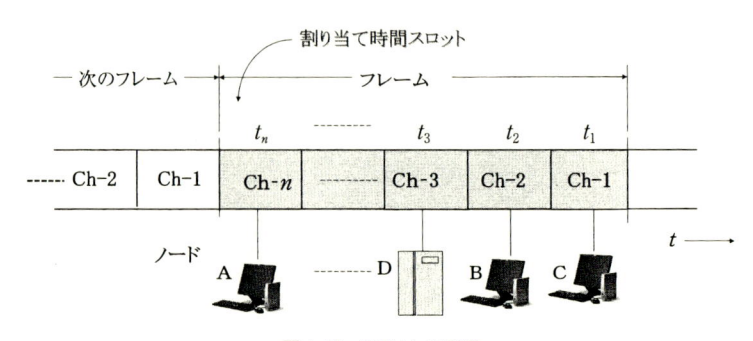

図 4.10　TDMA の原理

イン方式の2つがある．プリアサイン方式とはノード相互間で通信をする場合，あらかじめ決められた特定のチャネルを利用してリンクを設定する方式である．図4.10に示すように，各ノードにそれぞれ時間スロット $t_1, t_2, t_3, \cdots, t_n$ を割り当てる．各ノードは割り当てられた時間内にデータを送出する．さらに送るべきメッセージがあれば，次のフレームの割り当て時間に送信する．一方，デマンドアサイン方式は，チャネルを固定的に決めないで空きチャネルをそのつど割り当て利用する方式である．

4.3 LANの構成機器

4.3.1 ハブ

ハブ（HUB）は，多数の端末装置からのケーブルを集線し，まとめて伝送媒体に接続する装置である．ハブによりスター型LANを構成することができる．ハブには，従来からあるリピータハブ（媒体共有型）とスイッチングハブ（媒体占有型）がある．最近では，リピータハブに代わりスイッチングハブが多く使われている．図4.11に10 BASE-Tの場合の**リピータハブ**と**スイッチングハブ**の原理を示す．

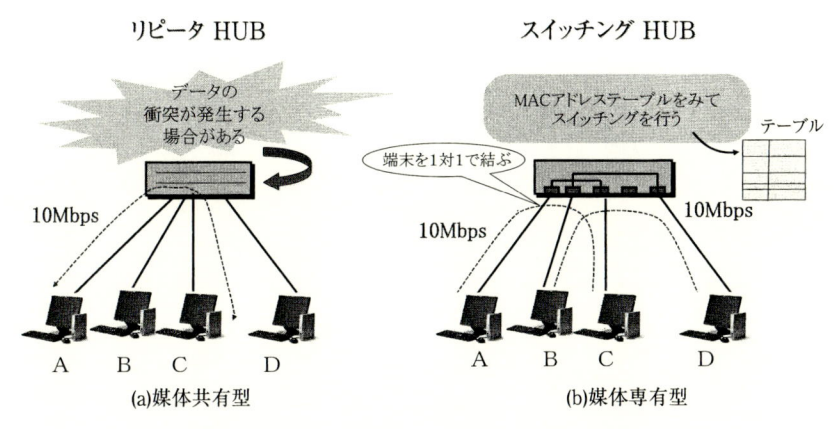

図4.11 リピータHUBとスイッチングHUBの比較

(1) リピータハブ

リピータハブ（図4.11 (a)）は端末AからDまで，すべての端末が共通バス（Bus）を共有する．したがって，端末AとCが通信中は，他の端末は通信できない．この場合，バスを共有するのでアクセス方式はCSMA/CD方式で，コネクションレスによる通信になり，衝突が発生する．そのために通信輻輳時には，パフォーマンスが急速に低下する．

(2) スイッチングハブ

スイッチングハブ（図4.11 (b)）は，ハブがPBXのようなスイッチング機能を持ち，端末間通信を行う．スイッチング機能はMACアドレステーブルによって実現している．媒体占有型であるので，端末AとCが通信中でも，端末BとDはそれとは独立に10 Mbpsの伝送速度で通信できる．さらに，スイッチングハブの場合，10 BASE-Tの2対4線を使用して双方向通信型の全二重方式にするとそれぞれが20 Mbpsの伝送速度で通信することができる．スイッチングハブには，イーサネットスイッチ，トークンリングスイッチ，ATMスイッチ，FDDIスイッチ，Gigabitスイッチなどがある．スイッチングハブは，入力信号に対して，マトリクス状に配置されたスイッチ群のどのスイッチを閉じるかによって，出力先を決める．どのスイッチを閉じるかの判断はMACアドレスとポートを示すMACアドレステーブルがあり，これを参照しパケットの中継先を決める．

4.3.2 各種のLAN機器

(1) ネットワークインタフェースカード

パソコンなどをLANに接続する場合には，インタフェースが必要である．このインタフェースをネットワークインタフェースカード（Network Interface Card : NIC）という．NICは，LANボードあるいはLANアダプタと呼ばれている．NICは，端末と伝送媒体との間で，アドレッシング，アドレス照合，フレーミング，衝突検出および符号化／復号化などの役割を果たしている．アドレス照合機能は，受信したフレームの宛先アドレスを監視し，自分のアドレスと一致していればそれを取り込む．フレーミング機能は，データをLAN上に送信する場合，宛先アドレスや自アドレス，制御情報などを付加して，LANに対応したフレームに整えて伝送媒体に送信する．NICはパソコンに内蔵されている．

4.3 LANの構成機器

(2) リピータ

リピータは物理層の異なる LAN どうしや，ある距離以上離れた LAN どうしを接続するのに使われる．イーサネットの場合，通常1本の同軸ケーブルで構成されるLAN（1セグメント）は長さが最大500 m である．したがってこれ以上の距離を結ぶLAN では，信号電圧が低下するので増幅する必要がある．リピータは増幅を目的としたものでデータをそのまま再生中継する中継機器である．データパケットは LAN 間をすべてそのまま通過させる（図4.12 (a)）．

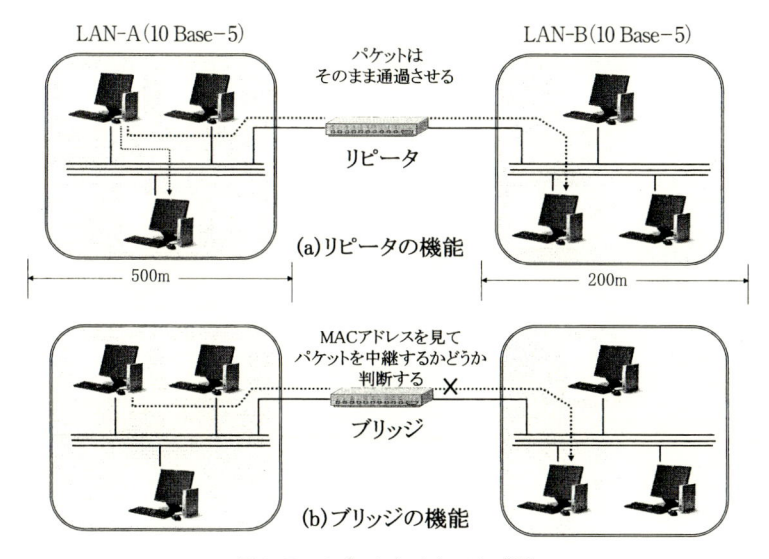

図 4.12 リピータとブリッジの機能

(3) ブリッジ

ブリッジは，2つの LAN セグメントを接続するときに利用する．たとえば，イーサネットどうしやイーサネットとトークンリング型の LAN を接続するのに使われる．図4.12 (b) に示すように，ブリッジはデータパケットのアドレスチェックを行い，パケットを LAN-A から B へ転送する必要がない場合にはそれを阻止し，この方向へは流さないという**フィルタリング**をもつ．フィルタリングにより余分なパケットが他の LAN には流れないので，データの衝突の確率を低くすることができる．アドレスチェックは，MAC アドレスを使って行う．ブリッジの

ルーティング(経路選択)アルゴリズムには，**スパニングツリー方式**と**ソースルーティング方式**がある．

(4) ルータ

ルータは，データパケットの流れるルートを制御する**ルーティング**(経路選択)の機能をもつ．すなわち，ネットワークアドレスをみて，パケットを阻止したり通過させたり，またデータパケットの転送ルートを決定するルーティング制御を行う(図4.13)．このように，ルータはネットワーク層レベルでパケットを中継する．

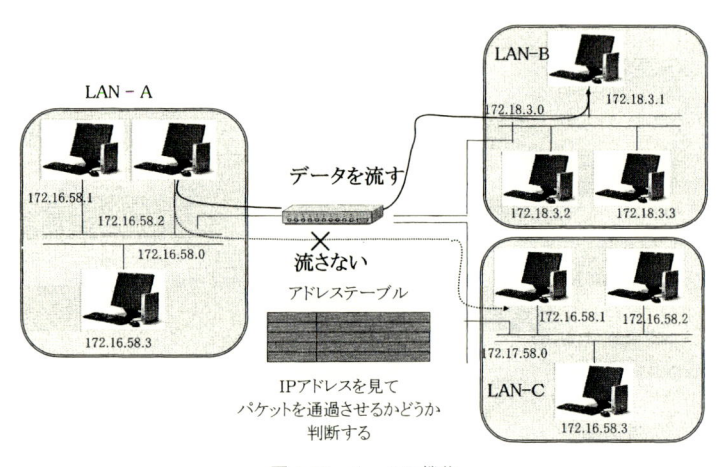

図4.13 ルータの機能

ルーティングアルゴリズムには，**スタティック(静的)ルーティング**と**ダイナミック(動的)ルーティング**がある．スタティックルーティングは，システム構築時に，あらかじめパケットの通過ルートを設定しておく方法である．ダイナミックルーティングは，ルータどうしがルーティングテーブル情報の交換を自動的に行い，ネットワークの状態を判断して，そのときに最適なルートを自動的に選択するという方法である．ルータはWANのような広域ネットワークを介して，LANどうしを結ぶ場合に使われる．

(5) ゲートウェイ

ゲートウェイは，伝送媒体やネットワークアーキテクチャの異なるネットワー

クどうしを接続するのに使われる．たとえば，LANと広域ネットワークを結ぶLAN-WAN接続に使われる．そのため，ゲートウェイは，ルータ機能に加えて，メッセージのフォーマット変換，アドレス変換，プロトコル変換を行う機能を有する．

4.4 LANスイッチ

4.4.1 レイヤスイッチ

LANスイッチはパケットを高速でスイッチング処理して中継する機能をもっている．LANを構成する機器の中で最も重要な装置である．LANスイッチはその機能により，レイヤ2スイッチ（L2スイッチ）とレイヤ3スイッチ（L3スイッチ）に分類できる（図4.14）．

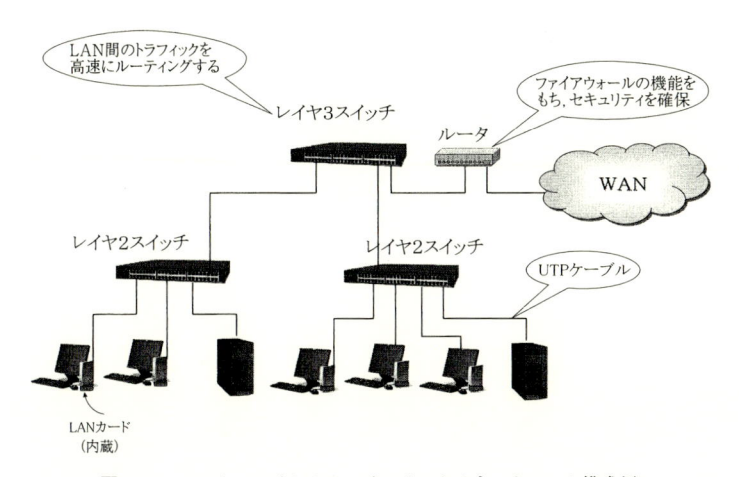

図4.14 ルータ，レイヤ2,3スイッチによるネットワーク構成例

(1) レイヤ2スイッチ

レイヤ2スイッチはフレームの"宛先アドレス"の内容を見て，そのMACアドレスに対してフレームを高速で転送する．

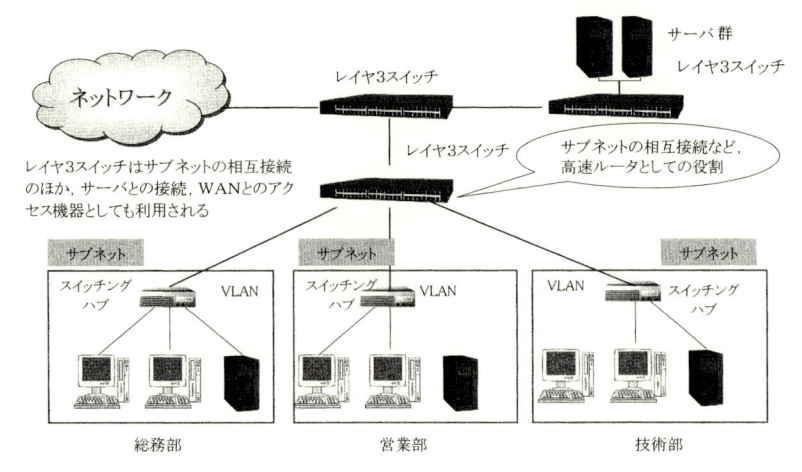

図 4.15 レイヤスイッチによる LAN の構成例

(2) レイヤ3スイッチ

レイヤ3スイッチはLANどうしを接続するスイッチである（図 4.15）．レイヤ3スイッチはパケットの"宛先アドレス"の内容を見て，そのIPアドレスに対してパケットを高速で転送する．またレイヤ3スイッチは，経路制御やルーティングを行う機能をもっている．

レイヤ3スイッチはハードウェアレベルでルーティング処理を行うので，高速ルーティング処理が可能であり，遅延は発生しない．ルータと比べて高速処理が可能であり，スループットが高い．そのため企業や組織体でLANのサブネット同士を接続する際に基幹スイッチとして利用されている．

(3) レイヤ3スイッチとルータとの違い

表 4.1 にルータとレイヤ3スイッチとの違いを示す．ルータは，主にLAN-WAN接続に使われ，レイヤ3スイッチは，ルーティング機能をもっているので，VLANどうしの接続など，LAN-LAN接続に使われる．ルータとレイヤ3スイッチは，処理速度や処理スピード，インタフェース，対応プロトコル，機能と改善性などの面から，それぞれ特徴がある．昨今，ルータでも，ハードウェアで処理することができる部分が増え，高速処理が可能になってきている．また，レイヤ3スイッチは，今までハードウェア処理が主流であったが，一部機能には，プ

表 4.1 レイヤ 3 スイッチとルータの比較

	ルータ	レイヤ 3 スイッチ (L3)
処理方式	主にソフトウェアで処理する	主にハードウェアで処理する L3 スイッチは LAN 間のトラフィックを高速ルーティングする
処理スピード	スイッチに比べそれほど高速ではない	高速処理可能
インタフェース	WAN インタフェースを持つ	LAN インタフェースのみ
対応プロトコル	マルチプロトコル	TCP/IP
機能と改善性	L3 スイッチに比べてソフトウェア対応のため機能改善やバージョンアップが容易に可能	ルータに比べてあまり豊富でない．ハードウェアのため，機能改善・バージョンアップは難しい
備　考	最近のルータはハードウェア処理部分が増え，高速処理が可能になってきている．同時に，L3 スイッチは，今までハードウェア処理が主流であったが，一部機能には，プログラム対応できる部分もあり，柔軟になってきている．最近では，ルータとレイヤ 3 スイッチの違いがなくなってきている．	

参考文献：http://www.n-study.com/network/2004/10/3_1.html

ログラムで対応できる部分もあり，柔軟に対応できるようになってきている．したがって，最近では，ルータとレイヤ 3 スイッチの違いがなくなってきている．

4.5 伝送媒体と無線 LAN

4.5.1 伝送媒体

　LAN の伝送媒体には，**より対線**，**同軸ケーブル**，**光ファイバーケーブル**，**ワイヤレス**（**無線**）がある．

(1) より対線

　より対線（ツイストペアケーブル）は，導体である銅線（芯）のまわりをポリエチレンで絶縁した簡単なケーブルである．安価で扱いやすいため，現在 LAN の伝送媒体として広く使われている（図 4.16）．より対線には，シールドを施した **STP**（Shielded Twisted Paired cable）と，シールドをしていない **UTP**（Unshielded Twisted Paired cable）がある．STP はシールドがしてあるために電磁

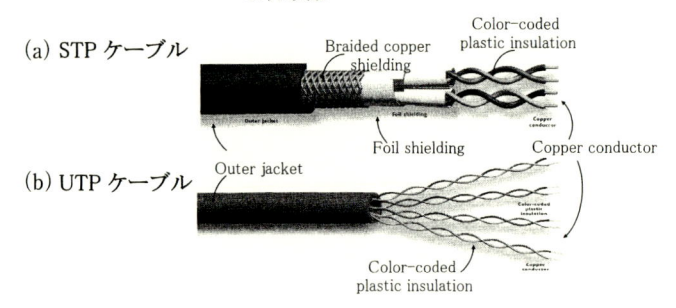

より対線
(a) STPケーブル
(b) UTPケーブル

reference: How Networks Work, QUE
www.quepublishing.com

図4.16 STPケーブルとUTPケーブル

表4.2 UTPケーブルのカテゴリ

カテゴリ	用途	伝送速度
1	音声通信	1 Mbps
2	4 Mbps トークンリング	4 Mbps
3	10 BASE-T	10 Mbps
4	16 Mbps トークンリング	16 Mbps
5	100 BASE-TX	100 Mbps

UTPケーブルは用途, 伝送速度により分類されている

雑音の影響を受けにくい. そのため工場などのLAN配線によく利用されている.

UTPにはカテゴリ1から5まで, 5つのタイプのケーブルがある(表4.2). カテゴリ3は, 伝送帯域16 MHzまでの信号伝送に使われ, 最大伝送速度は10 Mbpsで10 BASE-Tに使われる. カテゴリ4は, 20 MHzまでの伝送帯域で最大伝送速度は16 Mbpsである. カテゴリ5は, 100 MHzまでの伝送帯域で, 最大伝送速度は100 Mbpsである. より対線は, 電磁雑音や伝送帯域の性能では同軸ケーブルや光ファイバーに比べて劣るが, 低価格で設置も容易であるため低伝送容量のLANシステムのケーブルとして広く使われている.

(2) 同軸ケーブル

同軸ケーブルは, 銅線の中心導体をポリエチレンの絶縁体で被い, その上を金

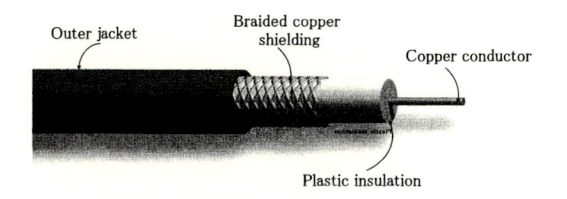

図 4.17 同軸ケーブル

属シールドで被い，さらに外部（外被）をポリ塩化ビニールで被った円筒状ケーブルである（図 4.17）．同軸ケーブルには，外被が直径約 10 mm の**標準同軸ケーブル**と，外被が直径約 5 mm の**細心同軸ケーブル**がある．また，同軸ケーブルはシールド媒体で覆われているため外部からの電気的な雑音には強い．伝送速度は数 10 から数 Mbps 程度である．標準同軸ケーブルは高速度の幹線 LAN 用ケーブルとして使われる．また，細心同軸ケーブルは工事が簡単で中速度の支線 LAN 用ケーブルとして使われる．

(3) 光ファイバーケーブル

前章 3.2.3「光ファイバー通信システム」で説明したように，LAN 用の光ファイバーケーブルは，直径が 0.05 mm から 0.1 mm 程度のきわめて細い石英ファイバーを導体としたものである．光の屈折率分布が階段状に変化しながら伝搬するステップインデックス形と，なだらかに変化しながら伝搬するグレーデッドインデックス形がある（図 3.18 参照）．また光の伝搬モードによりマルチモードとシングルモードのケーブルがある．WAN の基幹伝送路には，ステップインデックス形（シングルモード）ファイバーが使われる．また，高速 LAN には，グレーデッドインデックス形（マルチモード）が使われる．低速 LAN には，ステップインデックス形（マルチモード）ファイバーが使われる．

4.5.2 無線 LAN

(1) 無線 LAN の構成

無線 LAN は図 4.18 に示すように，ブロードバンドルータ，無線 LAN アクセスポイント（AP），子機（クライアント）から構成される．ブロードバンドルータ

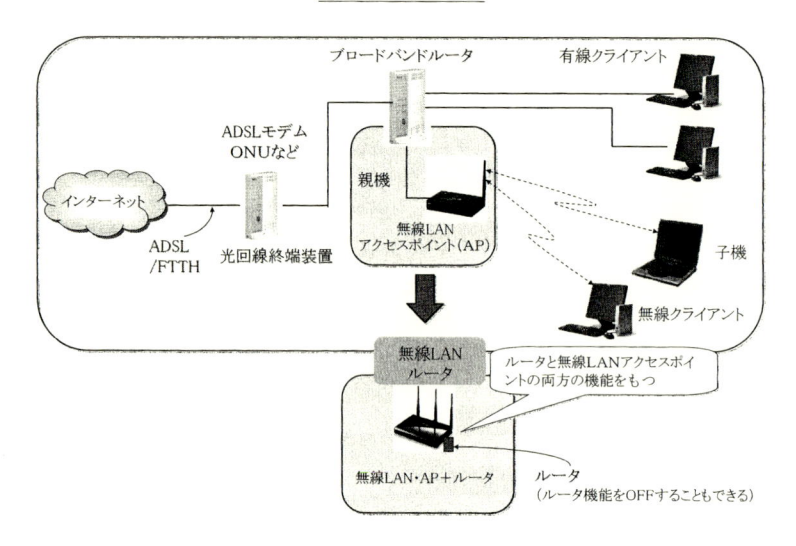

http://bb.watch.impress.co.jp/cda/special/18705.html

図 4.18 無線 LAN の構成

は，通信事業者が提供する ADSL モデムあるいは ONU（Optical Network Unit）など，回線終端装置を経由してインターネットに接続する機能をもつルータである．無線 LAN アクセスポイントは，複数の子機との間で無線リンクを設定し通信を行う機能をもっている．子機からは，アクセスポイントを経由してインターネットにアクセスする．最近では，ルータと無線 LAN アクセスポイントの両方の機能を搭載した無線 LAN ルータ（図 4.18 下）が一般的に利用されている．

(2) 無線 LAN の規格

　無線 LAN の規格には，IEEE802.11b, IEEE802.11g, IEEE802.11a, EEE802.11n の 4 つがある．それぞれ，伝送速度や周波数帯域，通信方式，特長に違いがある．表 4.3 に 4 つの規格の比較を示す．表から分かるように，4 つの規格の中では「11n」が伝送速度も速く，比較的障害物に強い．11n は現在，主流になっている規格である．

表 4.3 無線 LAN の規格

	IEEE802.11b	IEEE802.11g	IEEE802.11a	IEEE802.11n
伝送速度	11Mbps	54Mbps	54Mbps	300Mbps 450Mbps
使用周波数帯域	2.4GHz 帯	2.4GHz 帯	5.0GHz 帯	2.4GHz 帯 5.0GHz 帯
通信方式	DS-SS	OFDM	OFDM	MIMO
特　長	ゲーム機など一部の機器で使われている．周波数が低いので伝送距離が長くとれる．古い規格で現在は主流ではない．	現在，多くの機器がこの規格に対応し，広く使われている．障害物の影響を受けにくい．しかし電子レンジなどの電波干渉を受けやすい．g は b とは互換性がある．	周波数が高いため混信やノイズの影響が少ない．電波干渉も比較的少ない．ビデオ伝送など，高速伝送に向いている．しかし他の規格との互換性がない．	現在，主流の高速無線 LAN 規格．IEEE802.11a/b/g との互換性があり，伝送速度が速い．通信距離も長く障害物にも比較的強い

4.6　LAN 構築手法

4.6.1　基幹 LAN の変遷

　LAN 上でのパケットの高速伝送や高速スイッチングを行う基幹 LAN は，時代とともに進化してきた．図 4.19 に技術の変遷を示す．同図にみるように，今まで，基幹 LAN は，光ファイバーを使った FDDI が主流であった．しかし，最近では，ギガビットスイッチを使ったギガビットイーサネット（Gigabit Ethernet：GbE）が主流になっている．FDDI は，光ファイバーを 1 次リングと 2 次リングに 2 重化する 2 重リング方式により高信頼性を保つ工夫をしてきた．通信速度も 100 Mbps 程度を確保し，たとえばトークンパッシング方式で使われてきた．

　一方，ギガビットイーサネットでは，当初は 1 Gbps の速度であったが，10 G，100 G と高速化され，今では，1,000 Gbps の速度が可能になっている．

4章　LANとWAN

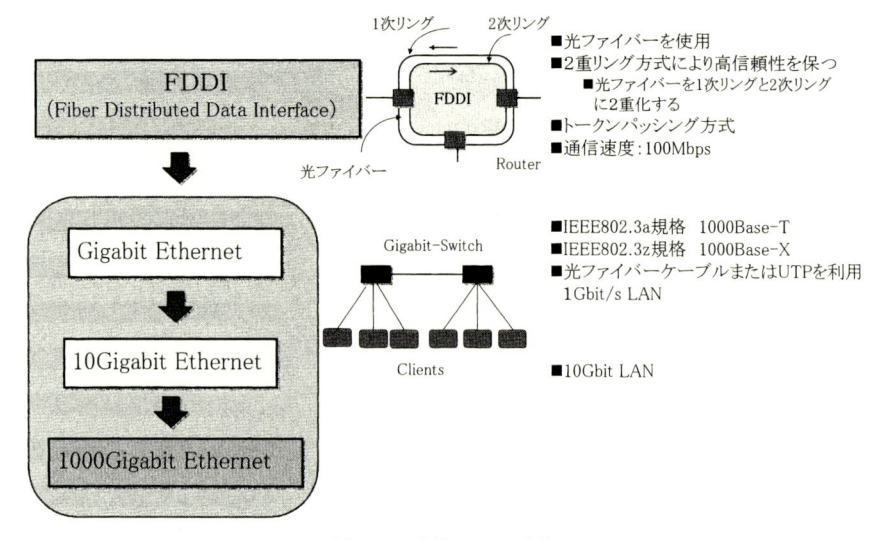

図4.19　基幹LANの変遷

4.6.2　LANの構築

(1)　ギガビットイーサネットの構築事例

ギガビットイーサネットは，当初は，通信速度を1Gbpsに高速化したLANであり，IEEE802で規格化された．規格には，IEEE802.3zとIEEE802.3abで規格化したものの2種類ある．

IEEE802.3zで規格化したものには，光ファイバーを使う**1000 BASE-SX**と，**1000 BASE-LX**の2種類のLANがある．また同軸ケーブルを利用する1000 BASE-CXがあるが，現在ほとんど使われていない．

一方，IEEE802.3abで規格化したものとして，UTPケーブルを使う**1000 BASE-T**がある．これは，今までにもっとも一般的に使われてきたギガビットイーサネットLANである．光ファイバーを使う1000 BASE-SXと1000 BASE-LXは，伝送距離が5kmまで延長できるので，基幹LANバックボーンとして利用されている．

(2)　VLAN

VLAN（Virtual LAN）は，物理的な条件に制約されることなく，論理的にネッ

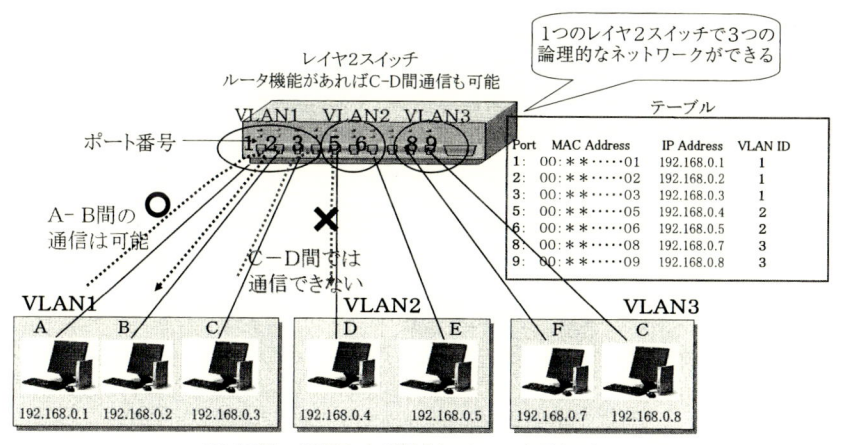

4.6 LAN構築手法

```
          レイヤ2スイッチ                1つのレイヤ2スイッチで3つの
     ルータ機能があればC-D間通信も可能      論理的なネットワークができる

              VLAN1  VLAN2  VLAN3              テーブル
ポート番号 ──  1 2 3  5 6   8 9     Port  MAC Address    IP Address   VLAN ID
                                   1:   00:**……01    192.168.0.1    1
                                   2:   00:**……02    192.168.0.2    1
 A-B間の                            3:   00:**……03    192.168.0.3    1
 通信は可能                          5:   00:**……05    192.168.0.4    2
                C-D間では           6:   00:**……06    192.168.0.5    2
                通信できない         8:   00:**……08    192.168.0.7    3
                                   9:   00:**……09    192.168.0.8    3

  VLAN1                VLAN2              VLAN3
  A   B   C           D   E              F   C

192.168.0.1 192.168.0.2 192.168.0.3  192.168.0.4 192.168.0.5   192.168.0.7 192.168.0.8

         VLAN間で通信をする場合にはルータが必要
```

図 4.20　VLAN の仕組み

トワークを構成し，システムの変更を柔軟に行う LAN 機能のことである．図 4.20 に VLAN の概念を示す．

たとえば，ネットワーク内に新規にサブネットを追加したり，端末を新たに増設したり，あるいは物理的に離れたところにある端末どうしをグループ化する場合，本来ならばスイッチを増設して，配線しなければならない．このような場合，わざわざスイッチングハブやケーブルを増設することなく，1つのスイッチで VLAN 機能により，ワークグループが構成できる．またネットワーク管理者は，センターからスイッチのテーブル設定を変更するだけで，グルーピングを変更することができる．このように，VLAN により効率の良いネットワークが構築できる．

(3) 無線 LAN の構成例

無線 LAN コントローラを使った無線 LAN の構成例を図 4.21 に示す．無線 LAN コントローラは，アプリケーションの設定変更などの集中管理機能や QoS 管理，負荷分散，ローミングなどの機能を持っている．

図 4.21　無線 LAN コントローラを使った無線 LAN の構成例

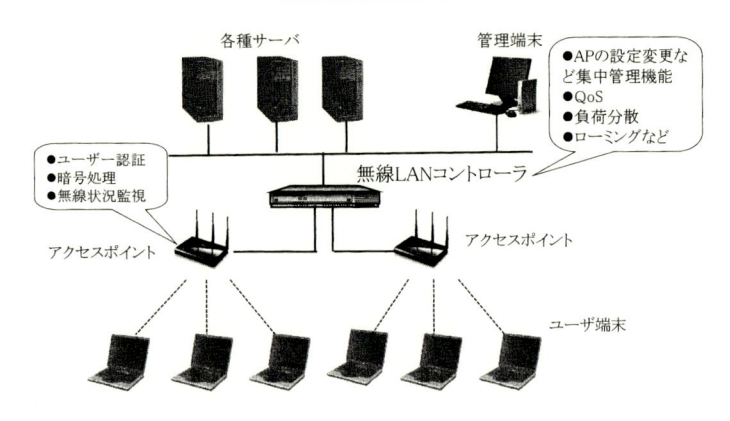

参考：http://techtarget.itmedia.co.jp/tt/news/0810/16/news01.html

4.7　WAN

4.7.1　電話ネットワークの構成

電話ネットワークは電話器から交換機までの加入者線（subscriber line），伝送路および電話交換機から構成される．電話ネットワークは図 4.22 に示すように**階層（ハイアラーキ）**化されている．階層化の方法は全国の電話加入者を 3 万か

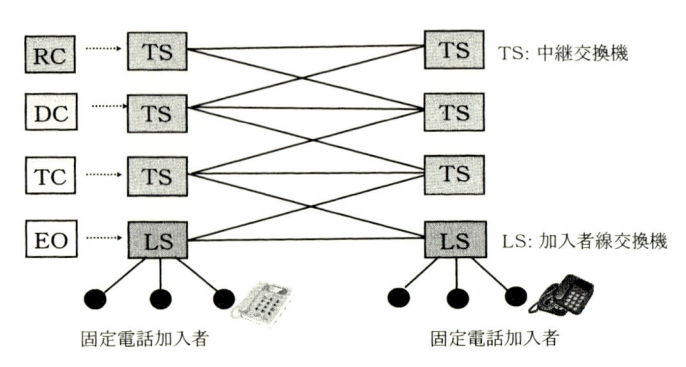

図 4.22　加入電話網の階層構造

ら4万単位に分割し，加入者からの回線を**加入者線交換機**（Local Switch：LS）に収容する．

加入者からの回線を収容する局を**端局**（End Office：**EO**）という．次に，いくつかの端局（加入者交換機）を中継回線で結び集中局（Toll Center：**TC**）の**中継交換機**（Toll Switch：**TS**）に収容する．さらにいくつかの集中局を中継回線で結んで**中心局**（District Center：**DC**）を構成する．同様にいくつかの中心局を集めて，**総括局**（Regional Center：**RC**）を構成する．このように，電話ネットワークは，加入者線交換機をベースに中継交換機を3階層に階層化して4段のハイアラーキ（**4階位網**）で構成する．

4.7.2 ISDN

(1) ISDN とは

ISDN（総合デジタルサービス網：Integrated Services Digital Network）は，アナログ電話網を使って，音声やデータ，画像など各種の情報をデジタル化して1つにまとめて伝送する統合デジタル通信ネットワークである．すなわち，4 kHz帯域のアナログ電話網をデジタル化し，伝送交換，通信処理を行うデジタル通信網である．アナログからデジタルに変わる時代に使われ，画期的な技術であった．当時，電話網やデータ網，ファクシミリ網など，サービスごとに存在していたネットワークがISDNによって，1つに統合でき，経済的であり，また多種多様なサービスを提供することができた．音声，データ，映像信号が同時に送受信でき，遠隔地間でのTV会議なども実現でき，画期的なサービスを提供した．ISDNによって，「マルチメディア通信」が実現できるようになった．さらに速度変換，プロトコル変換，メディア変換など通信処理による異種端末間の接続なども実現でき，高度な通信サービスが実現できた．しかし，今はIPネットワークに代わり，ISDNは，あまり使われなくなっている．

(2) I インタフェース

ISDN伝送路には，通信モードを設定するための信号チャネルとユーザー情報を伝送するための情報チャネルがある．図4.23にインタフェースの構造を示す．同図に示すように，端末と網との間で各種制御情報の伝送を行うチャネルが**Dチャネル**（16 Kbps）である．また，ユーザー情報を伝送するチャネルが**Bチャネ**

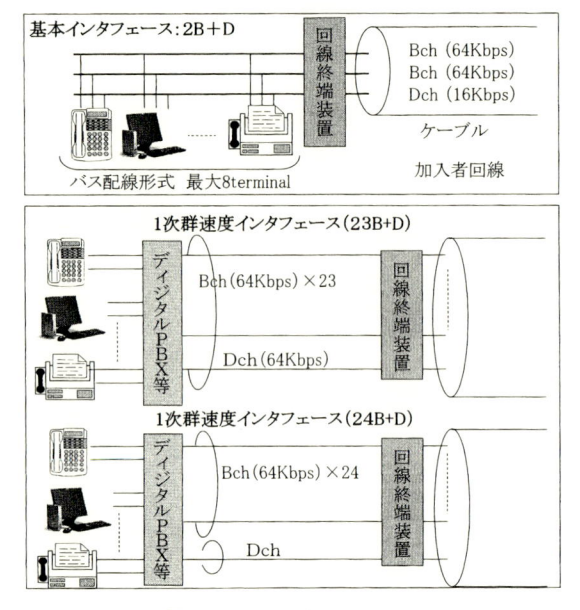

図 4.23 ISDN インタフェース

ル (64 Kbps) である．(2B+D) を基本インタフェースという．
I インタフェースは ITU-T において標準化され，世界的な規模でいろいろなサービスが提供された．ISDN には，基本インタフェースの他に 1 次群速度インタフェースがある．

(3) ISDN サービス

2B+D は，バス型配線で電話機やファクシミリ，パソコン端末が複数設置できる．それまではそれぞれの端末ごとに回線が必要であったが，ISDN では 2B+D の回線が 1 回線あれば，電話やパソコンまたはファクシミリ伝送が同時に多重利用できた．1 次群速度インタフェースは，23B+D のタイプと 24B+D の 2 つのタイプがある．23B+D の場合，64 Kbps の B チャネルが 23 回線利用でき，この場合 D チャネルは 64 Kbps の速度である．

4.7.3 xDSL

(1) xDSL とは

DSL はデジタル加入者線（Digital Subscriber Line）のことである．我々が現在，使っている加入電話回線は銅線（メタリックケーブル）を使ったアナログ回線である．これを使ってデジタル通信を行うデジタル加入者線伝送方式のことである．DSL には表4.4に示すように，伝送形式がそれぞれ異なる A, H, S および V の4つの形式がある．表4.4に各 DSL の変調方式および伝送速度を示す．

表4.4 DSL の伝送形式

伝送形式	変調方式	伝送速度	
ADSL	DMT	上り：640Kbps，下り：8Mbps	
HDSL	CAP	上り：1.5Mbps，下り：2Mbps	
SDSL	PAM	上り：2.3Mbps，下り：2Mbps	
VDSL	CAP or DMT	〈非対称型〉 上り：13Mbps 下り：13Mbps	〈対称型〉 上り：1.5〜 2Mbps 下り：13〜52Mbps

ADSL：Asymmetric Digital Subscriber Line：非対称型デジタル加入者回線
HDSL：High speed(bit rate) Digital　Subscriber Line：高速デジタル加入者回線
SDSL：Symmetric Digital Subscriber Line：対称型デジタル加入者回線
VDSL：Very high speed(bit rate) Digital Subscriber Line：超高速デジタル加入者回線

(2) ADSL

ADSL（Asymmetric Digital Subscriber Line）は，「非対称デジタル加入者線伝送方式」といわれる通信方式である．

一般に通話を行う場合には，0.3 kHz から 3.4 kHz の帯域が必要であり，電話回線としては，4 kHz の帯域を確保している．今まで，図4.24（下）に示すように，0から4 kHz までの周波数帯域は，電話として使ってきた．しかし，これより周波数の高い領域も使えることが分かった．具体的には，25 kHz から 1.2 MHz 程度までの帯域を，上り帯域（アップリンク：加入者から電話センターまで）と，下り帯域（ダウンリンク：電話センターから加入者まで）に分けて双方向通信を実現するのが DSL である．ADSL の場合，下り帯域の方が上り帯域よりバンド幅が広く，高速であり，対称ではないので，「非対称」という．

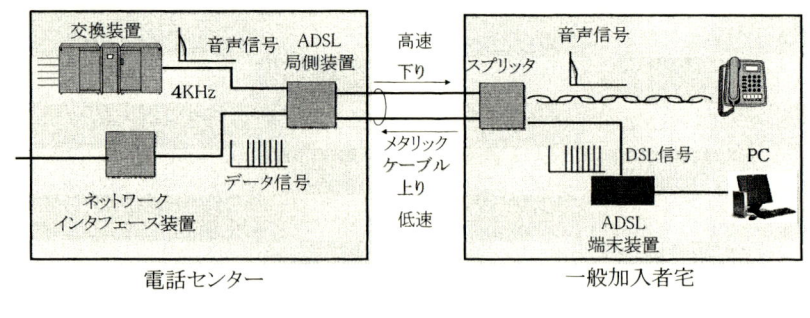

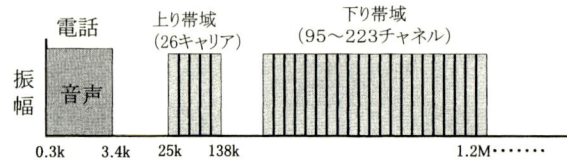

図 4.24 ADSL の仕組み

　これは，実際に我々がインターネットを利用する場合，Web アクセスによって情報をダウンロードして使うことが多い．そのため，ユーザー（加入者）が大量の情報を送るよりも，サーバから情報を受け取るダウンリンクデータの容量の方が多いので，一般的には ADSL が使われる．

(3) 伝送方式

　ADSL のネットワーク構成を図 4.24（上）に示す．同図に示すように，一般加入者宅の設備は，スプリッタと ADSL 端末装置から構成される．スプリッタは，音声信号と DSL 信号を分離する機能をもっている．ADSL 端末装置は，PC 端末とのインタフェースである．一方，電話センターの設備は，ADSL 局側設備や交換設備，ネットワークインタフェースから構成される．

(4) 変調方式

　ADSL の変調方式には，DMT（Discrete Multi Tone）が使われている．DMT 変調の原理を図 4.25 に示す．DMT は，周波数の異なる複数の搬送波（キャリア）を使うマルチキャリア変復調方式である．帯域を複数の細かいチャネルに分割し，それぞれをキャリアで変調する．4 kHz 幅のチャネルを 256 個，各チャネルでは 1 回の変調ごとに最大 15 ビットを割り当てデータ伝送する．DMT は他の変調方式に比べ雑音に強いという特徴がある．

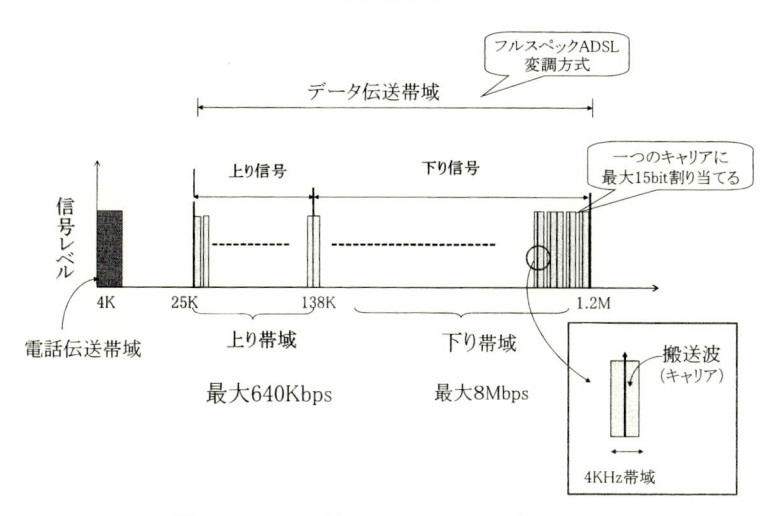

図 4.25 ADSL に採用されている DMT 変調の原理

このほか，変調方式には，16 値直交振幅変調である QAM（Quadrature Amplitude Modulation）や単一のサブキャリアを利用する CAP（Carrierless Amplitude Phase modulation）などがある．

[演習問題]

4.1 CSMA/CD において衝突が検出された場合，再送制御が行われるが，その方法について簡単に説明しなさい．

4.2 トークンリング方式においては，なぜパケットの衝突が起きないのか，その工夫について簡単に説明しなさい．

4.3 VLAN では，1 つの VLAN（グループ）に属する端末どうしは通信できるが，異なる VLAN に属する端末どうしでは通信できない．異なる VLAN に属する端末どうしの通信はどのような方法で通信を実現するのか，簡単に説明しなさい．

4.4 A 社では，今まで図 4.26 に示すような社内ネットワークを使って業務を行ってきた．しかし，社内業務の拡大によりユーザー数が大幅に増えることになり，新しいネットワークに置換することになった．どのようなネットワーク構成にすべきか考えなさい．置換の条件は以下の通りとする．

(1) クライアント数が増えても，一定のレスポンスは確保できること．

(2) 予算は極力抑えること．

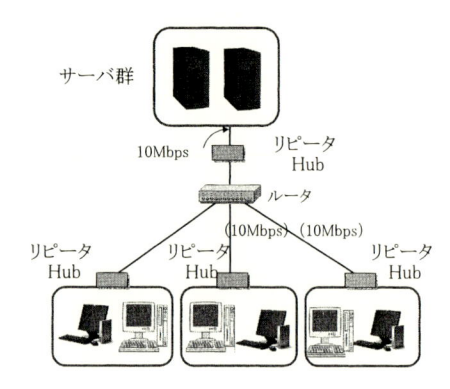

http://www.atmarkit.co.jp/fnetwork/tokusyuu/04nettr/nettr02.html

図 4.26 現状の社内ネットワーク

5章　通信プロトコル

本章では，ネットワークアーキテクチャとOSI参照モデルを説明し，次にOSI 7層の各機能について説明する．また，現在，IPネットワークの通信プロトコルとして広く使われているTCP/IPについて詳しく説明する．さらに全銀プロトコル，JCAプロトコルなど，ビジネスプロトコルについても概説する．本章では，通信プロトコルとは何か，プロトコルがなぜ必要か，OSI参照モデルの各層の機能，各種プロトコルの機能，とくにTCP/IPについて理解することが重要である．

5.1　ネットワークアーキテクチャ

5.1.1　ネットワークアーキテクチャ

　初期の頃のコンピュータシステムでは，同一メーカの1台の大型ホストコンピュータに，複数の端末装置を接続し，情報処理を行っていた．しかし，通信技術とコンピュータ技術の進展により大型ホストコンピュータどうしを結ぶことも可能になった．各コンピュータメーカでは，**ネットワークアーキテクチャ**（システム設計指針）を定義し，自社の分散処理システムをより効率的に構築し，運用していく工夫をした．すなわち，ネットワークシステムの論理構造を明確にして，標準化を図り，たとえコンピュータの機種が異なっても相互接続ができるようにした．1974年，IBMが自社独自のネットワークアーキテクチャ，**SNA**（System Network Architecture）を発表した．SNAは，IBMのホストコンピュータ，通信制御装置，端末装置などに対して統一的な機能構造や基準を設け，体系化したものである．SNAによって個々のアプリケーションに依存しない多種多様なデータがやりとりできるようになった．SNAの発表を機に，日立や富士通，日本電気など，世界中のコンピュータメーカはそれぞれ自社独自のアーキテクチャを発表した．現在では，メーカが異なっても相互に接続できる世界的に統一された標準

アーキテクチュアを使い，容易にコミュニケーションができるようになっている．

5.1.2 通信プロトコル

あるコンピュータシステムが他のシステムとスムーズにコミュニケーションをするには，制御信号のやりとりに関して約束（ルール/通信規約）が必要である．この通信規約を**プロトコル**という．すなわち，端末どうしがスムーズに通信するには，①通信開始手続き，②メッセージのフォーマット，③伝送エラー検出方法，④再送要求と再送方法，⑤通信終了手続きなどがルール化されていなければならない．この手続き方法が通信プロトコルである．通信プロトコルは，国際標準として定められている．国際電気通信連合（ITU）が標準化を円滑に進めるための機関となり，活動をしている．たとえば，相互接続性の向上，通信機器やサービスの品質向上，約束を勧告や規格として文書化して公開するなど，諸活動を行っている．

5.2 OSI プロトコル

5.2.1 OSI とは

世界の各コンピュータメーカは今までそれぞれ独自にシステムアーキテクチャを発表しコンピュータ間通信を実現してきた．しかし，異なるメーカのコンピュータどうしを通信回線で相互に結び，相互通信したいというニーズが高まり，標準的なネットワークアーキテクチャが作成された．この標準的なネットワークアーキテクチャが **OSI**（Open Systems Interconnection：**開放型システム間相互接続**）である．

5.2.2 OSI 参照モデル

OSI の概念を表すものとして，**OSI 参照モデル**がある．OSI 参照モデルでは，通信機能を図 5.1 に示すように **7 階層**に分けて統一化している．第 1 層の物理層から，第 4 層のトランスポート層までを下位層と呼ぶ．下位層は，信頼性を確保

5.2 OSIプロトコル

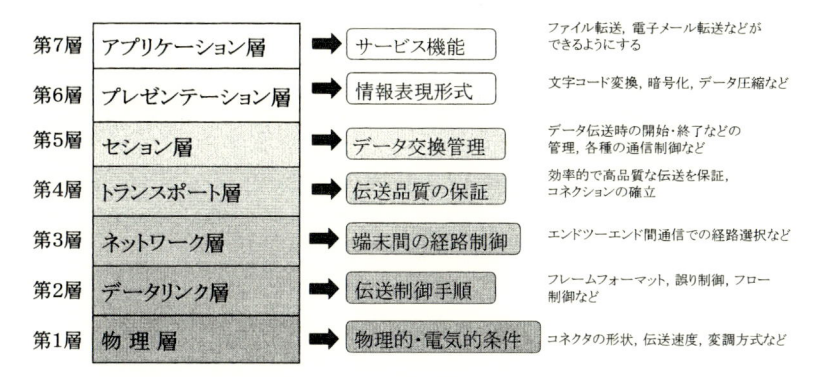

層	名称	機能	説明
第7層	アプリケーション層	→ サービス機能	ファイル転送, 電子メール転送などができるようにする
第6層	プレゼンテーション層	→ 情報表現形式	文字コード変換, 暗号化, データ圧縮など
第5層	セション層	→ データ交換管理	データ伝送時の開始・終了などの管理, 各種の通信制御など
第4層	トランスポート層	→ 伝送品質の保証	効率的で高品質な伝送を保証, コネクションの確立
第3層	ネットワーク層	→ 端末間の経路制御	エンドツーエンド通信での経路選択など
第2層	データリンク層	→ 伝送制御手順	フレームフォーマット, 誤り制御, フロー制御など
第1層	物理層	→ 物理的・電気的条件	コネクタの形状, 伝送速度, 変調方式など

図5.1 OSI参照モデル

しつつ効率のよいデータ転送を行うための層として位置付けている．また，第5層のセション層から，第7層のアプリケーション層までを上位層と呼び，アプリケーションプログラム間のやりとりをスムーズに行うことを目的としている．それぞれの階層をレイヤとも呼んでいる．

(1) 物理層（Physical layer：レイヤ1）

データ伝送を行うには，より対線ケーブルや同軸ケーブル，光ファイバーケーブルなどの物理的な伝送媒体が必要である．これらの伝送媒体を使って通信を行うには，コンピュータとケーブルなどの伝送媒体を接続するインタフェース条件を決めておく必要がある．たとえば，DTEとDCEを接続する場合に**RS232Cケーブル**が必要である．RS232Cケーブルでは，コネクタ端子の形状や大きさなどの機械的条件を国際的に決めている．また25ピンのうち何番のピンを送信線にし，何番のピンを受信線にするのか，など，電気的条件についても決めている．このように機械的，電気的条件を決めることによりメーカの異なる機器でも容易に接続できるようにしている．

物理層は，物理媒体を相互接続するために電気的，機械的および物理的条件を定め，ビット列で伝送されるデータの信頼度を保証する層である．図5.2にRS232Cケーブル端子の形状，電気的，機械的および物理的条件の一部を示す．

(2) データリンク層（Data link layer：レイヤ2）

データリンク層は，隣接するノード間またはノードとターミナル間（システム間）で信頼性の高いデータ伝送を行う層である．たとえば図5.3に示すように，

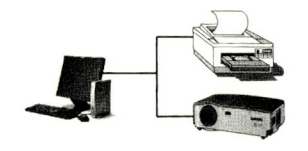

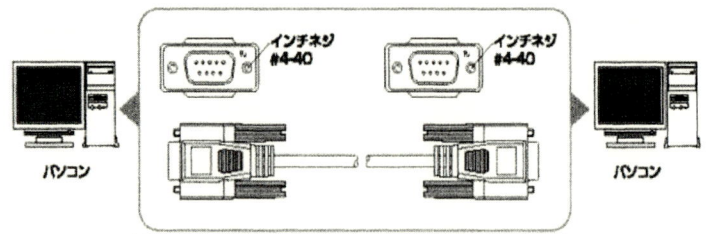

5章 通信プロトコル

電気信号の変調方式，伝送速度，コネクタの形状を統一する

RS232C

http://www.cabling-ol.net/cabledirect/6232-IC-9F9F.php

> コンピュータと伝送装置を接続するには，コネクタの形状や電気的な条件が統一されていなければならない．たとえば，RS232Cケーブルでは，コネクタの形状と各ピンの電気的条件を国際的に統一し，メーカの異なる機器でも接続できるようにする．

図 5.2 物理層

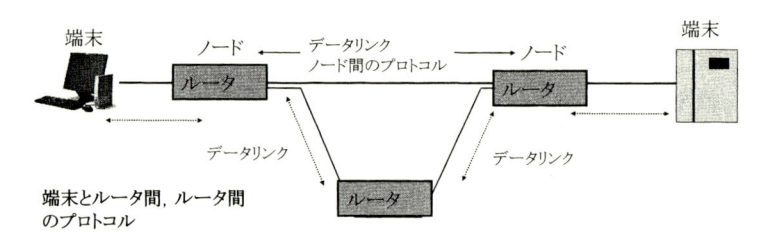

データリンクとは隣接するノード間のこと

> 隣接するノード間で，ビット誤りが発生した場合，エラー検出と訂正を行い，データリンク間の通信を保証する．フレーム単位で順序制御や誤り制御，フロー制御を行いデータの信頼性を確保する．

図 5.3 データリンク層

端末とルータ間など，隣り合うノード間でビット誤りが生じた場合，それを検出して回復させる．すなわち，データリンク層はビット列で構成される情報フレームの誤り制御を行い，信頼性の高い通信を実現する．データリンク層の具体的な機能として，次の6つが挙げられる．

① データリンクコネクションの確立と解放
② 情報のフレーム化
③ フレームの伝送順序の決定
④ フレームの伝送確認とフロー制御
⑤ 伝送誤りの検出
⑥ 検出後の修復（再送）

すでに述べたHDLC手順やX.25のフレームレベルは，この層に相当するプロトコルである．

(3) ネットワーク層（Network layer：レイヤ3）

ネットワーク層は回線交換網やパケット交換網などのデータ網において，発信－着信間（エンド・ツー・エンド）で通信路を確立し，最適なデータのやりとりを行う機能を定めた層である．ネットワーク層は，通信路の経路選択（ルーティング）や通信相手を選択する**交換制御（アドレッシング）**を行う機能をもつ（図5.4）．また，通信路の設定保持，解放に関する機能を受けもつ．X.25のパケットレベルはこのレイヤのプロトコル例である．X.25の**フレームレベル**（レイヤ

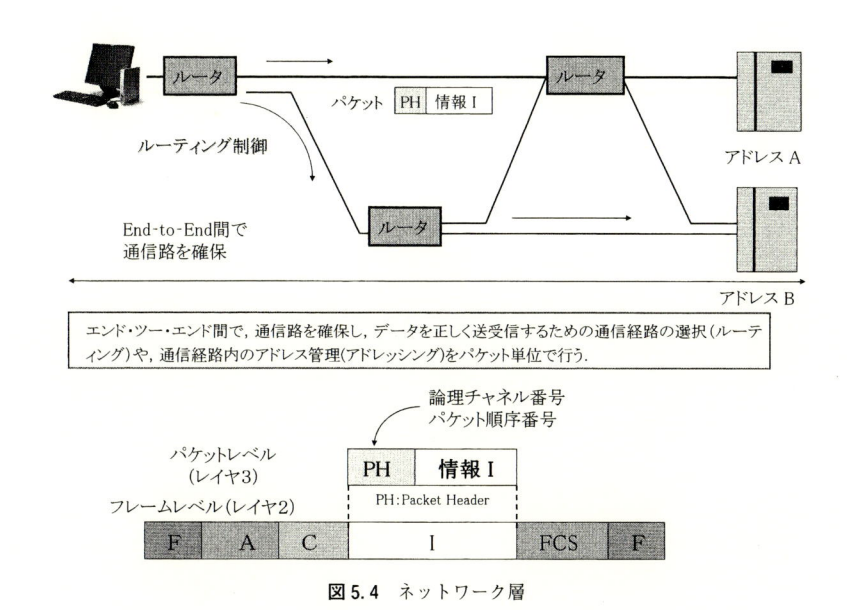

図5.4 ネットワーク層

2) と**パケットレベル**（レイヤ3）の関係を図5.4に示す．

(a) フレームレベルの制御

レイヤ2におけるフレームレベルの制御は次のように行われる（図5.4（下））．アドレスフィールド（A）が示すノード間でリンクを設定する．この場合，Fによるフラグ同期，データ誤りが発生した場合の再送要求，バッファフル時における送出制御などを制御フィールド（C）で行う．また，FCSで誤りチェックを行う．このように，レイヤ2ではそれぞれのリンク間でフレームレベルの制御を確実に行い，パケットレベルヘッダ（PH）とユーザー情報（I）を確実に転送する．

(b) パケットレベルの制御

パケットレベルでは，相手端末のアドレスや論理チャネル番号，パケット順序番号の入ったパケットレベルヘッダにより発信端末と着信端末間に論理チャネルを設定する（図5.4（下））．また，レイヤ3では端末間でパケットの順序制御，誤り制御，ルーティングなどを確実に行う．

(4) トランスポート層（Transport layer：レイヤ4）

コンピュータ通信は，コンピュータどうしが通信する**システム間通信**とプロセス（業務）どうしが通信する**プロセス間通信**に分けられる．OSI参照モデルでは，第3層以下はシステム間通信に関係し，第4層以上はプロセス間通信に関するものである（図5.5）．回線交換網やパケット交換網などのプロトコルはシステム間

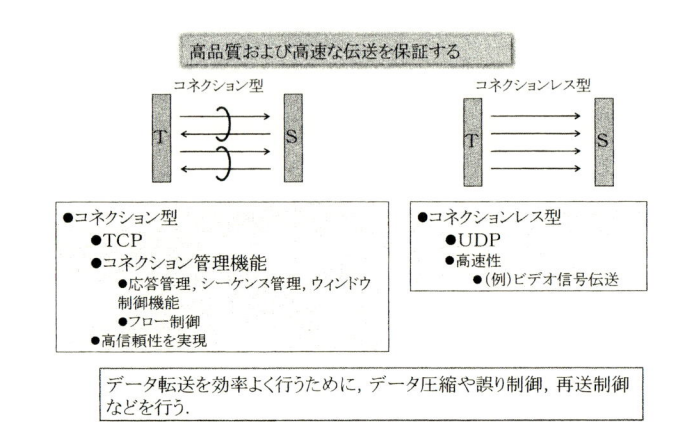

図5.5 トランスポート層

のプロトコルである．一方，プロセス間通信は単にデータの送受信をするのではなく，通信内容に関わる，ある意味をもったデータのやりとりを行う．

トランスポート層は7階層のちょうど中間に位置し，プロセス間のデータ転送を保証する．たとえばエンド・ツー・エンドで**トランスポートコネクション**を設定し，トランスペアレントなデータ転送を行う．また伝送エラーが発生した場合には，誤り検出・回復手順によりデータ転送の信頼性を上げる．さらに，低コストで効率よくデータ伝送を行うために，1つの**ネットワークコネクション**に複数のトランスポートコネクションを多重化する機能がある．トランスポート層は最小のコストで，十分な信頼性を有する通信路を実現するための伝送制御機能を提供する層である．

(5) セション層 (session layer：レイヤ5)

プロセス間通信では，お互いに同期をとりながら情報のやりとりを行う．たとえば，ある情報を送った後は，必ず相手から受信結果の確認を得てから次の情報を送信する．異常があれば正常に受信したところまで戻り，再送して信頼性を維持する．たとえばファクシミリで文書を送る場合，ページごとにチェックを行い，確認しながら送信する（図5.6）．

また情報を転送する場合，交互に情報を転送（半二重通信）するのか，あるいは双方向同時通信（全二重通信）をするのか，決めてから通信を開始する．さら

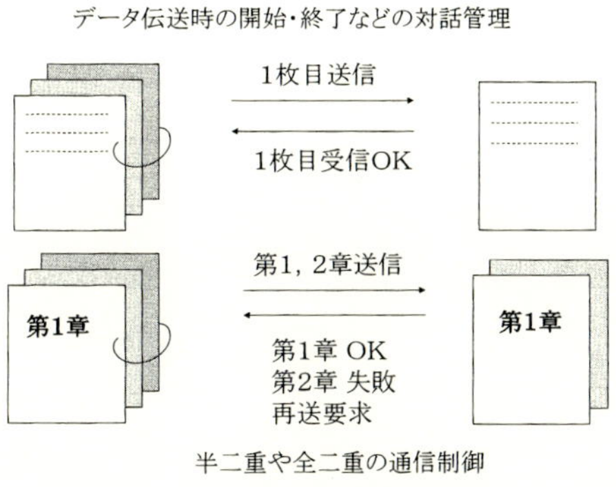

データ伝送時の開始・終了などの対話管理

1枚目送信
1枚目受信OK

第1, 2章送信
第1章 OK
第2章 失敗
再送要求

半二重や全二重の通信制御

データの送受信を効率よく行うため，コネクションの確立や開放，エラー時の再送制御など，対話管理を行う．また，半二重通信か，全二重通信か，など通信方式の決定を行う．

図5.6　セション層

にデータの送受信がどこまで進んだかを双方で確認し,異常時には再送要求を行う.このように,セション層はアプリケーションプロセス間にセションと呼ぶコネクションを設定し,通信モードの管理や情報転送に関する通信制御などを行う.

(6) プレゼンテーション層(presentation layer:レイヤ6)

一般に,個々のプロセスは,それぞれ異なるデータ構造をもっている.しかし,プロセス間通信では,共通のデータ構造で転送しなければならない.そのために,プレゼンテーション層は情報をどのようなデータ表現で相手に伝えるか,通信の始まる前にデータ形式をネゴシエーションしてから通信を開始する.たとえば**コード変換**に関することや,ある構造をもったデータをどう扱うのか,あるいはディスプレイに関する処理などを相手に知らせる(図5.7).

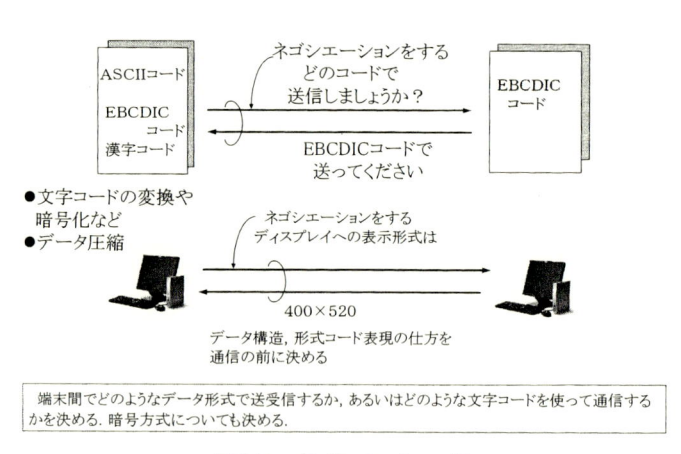

図5.7 プレゼンテーション層

(7) アプリケーション層(application layer:レイヤ7)

アプリケーション(応用)層は管理用および利用者向けのプロトコルを実行し,利用者間の通信を可能にする(図5.8).たとえばメッセージ通信,ファイル転送およびデータベース・アクセスなどに関する取り決めを行う.**ファイル転送**(file transfer)では,たとえば全国の各営業所からある商品の売り上げデータを東京本社の大型コンピュータにファイル転送する.この場合,ファイル転送手順やファイル形式を合わせておき,コンピュータの機種が異なる場合でもファイル転送

5.2 OSIプロトコル

アプリケーションの種類 ➡ ポート番号でアプリケーションを特定する

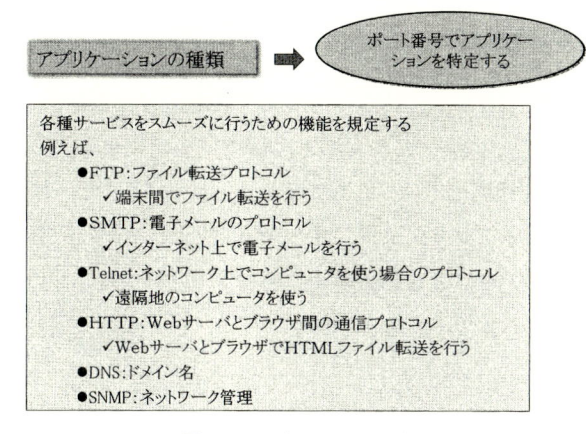

各種サービスをスムーズに行うための機能を規定する
例えば，
- FTP：ファイル転送プロトコル
  ✓ 端末間でファイル転送を行う
- SMTP：電子メールのプロトコル
  ✓ インターネット上で電子メールを行う
- Telnet：ネットワーク上でコンピュータを使う場合のプロトコル
  ✓ 遠隔地のコンピュータを使う
- HTTP：Webサーバとブラウザ間の通信プロトコル
  ✓ WebサーバとブラウザでHTMLファイル転送を行う
- DNS：ドメイン名
- SNMP：ネットワーク管理

図5.8　アプリケーション層

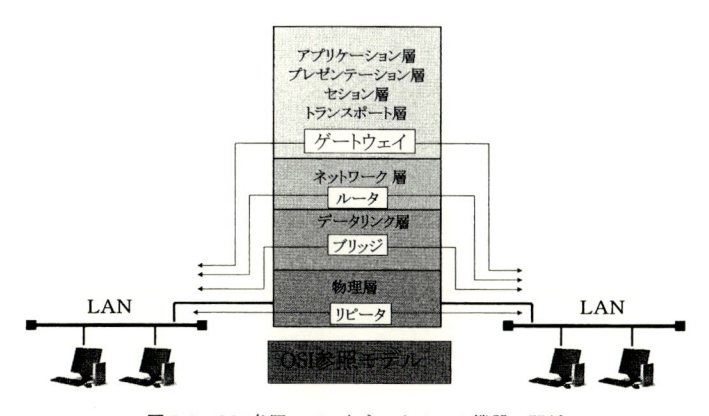

図5.9　OSI参照モデルとネットワーク機器の関係

ができるように，7層で標準的な手順やファイル形式を決めておく．ファイル転送機能のプロトコルを **FTAM**（Fail Transfer Access and Management）という．

(8) OSI参照モデルとネットワーク機器との関係

OSI参照モデルとネットワーク機器の関係を図5.9に示す．リピータは物理層，ブリッジはデータリンク層，ルータはネットワーク層，ゲートウェイはトランスポート層以上の上位層に対応している．

5.2.3　OSI参照モデルの論理構造

OSI参照モデルでは，開放型システム相互間の通信を汎用化するために論理構造を明確にしている．システム相互間の論理構造を図5.10に示す．OSI基本参照モデルにおける論理構造では，**エンティティ，サービス，サービスアクセス点，プロトコル，サービスプリミティブ，データユニット**（サービスデータユニット，プロトコルデータユニット）という概念がある．

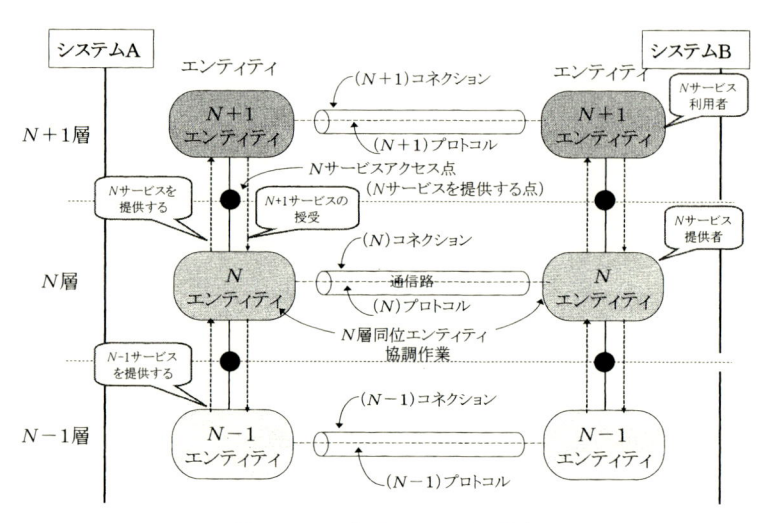

図5.10　OSI参照モデルの論理構造

（1）　エンティティ

エンティティ（entity）とは，ある層の通信機能を実行する機能モジュールのことである．たとえば，**通信ソフトウェア**がこれに相当する．N層の機能を示すエンティティをNエンティティという．また，N層の上位エンティティを$(N+1)$エンティティといい，下位エンティティを$(N-1)$エンティティという．

また同一層のエンティティを**同位エンティティ**という．同位エンティティどうしを結び，実際に情報交換を可能にする論理的な通信路を**Nコネクション**（N-connection）という（図5.10）．

(2) サービス

サービスとは，あるエンティティが同位エンティティとの協同動作により1つ上のエンティティに対して提供する機能のことをいう．すなわち，Nエンティティが同位のNエンティティと協同して，$(N+1)$エンティティに提供する機能を**Nサービス**という．$(N+1)$エンティティは，**Nサービスアクセス点**（N-Service Access Point：**N-SAP**）を介して(N)エンティティが提供するサービスを利用する．サービスは下位層が上位層に提供するもので垂直方向の関係にある．

たとえば，データリンクN層は，物理層$(N-1)$が行う「ビット列の伝送を保証する」というサービスの提供を受けて，データ伝送制御手順を実行する．そして，ネットワーク層$(N+1)$に対しては「データリンク制御」に関するサービスを提供する．

(3) プロトコル

各層のエンティティは，自分が実行すべき機能を単独では実行しない．必ず通信相手である同位エンティティ間で，必要な情報のやりとりを行い協同で実行する．同位エンティティ間でやりとりする通信手順を**Nプロトコル**という．

(4) サービスプリミティブ

$(N+1)$エンティティとNエンティティとの間のサービス授受に関する動作を記述したものが**サービスプリミティブ**である．Nサービスを受ける$(N+1)$エンティティを，**Nサービス利用者**（サービスユーザー）という．また$(N+1)$エンティティに対して，サービスを提供する(N)エンティティを**Nサービス提供者**（またはサービスプロバインダ）という．

(5) サービスプリミティブの動作

サービスプリミティブの動作には，**要求**（Request），**指示**（Indication），**応答**（Response）および**確認**（Confirm）の4つの形式がある．コネクション確立のプロセスを図5.11に示す．いま$(N+1)$エンティティが相手側同位エンティティと通信をする場合を考える．

図5.11に示すように，最初に自局側（システムA）$(N+1)$エンティティは，下位のNエンティティに対し，①コネクション確立要求を出す．Nエンティティは，②$(N-1)$エンティティに対し，$(N-1)$データ転送要求を出す．相手側（システムB）の$(N-1)$エンティティは，上位の(N)エンティティに対し，③

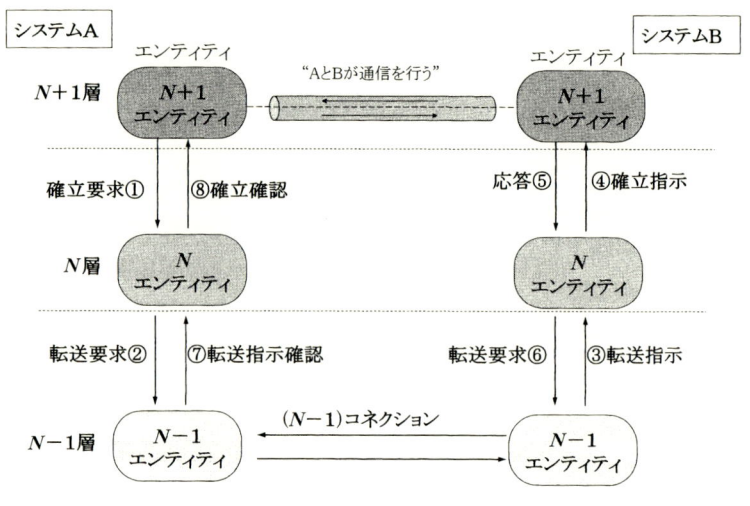

図 5.11 サービスプリミティブの動作

($N-1$) データ転送指示を出す．N エンティティは，上位の ($N+1$) エンティティに対して，④N コネクション確立指示を出す．($N+1$) エンティティは下位の N エンティティに対して，⑤N コネクション応答を出す．N エンティティは，⑥ ($N-1$) コネクションデータ転送要求を出す．

自局側（システム A）の ($N-1$) エンティティは，N エンティティに対して，⑦コネクションデータ転送指示を出す．N エンティティは，⑧ ($N+1$) に対して N コネクション確立確認を出す．

このような一連の動作により，各層の同位エンティティ間でコネクションが確立され，最終的にはシステム (A-B) 間の ($N+1$) 層どうしの通信が行われる．

(6) データユニット

各層間でやり取りするデータの転送単位をプロトコルデータユニット (Protocol data unit: PDU) という．たとえば ($N+1$) 層の PDU を (N) 層が N サービスデータユニット (Service data unit: SDU) として受け取り，N プロトコルの実行に必要な制御情報を付けて N プロトコルデータユニットとして，下位の ($N-1$) 層に転送する．

5.2.4 コネクションモード

ネットワーク上の端末間でデータ転送を行う場合，その接続手順（コネクションモード）には，コネクションオリエンテッド型とコネクションレス型の2つの方法がある．

(1) コネクションオリエンテッド型

コネクションオリエンテッド型（Connection Oriented type：**CO**）は，図5.12(a)に示すようにデータ転送に先立って，端末間でデータリンクコネクションを設定する方法である．データリンク設定後，データパケットを送信し，受信側からデータの受信確認をして，それが正しければ次のデータを送信する．コネクション型はフロー制御や誤り制御を行うので，信頼性の高いデータ伝送が可能である．またコネクション型はOSIの論理構造では，$(N+1)$エンティティ間でNコネクションを設定してから通信を行うという構造になる．

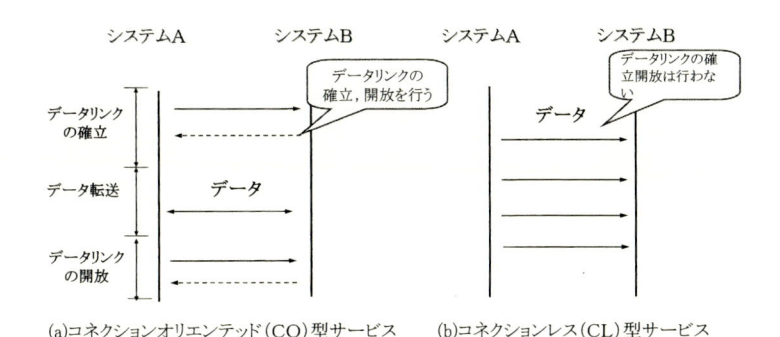

図5.12 CO と CL

(2) コネクション管理の方法

コネクションオリエンテッド型は，端末（エンド・システム）間でデータリンクコネクションを設定し，パケット伝送を保証する．保証の具体的な例を図5.13に示す．

最初に端末Aは，①データリンクの確立時に，SYN（同期）信号の後に，送信側シーケンス番号100，最大セグメント長（MSS）は1,024であることをBに知ら

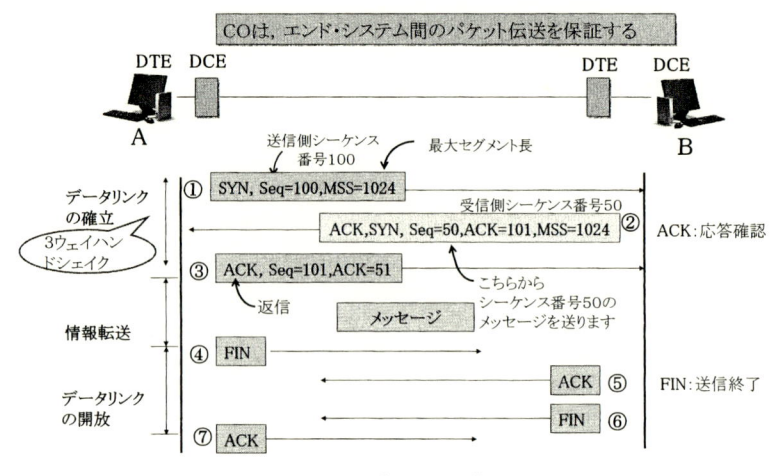

図5.13 コネクション管理

せる．②BはACK信号で「100を正常に受信」したことをAに報告する．そして，次のシーケンス番号101を送るように要求している．またBからもAに対して，シーケンス番号50のメッセージを送ることを通知する．③Aは，ACK信号でこれを了解し，次のシーケンス番号101のメッセージを送っている．同時にBからの51を正常受信したことを知らせている．このように，A，Bはシーケンス番号で受信状態を相互に確認をしながらパケットのやり取りを行っている．

(3) コネクションレス型

コネクションレス型（Connection Less type：**CL**）は，データ転送時に端末間でデータリンクコネクションの確立は行わない（図5.12 (b)）．すなわち，論理的な通信路の設定をしないで，パケットヘッダに宛先（番地またはアドレス）を付けて送信側から不特定多数の端末に一斉に送信するという方法である．これはいわば放送型である．受信側の端末ではすべてのパケットを受信し，宛先アドレスを見て自局宛のパケットがあれば，それを取り込む．CL型はフロー制御や誤り制御は行わず，それらはすべて上位層に任せる．CL型は，制御が簡単で余分なオーバーヘッドがないため，効率のよい通信ができる．LANの場合には，伝送系も比較的短く，物理的な信頼度が高いためにCL型である．

5.3 TCP/IP プロトコル

5.3.1 TCP/IP 概観

(1) TCP/IP の発展

米国・国防総省（Department of Defense：DoD）の高等研究局は大学や研究機関の協力を得て，異機種コンピュータを相互接続するコンピュータネットワークを構築した．これはお互いの資源の共有化を図ることが目的であった．このコンピュータネットワークが有名な **ARPA**（Advanced Research Project Agency）ネットワークである．

ARPA ネットワークの通信プロトコルとして **TCP/IP**（Transmission Control Protocol/Internet Protocol）が採用された．TCP/IP は，その後，種々の改良が行われ，現在，**インターネット**のプロトコルとして使われている．TCP/IP は現在，インターネット技術の標準化を検討する **IETE**（International Engineering Task Force）の RFC（Request For Comments）で管理されている．

TCP/IP はパソコンやワークステーションおよびメインフレームなど多くの種類のコンピュータに実装され，インターネットだけでなく，**広域ネットワーク**，LAN プロトコルとしても広く使われている．また Linux や Windows, MacOS などのパソコン OS などのネットワーク OS に標準的に実装されている．TCP/IP は，LAN 間や LAN-WAN 接続など，インターネットワーキングを考慮したプロトコルであるところが特徴的である．

(2) TCP/IP の構造

TCP/IP は，ネットワーク層，インターネット層，トランスポート層，アプリケーション層の 4 階層から構成される．図 5.14 にその構造と OSI 参照モデルとの対応を示す．

TCP/IP プロトコルは，**IP**，**TCP**，および **UDP** などの基本プロトコルのほか，TELNET, FTP, NFS, SMTP, DNS, SNMP および TFTP などのアプリケーション層のプロトコルを含む一連のプロトコル群である．いろいろなプロトコルを含んでいることから正式には，**Internet Protocol Suite** と呼ばれている．

図 5.14 TCP/IP の構造

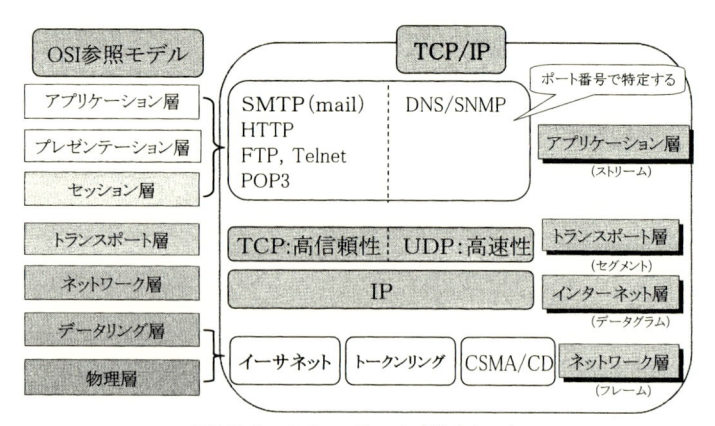

FTP：File Transfer Protocol（ファイル転送プロトコル）
Telnet：Telnet Protocol（仮想端末プロトコル）
UDP：User Datagram Protocol（データ転送プロトコル）

以下，各層について説明する．

（a）ネットワーク層：OSI参照モデルの物理層とデータリンク層に相当し，隣接するノード間で**フレーム**（データ）を確実に送受信する．アクセス制御方式は，EthernetやFDDI，トークンリングなどである．

（b）インターネット層：アドレッシングとルーティングにより**データパケット**を確実に相手に届ける層である．ルーティングは，ヘッダ内に書かれている宛先アドレスとルーティングテーブルを参照し，次のルータにデータパケットを転送する．この層の代表的なプロトコルが **IP**（Internet Protocol）である．

（c）トランスポート層：高品質，高速かつ効率的な**セグメント**（パケット）伝送を保証する．この層では，高信頼性を保証する **TCP**（Transmission Control Protocol）と，信頼性よりも高速性を保証する **UDP**（User Datagram Protocol）の2つのプロトコルがある．TCPはコネクション型であり，UDPはコネクションレス型である．

（d）アプリケーション層：各種の通信サービス内容を規定する層である．たとえば，ファイル転送用のFTP，遠隔ログイン用のtelnet，電子メールのプロトコルであるSMTP，Webサーバとブラウザ間のプロトコルHTTPなど，ユーザーが実際に利用するアプリケーションを対象とする．各アプリケーションサービ

スはポート番号で特定する．この層では，送信データを**ストリーム**あるいはメッセージと呼んでいる．

(3) TCP/IP の機能

TCP/IP には，フロー制御，輻輳制御，誤り制御および分割（フラグメント）と再構成の各機能がある．

（a）**フロー制御**： 受信端末でパケットを受信するときに処理が間に合わない場合，処理待ち状態になる．処理待ちのパケットデータは一時的にバッファメモリに待避させるが，容量を超え，バッファメモリに退避できなかったパケットは破棄される．このパケット破棄を避けるために，送信端末は受信端末の処理能力に合わせて，送信データを制御する．これをフロー制御という．

（b）**輻輳制御**： ネットワーク上に大量のデータが流入すると，データどうしの衝突が発生し，輻輳（congestion）状態になる．これを防ぐためにデータ入力量の制御やパケットを迂回ルートに回すトラフィック制御を行う．

（c）**誤り制御**： ネットワーク上を転送するパケットは，ある確率で損傷や欠損などを起こし，エラーとなる．エラーが発生した場合，パケットを再送しエラー回復を行う．

（d）**分割と再構成**

ネットワーク上に転送される転送データパケットの最大サイズは決まっている．これを最大転送単位（Maximum Transfer Unit：**MTU**）という．たとえば，Ethernet の MTU は 1,500 バイトである．MTU より長い転送データパケットは，小さな**フラグメント**単位のサイズに分割して転送する．TCP/IP では，IP がデータパケットをフラグメント単位に分割する機能をもっている．この場合，送信側の IP モジュールは，元のデータパケットのヘッダ内容を失わないように，分割後のデータパケットのヘッダを再構成してネットワークへ転送する．受信側のIP モジュールは，分割されてきたデータパケットを元のデータパケットに再構成し，上位層へ渡す．

(4) ネットワークアドレス

ネットワーク上には，たくさんの端末やノードがある．この中から一台を選択し特定して通信するにはアドレスが必要である．TCP/IP では，**MAC アドレス**と **IP アドレス**を使って通信先の端末を識別する．MAC アドレスと IP アドレス

の関係を図5.15に示す．

(5) MACアドレス

MACアドレスは，LAN上のすべての端末から，1台を識別するためのアドレスである．MACアドレスは6バイト（48ビット）で構成され，上位3バイトは，IEEEが管理し，各メーカを識別するための番号が割り当てられる．また下位3バイトは，各メーカが自社の機器にそれぞれ付けた番号でありメーカが管理する（図5.15）．

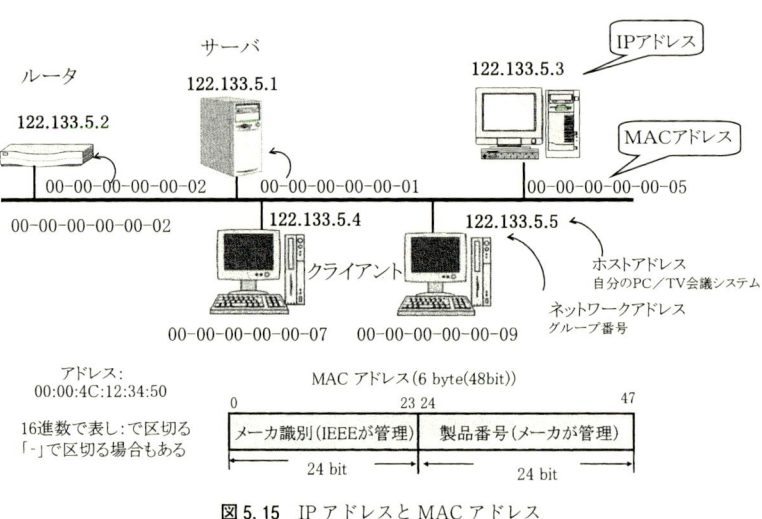

図5.15 IPアドレスとMACアドレス

(6) IPアドレスの構成

ネットワーク上の多数のノードから特定の1台を識別するためにはアドレスが必要である．図5.16（a）にIPアドレスの構成を示す．現在インターネットで使っているIPアドレスは，Version 4（**IPv4**）で32 bitの固定長である．32 bitのIPアドレスは，**ネットワークアドレス**部と**ホストアドレス**部から構成される．ネットワークアドレス部は，ホストが所属するネットワークのアドレスを示している．たとえば，IPアドレスが「192.160.2.1/24」の場合，ビット配列は，①のようになる．8 bitずつ区切って，それぞれ10進数で表示すると，②「192.160.2.1」のようになる．「192.160.2」がネットワークアドレス部で，「1」がホストアドレ

5.3 TCP/IP プロトコル

(a)IPアドレスの構成　[例] 192.160.2.1/24

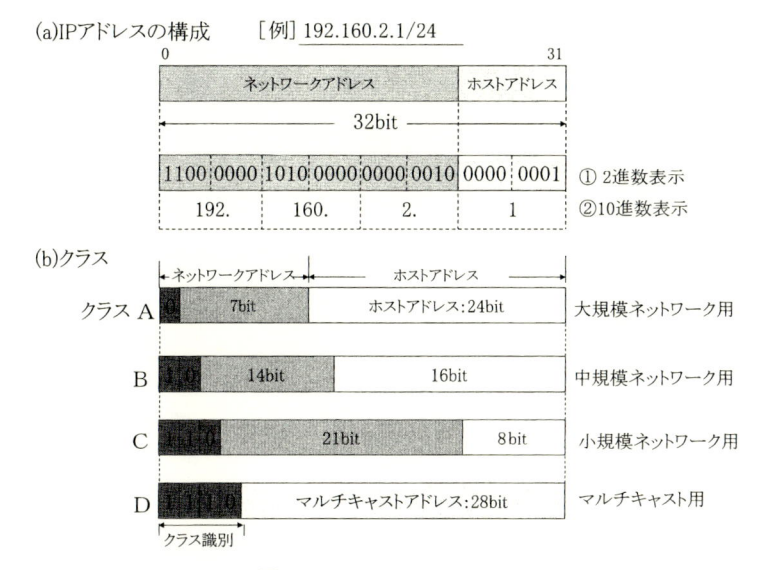

```
         0                                              31
        ┌──────────────────────────┬──────────────┐
        │   ネットワークアドレス     │ ホストアドレス │
        └──────────────────────────┴──────────────┘
         ←――――――――― 32bit ―――――――――→
        ┌────┬────┬────┬────┬────┬────┬────┬────┐
        │1100│0000│1010│0000│0000│0010│0000│0001│ ① 2進数表示
        └────┴────┴────┴────┴────┴────┴────┴────┘
          192.      160.       2.          1      ② 10進数表示
```

(b)クラス

```
         ←― ネットワークアドレス ―→←―― ホストアドレス ――→
クラス A   │0│   7bit   │      ホストアドレス：24bit     │  大規模ネットワーク用
       B   │10│    14bit    │         16bit              │  中規模ネットワーク用
       C   │110│         21bit            │    8bit      │  小規模ネットワーク用
       D   │1110│       マルチキャストアドレス：28bit      │  マルチキャスト用
            ↑
          クラス識別
```

図 5.16 IP アドレスとクラス

ス部である．「/24」は，24 bit までがネットワークアドレスであることを表している．IP アドレスは，インターネットの管理組織が利用者に割り当て，ホストアドレスは利用者が自由に決めることができるアドレスである．

(7) IP アドレスのクラス

IP アドレスには，図 5.16 (b) に示すように，A, B, C, D の 4 つのクラスがある．クラス A は，大規模ネットワーク用であり，パケットの最初のビットが "0" で識別される．クラス B は，中規模ネットワーク用であり，クラス識別は "10" である．クラス C は，小規模ネットワーク用であり，クラス識別は "110" である．クラス D は，マルチキャスト用でクラス識別は "1110" ある．すなわち，パケットの最初の 1 bit から 4 bit までの bit 列によりクラスを識別する．図 5.17 にマルチキャストの例を示す．たとえば，ネットワークによる遠隔講義を考える．同図 (a) に示すように，ユニキャストでは，講師像は講師－受講者間にそれぞれ張られたセションにより転送される．しかしこの場合，講師側では，多数のセションが必要となり，大容量のネットワークが必要になる．一方，同図 (b) に示すように，マルチキャストでは，パケットがルータでコピーされて転送されるので，リ

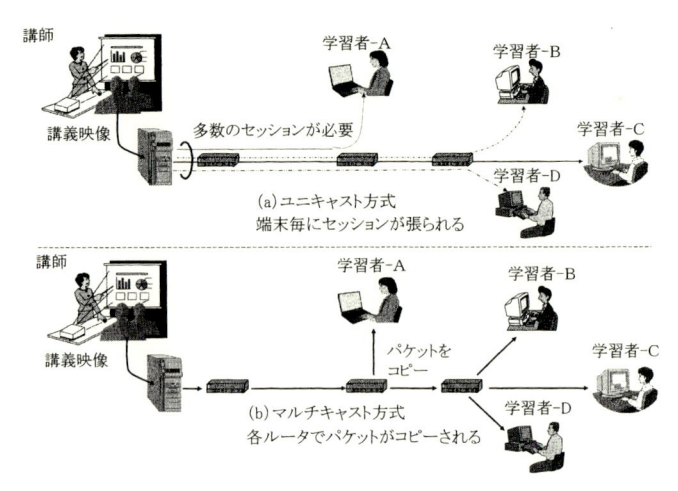

図 5.17 ユニキャスト方式とマルチキャスト方式の例

ンクは1本で良い．したがって，マルチキャストにより遠隔講義ネットワークを効率よく構築することができる．

(8) IP アドレッシング

(a) アドレス指定

ホストAとホストBが通信する場合，ホストAから発信されるIPパケットのアドレス指定は，どのようになるのか，図5.18で考えてみよう．ホストAと

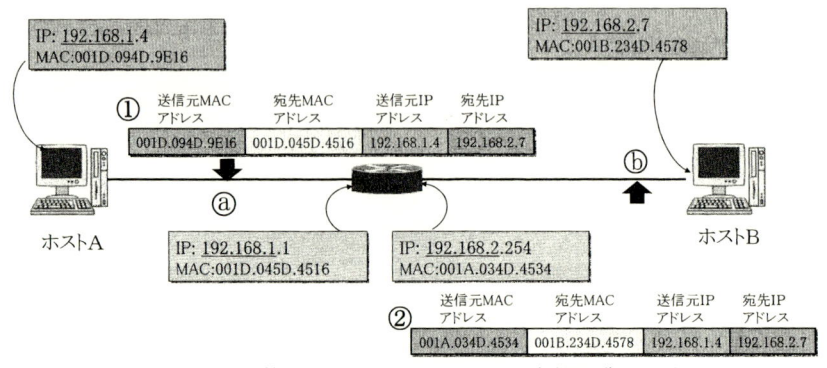

文献：ASCII, Cisco 640-802J CCNA試験問題集 194頁

図 5.18 IP アドレッシング

ルータ間のネットワーク上（a ポイント）では，アドレスは①のようになる．すなわち，送信元 MAC アドレスは，ホスト A のアドレスであり，宛先 MAC アドレスは，ルータのアドレスになる．しかし，ルータ通過後（b ポイント）では，②に示すように，送信元 MAC アドレスは，ルータのアドレスに書き換えられ，宛先 MAC アドレスは，ホスト B のアドレスに書き換えられる．IP アドレスは，ルータでは変化していない．

このように，ルータは，ルーティングテーブルにしたがい，転送すべきパケットのヘッダを次のルータの MAC アドレスに書き換える．MAC アドレスは，データリンク層で扱うアドレスであり，IP アドレスはネットワーク層で扱うアドレスである．

(b) アドレス解決プロトコル

TCP/IP ネットワークにおいて IP アドレスから MAC アドレスを求めるプロトコルが ARP（Address Resolution Protocol）である．IP アドレスは，端末（ホスト）を識別するための識別子であり，レイヤ 3 のネットワーク層で必要なアドレスである．データリンク層以下のイーサネットでは，IP アドレスでは識別できない．そこで，データリンク層で利用できる MAC アドレスへ変換する必要がある．IP アドレスから MAC アドレスへ変換するためのプロトコルが ARP である．

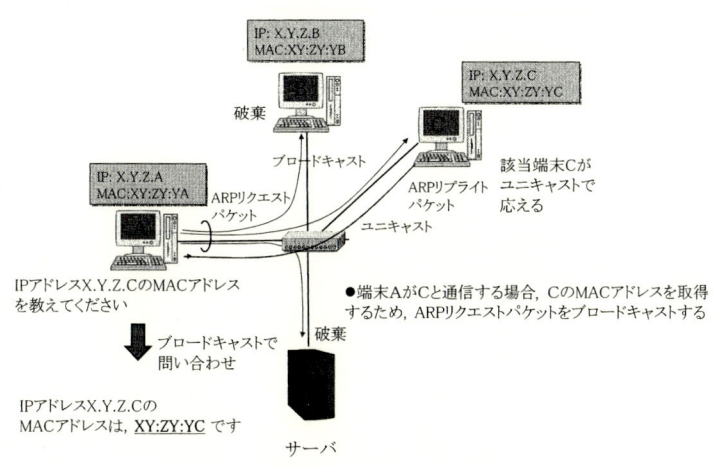

図 5.19　ARP プロトコル

すなわち，ホスト間で通信する場合，相手側端末や中継機器のMACアドレスを調べておかないと次にどのルータにパケットを転送していいのかわからない．そこで，ARPが，通信相手の端末のIPアドレスを手掛かりに，次に転送するルータのMACアドレスを調べてパケットを転送する．たとえば，図5.19に示すように，端末AがCと通信する場合，CのMACアドレスを取得する必要がある．その場合，ARPリクエストパケットをブロードキャストする．該当端末であるCは，ARPリプライパケットをユニキャストで返してMACアドレスを報告する．

(9) グローバルIPアドレスとNAT

IPアドレスは，数が限定されており現在，IPv4では枯渇状態である．そこで，IPアドレス不足を軽減するために，LAN内では，申請なしでプライベートIPアドレスを設定し，自由に使えるようにしている．図5.20に示すように，**ブロードバンドルータの入り口（LANの外側）では，NIC**から取得した1つの**グローバルIPアドレス**（192.3.8.41）を**NAT**（Network Address Translation）でアドレス変換し，LAN内では，複数のプライベートIPアドレスが利用できるようにしている．このように，NATが自動的にプライベートIPアドレスに変換してくれる．NAT機能は，ブロードバンドルータ内で実行される．NATはIPアドレス不足を軽減する変換機能を有するほか，外からの攻撃に対して，防御するという重要な役割を果たしている．

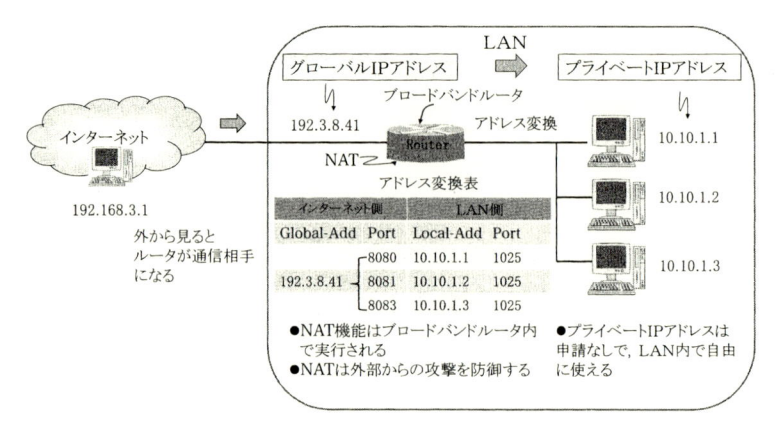

図5.20 NATの機能

5.3.2 IPプロトコル

(1) IPプロトコルの機能

IP（Internet Protocol）**プロトコル**は，コネクションレス（CL）型である．IPの機能は，データパケットを指定されたアドレスに基づいて，ネットワーク上に転送し，相手端末まで届ける．IPはデータパケットを通信相手に送る機能だけを有し，データの送達確認やフロー制御などはいっさい行わない．またコネクションの確立は上位層のプロトコルにまかせる．IPは，複数のLANどうしや**LAN-WAN接続**など**ネットワーク相互間接続**のプロトコルである．また，IPは，アドレス指定を行う機能をもっている．すなわち，IPの上位層で送信端末，受信端末のインターネットアドレスを指定する．IPはそれを理解し，イーサネットアドレスなどに変換して，下位層のネットワーク層へ宛先アドレスを伝える．IPモジュールは，インターネット上の端末やゲートウェイ（プロトコル変換中継装置）などに実装されている．各IPモジュールは，届いたデータパケットのIPヘッダ部からアドレスを見て，ルータや端末へデータを転送する．また，IPはネットワーク層のフレームサイズに制限がある場合には，パケットを自動的にフラグメント単位に分割する機能をもっている．

(2) IPパケットのフレーム構成

IPv4パケットのフレームフォーマット（構成）を図5.21に示す．同図から分かるように，IPv4パケットは，**ヘッダー部**と可変長の**データ部**に分けられる．IPv4パケットのヘッダー・フィールドは，バージョン情報，ヘッダー長，サービスタイプ，パケットの長さを表すフィールドなどで構成される．また，クラスを識別するためのフィールドや特定のLANを指定するネットワークアドレスフィールドが含まれる．最後のフィールドがLAN内の個々の端末を指定する端末アドレスフィールドである．IPはこのIPデータフレームをデータリンク層へ渡す機能をもっている．

(3) 各フィールドの機能

図5.21により，各フィールドの機能を詳しく説明する．①バージョン（Version）はIPのバージョンを表し，IPv4では常に4が設定される．②ヘッダー長（Internet Header Length: IHL）は，IPヘッダーの長さを表す．③サービスタイ

プ (Type of Service) は，データパケットごとの優先度，信頼性，スループットなど，サービス種別を示す．④IPパケット長 (Total Length) は，ヘッダー部とデータ部の長さを合計したデータパケット全体をバイト単位で表す．⑤識別番号 (Identification) は，データパケットをフラグメントに分割した場合，分割したフラグメントを識別するための値を入れる．この値はデータパケット再構成時に利用される．同じIPデータパケットから分割したフラグメントには，同じ値を入れる．⑥フラグ (Flags) は，フラグメント分割時の制御方法を3bitで表す．bit 1が0の場合，分割可を表し，1の場合は分割不可を表す．bit 2が0の場合，最後のフラグメントであることを表し，1の場合は途中のフラグメントであり，未だ続きのフラグメントがあることを表わす．bit 0はつねに0が指定されている（図5.21（右））．⑦フラグメントオフセット (Fragment Offset) はフラグメントが元のデータパケットのどの位置にあったかを示す．⑧生存時間 (Time to Live：TTL) は，不要なパケットがインターネット上にいつまでも存在するのを防ぐため，一定の生存時間を決め，不要なパケットは破棄するためのものである．生存時間は秒単位で表され，データパケットがルータを通過するたびにTTLの値を1つ減らし，TTL＝0の時，そのデータパケットは破棄される．TTLは8bitであるため，最大生存時間は255秒（4分15秒）である．

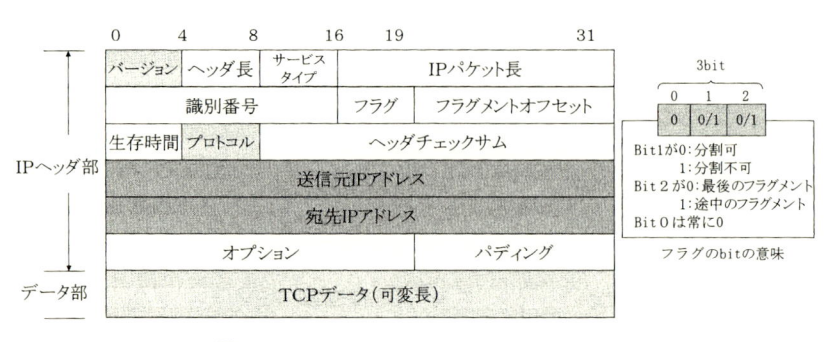

図5.21 IPv4パケットのフレームフォーマット

⑨プロトコル (Protocol) は，図5.22に示すように，IPヘッダの次のフィールドで使うプロトコルを表す．たとえばプロトコル部が"06"の場合には，表から分かるようにIPヘッダの次はTCPであることを表している．⑩ヘッダチェッ

5.3 TCP/IP プロトコル

プロトコル (16進数)	プロトコル (10進数)	IPヘッダの次のフィールド 以降のプロトコル
01	1	ICMP
02	2	IGMP
06	**6**	**TCP**
11	17	UDP

図5.22 プロトコルフィールドの内容

クサム（Header Checksum）は，IPデータパケットのヘッダ部に破壊がないか調べるためのものである．チェックする範囲はヘッダ部のみで，データ部は上位層で対応する．⑪発信元アドレス（Source Address）は，送信端末のアドレスを指定する．⑫宛先アドレス（Destination Address）は，受信側端末のアドレスを指定する．パディングは，パケットがかならずしも32 bitの整数倍にならないときここで調整する．

(4) IPによるデータ転送の仕組

IPの場合，データパケットを同一ネットワーク内だけでなく複数のサブネットワークを経由して通信相手に届ける．そのため，それぞれのサブネットワークに付与されたネットワーク番号と宛先のホスト（端末）番号からなる**インターネットアドレス**を用いる．たとえば図5.23で，A, Bのサブネットワークがルータを経由して接続されているとする．それぞれの端末には，所属するサブネットワー

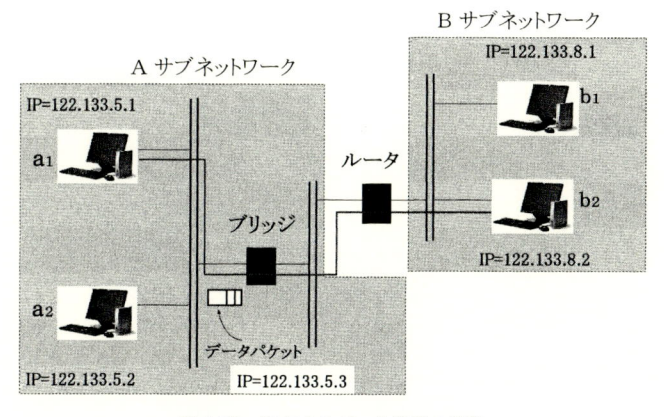

図5.23 IPによるデータ転送の仕組

ク番号と端末番号が付与されている．

いま，端末a_1から端末b_2にデータパケットを転送する場合を考える．IPプロトコルでは，端末a_1は自分の論理アドレスと相手側の端末b_2のアドレスを比べ，インターネットアドレスが同じであれば，宛先の端末は同一のサブネットワーク内にあるものとしデータを直接送信する．アドレスが違えば別のサブネットワークにあるものとし，ルータに転送を依頼する．ルータは，端末アドレスを見てデータを転送する．このように，IPはインターネットアドレスによりデータパケットを複数のサブネットワークを経由して，次々と伝送する．

5.3.3 TCPプロトコル

(1) TCPプロトコルの機能

TCP（Transmission Control Protocol）プロトコルは，ネットワーク上の端末間で信頼性の高いデータ転送サービスを提供するプロトコルである．コネクション型のプロトコルであり，OSI参照モデルの第4層（トランスポート層）に相当する．TCPプロトコルは，端末間で論理的な通信路を設定し，送達確認や誤り制御を行う．それによって信頼性の高いデータ転送を実現する．TCPプロトコルは，次のような機能をもつ．

a) コネクション管理機能

スリーウェイハンドシェイクによるコネクションの確立，および通信開始前にコネクションを確立し，終了後，開放する．

b) データ転送

c) 誤り制御

d) 応答管理機能

送受信間で応答のやり取りを管理する応答確認

e) シーケンス管理機能

セグメントに順序（シーケンス）番号を付けて管理すること，ならびに，互いにシーケンス番号を交換する．パケット順序番号によるパケット転送の機能．

f) ウインドウ制御機能

セグメント伝送の効率化を行い伝送時間の短縮を行う．

g) 全二重コネクション

h) フロー制御機能

受信可能なセグメント量を相手に知らせる．

(2) フレーム構成と各フィールドの機能

図 5.24 にフレーム構成を示す．①発信元ポート／あて先ポート（Source Port/Destination Port）は，送信端末のポート番号と受信端末のポート番号を表す．このポート番号によって，セグメントを目的のアプリケーションに転送する．②シーケンス番号（Sequence Number）は，SYN フラグが 1 の場合，初期順序番号を表し，SYN が 0 の場合は，セグメント順序番号を表す．③応答確認番号（Acknowledgement Number：ACK）は，ACK フラグが 1 の場合，受信側が次に受け取りを期待するデータ番号を示す．④データオフセット（Data Offset）は，TCP ヘッダの長さを表す．⑤リザーブは，将来機能拡張時に利用する．⑥制御フラグ（control-bit）は，URG，ACK，PSH，SYN，FIN などの有効／無効を表す．⑦ウィンドウ（Window）は，受信側が受信可能なデータサイズを送信側に伝える．⑧チェックサム（Checksum）は，セグメント全体の計算を行う．⑨緊急ポ

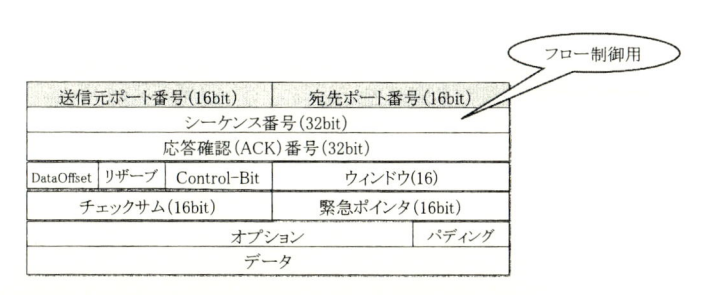

送信元ポート番号(16bit)		宛先ポート番号(16bit)	
シーケンス番号(32bit)			
応答確認(ACK)番号(32bit)			
DataOffset	リザーブ	Control-Bit	ウィンドウ(16)
チェックサム(16bit)		緊急ポインタ(16bit)	
オプション			パディング
データ			

（フロー制御用）

ポート番号(16進数)	ポート番号(10進数)	IPヘッダの次のフィールド以降のプロトコル
0014	20	FTP(Data)
0015	21	FTP(Control)
0017	23	Telnet
0019	25	SMTP
0050	80	HTTP
006E	110	POP3

TCPヘッダの次のフィールドで使うプロトコルを表す　0015：TCPヘッダの次はFTPである

図 5.24 TCP ヘッダ

インタ（Urgent Pointer）は，制御フラグの URG フラグが ON のとき，緊急に処理しなければならないデータの終了バイト位置を示す．

(3) ウィンドウ制御とウィンドウサイズ

端末間通信では，受信側の受信能力を超えてデータが次々と転送されてくると受信できなくなり，データ破棄が発生する．そこで，TCP では，TCP ヘッダの Window を利用して受信側から送信側の送信データ量を制御する．**ウィンドウサイズ**は，受信側が受信可能なデータをバイト数で表す．図 5.25 に**ウィンドウ制御**の具体的な例を示す．

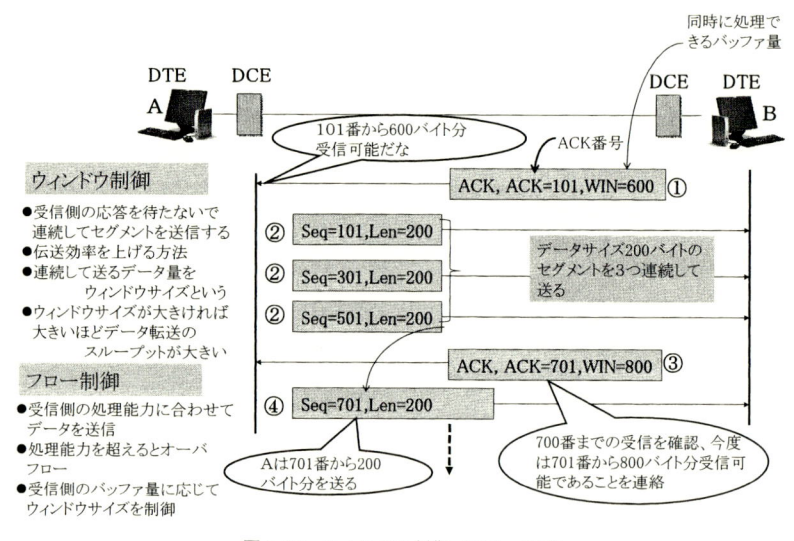

図 5.25 ウィンドウ制御／フロー制御

たとえば，端末 A は，①端末 B から「ACK, ACK＝101, WIN＝600」を受信し，B は「101 番から 600 バイト分受信可能だな」と解釈し，②データサイズ 200 バイトのセグメントを 3 つ連続して送信する．③B は，700 番まで正常受信したことを確認し，今度は 701 番から 800 バイト分受信可能であることを A に連絡する．④A は 701 番から 200 バイト分を B に送る．

連続して送るデータ量をウィンドウサイズという．ウィンドウサイズが大きければ大きいほどデータ転送のスループットは大きい，ということになる．

5.3 TCP/IP プロトコル

フロー制御は，送信データのサイズがウィンドウサイズより大きい場合，送信端末は受信側のバッファが空くまで送信しない．一方，送信端末は，送信データサイズがウィンドウサイズより小さい場合には，受信側から ACK を受信しなくてもバッファにデータパケットを逐次送信する．このように，フロー制御は，受信側の処理能力に合わせてデータを送信する．

(4) ルーティング

ルーティングには，**スタティック・ルーティング**と**ダイナミック・ルーティング**がある．ルーティングの概念を図 5.26 に示す．スタティック・ルーティングは，ルーティングテーブルに基づいてあらかじめ設定したルートによりパケットデータを転送する方式である．一方，ダイナミック・ルーティングは，ルーティングテーブルを状況に応じてダイナミックに変えてパケットデータを転送する．たとえば，図 5.26 に示すように，ルータ C とルータ F の間に，障害が発生し，パケットが通過できないような場合，あらかじめ，ルータどうしが経路情報を自動的に交換し，テーブルを書き換えて，他のルートを通るようにする．

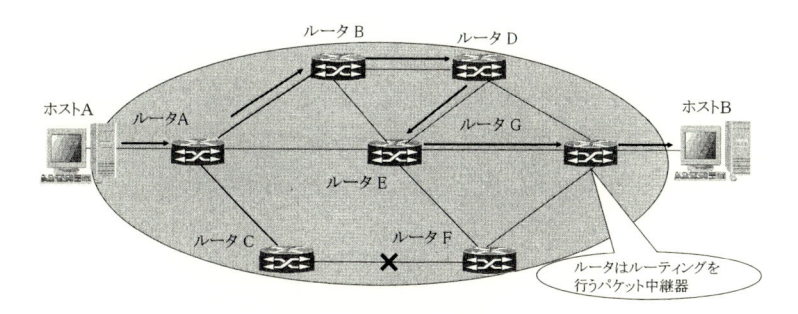

①ホストAはルータAにデータパケットを送信
②ルータAからルータBとルータCへのルートがあるが，C-F間障害のためルータBへパケットを転送
③ルータBはルータDへパケットを転送
④ルータDはルータEへパケットを転送
⑤ルータEはルータGへパケットを転送してホストBにデータを渡す

図 5.26 ルーティング

5.3.4 UDP プロトコル

(1) UDP プロトコルの機能

UDP（User Datagram Protocol）プロトコルは，コネクションの確立を行わな

いコネクションレス型のパケット転送プロトコルである．UDPプロトコルは，TCPと比較して信頼性は低いがコネクションレス型であるため高速転送が可能であるという利点がある．

近年光ファイバーケーブル網が整備され，ネットワークの伝送品質はメタリックケーブルに比べて非常に高くなってきている．光ファイバーケーブルを使う通信では，隣接する装置間で誤り制御やフロー制御をしなくても信頼性を確保することができる．UDPプロトコルは，隣接する装置間では，誤り制御などの制御は行わず，端末間で行うようにして，TCPよりも制御を簡略化し，高速化している．

したがって，音声や映像などのストリーム転送を行う場合に適したプロトコルである．また，サーバにIPアドレスの問い合わせをするような場合，いちいちコネクションを張ってからデータ転送をすると効率が悪くなるので，このような場合にはUDPが利用される．UDPプロトコルは信頼性より高速性を優先するパケット転送プロトコルである．

(2) フレーム構成

図5.27にUDPのフレーム構成を示す．UDPパケットは，ヘッダー部とメッセージ部があり，ヘッダー部にはポート番号を識別する機能がある．TCPと比較して非常にシンプルな構造になっている．送信元ポートおよび宛先ポートで送信端末のポート番号と受信端末のポート番号を指定する．これによって，UDPはデータパケットを各種のアプリケーションへ正確に転送する．

UDPヘッダー・フォーマット

送信元ポート番号(16bit)	宛先ポート番号(16bit)	ヘッダー部
データ長(16bit)	チェックサム(16bit)	
データ		メッセージ部

ヘッダー部はシンプルである

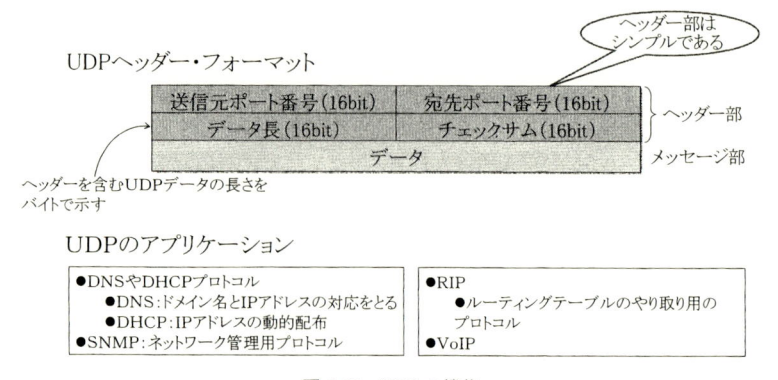

ヘッダーを含むUDPデータの長さをバイトで示す

UDPのアプリケーション
- DNSやDHCPプロトコル
  - DNS：ドメイン名とIPアドレスの対応をとる
  - DHCP：IPアドレスの動的配布
- SNMP：ネットワーク管理用プロトコル
- RIP
  - ルーティングテーブルのやり取り用のプロトコル
- VoIP

図5.27　UDPの機能

5.3.5 IPv6

(1) ヘッダーフォーマット

インターネットの急激な進展によりアドレス不足の問題が生じている．従来からの IP version 4（IPv4）では，対応できなくなってきていることから，次世代インターネットプロトコルとして **IP version 6（IPv6）** が検討されている．IPv6 のヘッダーフォーマットを図 5.28（a）に示す．

IPv6 のヘッダーフォーマットは，IPv4 フォーマット（図 5.21）に比べて大幅に簡略化されている．バージョンフィールドには，IPv6 を示す「6」が表示される．トラフィッククラスは，IPv4 の「Type of Service」に相当するフィールドでパケットの優先度を決める情報が入る．フローラベルは，発信ノードが各中継ルータに対してトラフィックフロー上，特別な「扱い」を指示する場合に利用する．

(a) IPv6 のヘッダーフォーマット

```
0      3 4         11 12                              31
┌────────┬────────────┬────────────────────────────────┐
│バージョン│トラフィック・クラス│        フローラベル(20bit)        │
│ (4bit) │  (8bit)    │                                │
├────────┴────────────┼────────────┬───────────────────┤
│   ペイロード長(16bit)  │ 次ヘッダー(8bit)│  ホップ制限(8bit)  │
├─────────────────────┴────────────┴───────────────────┤
│                                                      │
│              発信元アドレス(128bit)                    │
│                                                      │
├──────────────────────────────────────────────────────┤
│                                                      │
│              宛先アドレス(128bit)                      │
│                                                      │
└──────────────────────────────────────────────────────┘
```

(b) IPv6 のアドレス表記法

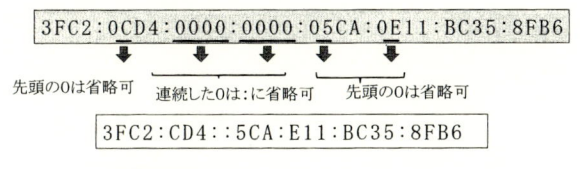

```
3FC2:0CD4:0000:0000:05CA:0E11:BC35:8FB6
     ↓         ↓              ↓
 先頭の0は省略可  連続した0は::に省略可  先頭の0は省略可

3FC2:CD4::5CA:E11:BC35:8FB6
```

図 5.28 IPv6 ヘッダーフォーマット

ペイロード長は，ヘッダーを除いたパケットのサイズを表示する．次ヘッダーは，IPv6 ヘッダーの次のヘッダーを表示する．たとえば，次のヘッダーが，TCP

であれば「6」であり，UDP であれば「17」である．ホップ制限は，IPv4 ヘッダーの TTL に相当し，パケットの生存時間を表示する．アドレスは，IPv4 の 32 bit から 128 bit に拡張された．さらに，IPv6 ヘッダーでは，必要に応じて「拡張ヘッダー」を付加することができる．

(2) アドレス表記

IPv4 では，アドレスは 10 進数で表わし，ピリオド（"．"）で区切って表記する．IPv6 では，16 ビット（16 進表示では 4 桁）ごとにコロン（"："）で区切って 16 進数で表記する．

図 5.28（b）に示すように，16 進数 4 桁のグループ 8 つ（32 bit）で IPv6 のアドレスを表現する．しかし，4 桁に区切っても長すぎるので，先頭に 0 がある場合には省略することができる．また 0000 のように 0 が連続する場合は，2 重コロンに省略することができる．IPv6 の特徴を以下に示す．

① IP アドレス空間を 32 ビットから 128 ビットへ拡張，アドレスはほぼ無限である．
② QoS が実現でき，通信品質が確保できる．
③ 認証や高度な暗号化によりセキュリティが強化できる．
④ ルータ負荷を軽減し，高速通信が可能．

このように，IPv6 には多くの特徴がある．しかし現状の IPv4 とは互換性がないため，インターネット上のルータをすべて新しい IPv6 対応ルータに置換しなければならない．また IPv6 対応の新しいソフトウェアの開発や導入が必要になる．したがって，IPv4 から IPv6 へ一気に変えることはできない．

5.4 マルチメディア通信プロトコル

5.4.1 マルチメディア通信プロトコル

(1) マルチメディア通信の特質

一般に，テレビ会議のように，音声や映像など，ストリームデータを扱うリアルタイム通信では，データが受信側に到達すると同時に再生を始めなければならない．すなわち，送信側がデータを送出した時の時間間隔で，受信側ではリアル

タイムにデータを再生する必要がある.

しかし，TCP プロトコルでは，確認応答や誤り制御を行うので，データを送信側から送出した時の時間間隔で正しく受信側に届けることはできない．一方，UDP プロトコルは，誤り制御やフロー制御を省略するので高速転送は可能であるが，信頼性の保証をしない．そのため，音質や画質の劣化は防げない．このように，TCP プロトコルや UDP プロトコルは，リアルタイム性が重視されるマルチメディア通信には対応できない．

この問題を解決し，TCP/IP 上でマルチメディア通信を実現するプロトコルが考えられた．

(2) マルチメディア通信用プロトコル

一般に，音声や画像を扱うリアルタイム通信を実現する方法として大きく，2つの方法がある．第1の方法は，網資源予約型のプロトコルである RSVP により，あらかじめリアルタイム通信に必要な帯域を確保しておくという方法である．しかし，これを実現するには，ホストを含め，ルータなどのネットワーク内のすべてのノードが帯域予約のための機能をもっていなければならない．

2番目の方法は，ネットワークの輻輳状態に応じて，アプリケーションが動的に適応制御を行う RTP/RTCP（Realtime Transport Protocol/RTP Control Protocol）を利用する方法である．これは，たとえば輻輳などにより，帯域が狭くなった場合，音声や画像の基本情報だけを送り，次に帯域が広くなった場合に付加的な情報を送るという方法である．この場合，画質や音質の低下は避けられないが最低限必要な情報を送りリアルタイム通信を実現することができる．

(3) RSVP

RSVP（Resource ReSerVaion Protocol）は端末とルータに実装し，ルータ間の伝送帯域を予約することによってリアルタイム通信を実現するプロトコルである．帯域幅を確保することで，なるべく伝送遅延やデータ到達時間間隔の揺らぎを小さくすることを目的としている．RSVP は，アプリケーションごとに帯域を割り当てることができる．また，マルチキャスト通信にも対応している．さらに，RSVP は経路（回線）ごとに異なる帯域幅を指定して通信することもできる．

RSVP の問題点は，たとえば，ネットワーク上でトラフィックの輻輳があり，帯域に余裕がなくなり，要求した帯域が確保できなくなった場合，ルータから予

約を拒否され，通信ができなくなることがある．

(4) RTP/RTCP

RTP（Real-Time Transport Protocol）は，リアルタイム型マルチメディア通信を実現するためのトランスポート層プロトコルである．RTPは，RSVPのように帯域確保や**QoS**の保証は行わない．

RTPは，データ転送プロトコル（RTP）とコントロール用プロトコル（RTCP）の2種類のプロトコルから構成される．RTPがメディア・データの転送を行い，**RTCP**（RTP Control Protocol）はコントロール情報を管理する機能をもつ．RTP/RTCPの概念を図5.29に示す．

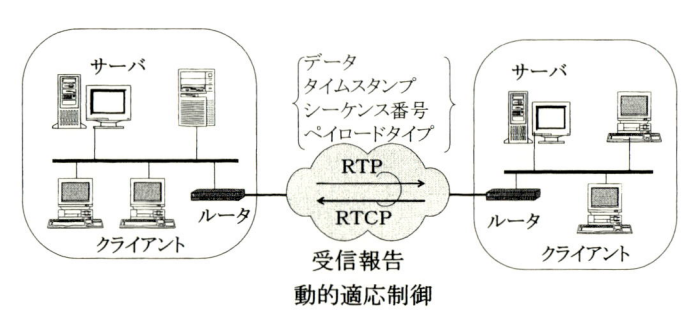

図5.29 RTP/RTCPの概念

すなわち，送信端末は，RTPによって，メディアデータにシーケンス番号や**タイムスタンプ**，符号化方式の識別子などを付けて送出する．またRTPCを用いて送信側の情報を通知する．受信端末は，ヘッダーに付けられた情報を元にメディアデータの再生を行う．同時に，受信側はRTPのヘッダー内の情報および送信情報を元に，パケット損失率，遅延や帯域幅などの統計情報を算出し，これを受信報告としてRTCPにより送信側に通知する．たとえば，利用できる帯域幅が狭くなると，その情報をRTCPで送信側へ通知する．すると送信側のアプリケーションはその情報を元に符号化方式の変更や解像度の変更を行う．このように，RTP/RTCPは，ネットワークの状態を常に考慮し，それに動的に対応しながらマルチメディア通信を実現するプロトコルである．

また，RTPは，マルチキャストにも対応している．この場合，マルチキャスト

で配送されるデータは，送信側から送られるマルチメディア・データだけではなく，RTCPによって受信側から送信側へフィードバックされるレポートも，そのセッションに参加しているすべての端末が受信できる．

(5) RTSP

RTSP（RealTime Streaming Protocol）は，TCP/IPおよびRTP上で実装されるストリーム型マルチメディアデータを扱うマルチメディア・アプリケーションの相互接続性を保証するプロトコルである．RTSPは，ストリーム型のマルチメディア・データを扱うクライアント・サーバ間の標準方式である．

5.4.2 TV会議用プロトコル

(1) TV会議とは

TV会議は，企業や行政機関などで遠隔地間の会議によく使われる．また，大学等では，国内及び国外の大学を結び遠隔講義を行う場合に使われる（図5.30）．ネットワークとしては，インターネットや組織内の専用ネットワークを使って行われる．この場合のプロトコルは，H.323やH.254/SVCなどが使われる．また映像・音声及びデータを圧縮するコーデック（CODEC）が使われる．

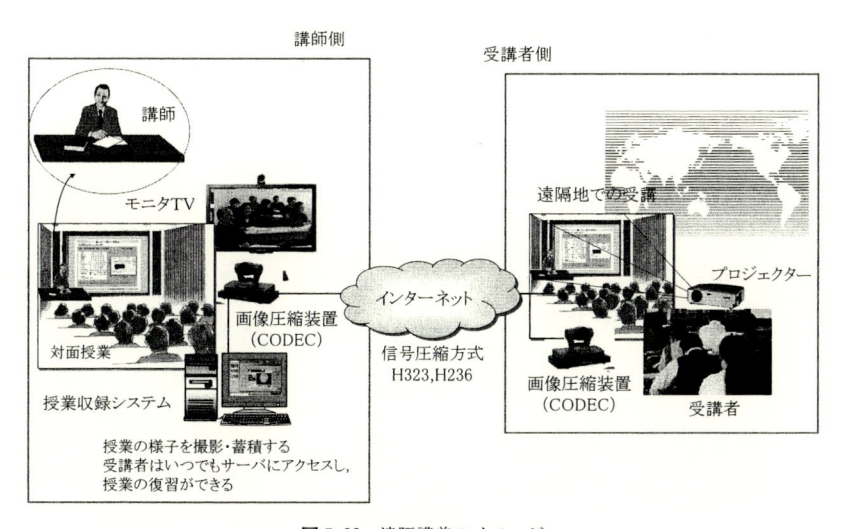

図5.30 遠隔講義のイメージ

(2) H.323

H.323は，インターネットを含むIPベースのネットワーク上で映像，音声及びデータを伝送交換するマルチメディア通信用のプロトコルである．H.323は，1995年にITU（StudyGroup 15）において，QoS（Quality of Service）を規定しないLAN（非保証LAN）上でのマルチメディア通信の国際標準として定められた．H.323標準によって，メーカの異なるマルチベンダーのコーディック同士でも相互に接続できるようになった．また，H.323は，LAN上だけでなくWANを経由して行う相互通信も可能にした．したがって，H.323は，LAN＋WANシームレスな環境での共同作業やビデオ会議など，新しいマルチメディア通信を実現するアプリケーション構築のための基盤技術となった．H.323には，次のような特徴がある．

① 音声及びビデオ信号の圧縮・伸長のための標準を確立し，異なるベンダーのコーデック間同士の通信が可能である．すなわち，互いに共通の呼設定とその開放および制御プロトコルによる相互接続が可能である．また3台以上のマルチメディア通信端末間の通信をサポートする．

② H.323アーキテクチュア

H.323は，3つ以上のH.323端末，ゲートキーパ（Gate Keeper），ゲートウェイ（Gateway）および多地点制御ユニット（Multipoint Control Unit: MCU）などの主要コンポーネントから構成される．

③ H.254

H.254/SVCは，2007年11月にITUで勧告された最新の映像伝送用プロトコルである．SVCは，Scalable Video Codingの略である．これまでの映像符号化技術では，パケット転送中に，パケットロスが発生し，受信側では映像が忠実に再現できないことも発生した．H.254/SVCでは，映像データを「高信頼性チャネル」と「低信頼性チャネル」の2つに分けて，パケットに優先順位をつけて伝送する．

これは，一時的にネットワークに不具合が生じたり，再生機器に能力不足が生じた場合，「高信頼性チャネル」に加えて受信した「低信頼性チャネル」のデータを組み合わせ，デコードして動画を再生するものである．

5.5 ビジネスプロトコル

業界標準であるビジネスプロトコルには，**全銀手順**，**JCA 手順**，**EDI 手順**などがある．これらの業界プロトコルは，歴史も古く，1970 年代から使われてきた．全銀手順は，ファームバンキングなどに利用されてきた．また，JCA 手順は，例えば，POS（Point Of Sales）システム，EOS（Electronic Ordering System）等に使われてきた．EDI（Electronic Data Interchange）手順は，電子商取引をする場合に利用されてきた．これらのプロトコルは，インターネット（TCP/IP）の普及と，高速・大容量化に伴い，さらに効率の良い手順に改善され，進化している．しかし，すべてが新しい手順に置き代ったわけではなく，全銀手順や JCA 手順は一部ではまだ使われている．現在，全銀手順は従来からの **BSC2 手順**と，新しい手順である**全銀 TCP/IP** が使われている．また，JCA 手順は，従来からの手順も使われているが，徐々に新しいプロトコルである**流通 BMS** に変わりつつある．

5.5.1 全銀プロトコル

銀行と企業間では，通常，コンピュータ通信により大量の情報がやりとりされている．たとえば給与振込，振込入金通知，株式配当振込，医療保険の給与振込など，多数の業務情報がコンピュータ通信によりやりとりされている．従来，銀行・企業間でコンピュータ通信を行う場合，銀行ごとに通信プロトコルが異なり不便をきたしていた．そこで 1983 年，全国銀行協会連合会（全銀協）では，複数の銀行と企業間でコンピュータ通信ができるように，通信プロトコルの標準化を行った．これが，**全銀協標準プロトコル（全銀プロトコル）**である．現在，銀行間あるいは銀行と企業間のコンピュータ通信では，従来からの全銀プロトコルと，全銀 TCP/IP が使われている．

現在，従来からの全銀プロトコルである BSC2 手順から，TCP/IP に変換できるコンバータもあり，従来からの BSC2 手順も実際にまだ使われている．しかし，第 6 次全銀システムの導入とともに，徐々に TCP/IP プロトコルに移行されていくものと思われる．

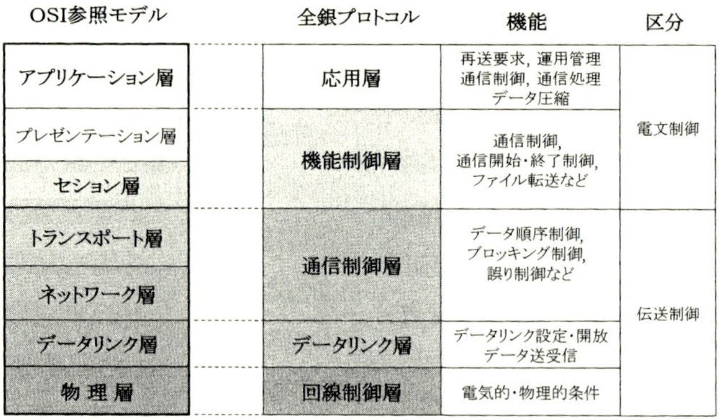

OSI参照モデル	全銀プロトコル	機能	区分
アプリケーション層	応用層	再送要求, 運用管理通信制御, 通信処理データ圧縮	電文制御
プレゼンテーション層	機能制御層	通信制御,通信開始・終了制御,ファイル転送など	
セション層			
トランスポート層	通信制御層	データ順序制御,ブロッキング制御,誤り制御など	伝送制御
ネットワーク層			
データリンク層	データリンク層	データリンク設定・開放データ送受信	
物理層	回線制御層	電気的・物理的条件	

図 5.31 OSI 参照モデルと全銀手順のプロトコル比較

(1) プロトコルの構成

OSI のプロトコルは 7 階層モデルであるが，全銀プロトコルは **5 階層構造**である．図 5.31 に OSI 参照モデルと全銀プロトコルの対応を示す．

(2) 伝送制御

従来から使われてきた全銀プロトコルの BSC2 (Binary Synchronous Communications) は，利用者間でファイル伝送を行う場合，先ず回線設定を行う．その後，送信側から ENQ 信号を送り，開局のための手続きを行う．受信準備を確認（開局回答）後，ファイル名やレコード数を開始要求として伝送する．開始回答を確認後，ファイルを伝送する．伝送終了の通知を受けた受信側は受信したファイル名やレコード数をチェックし，OK ならば正常受信の終了回答を送る．その後，閉局の手続きが行われる．

誤り制御方式は CRC で，生成多項式は $G=X^{16}+X^{15}+X^2+1$ が使われる．伝送コードは EBCDIC コードが使われる．

(3) ネットワーク

通信回線として，当初は電話回線が使われたが，ISDN やパケット交換網 (X.25) に代わり，さらにフレームリレー網が使われた．しかし，最近の第 6 次全銀システムでは，高速性，信頼性，安全性および安定稼働を最優先にし，IP-VPN 網が採用されている．プロトコルは TCP/IP が使われている．また，データ記述は柔軟性の高い XML フォーマットが使われ，国際化にも対応できるようになっている．

(4) 全銀 TCP/IP

全銀 TCP/IP は，全銀協 TCP/IP 手順とも呼ばれている．全銀 TCP/IP は，トランスポート層以下の制御層は TCP/IP と同じである．そのために TCP/IP が利用可能である通信方式や通信機器がそのまま利用可能である．当然，ベーシック手順よりも高速通信が可能であり，改善されている．

5.5.2 JCA プロトコル

JCA（日本チェーンストア協会：Japan Chain-store Association：JCA）プロトコルは，主にチェーンストア業界や流通業界で使われてきたプロトコルである．全国のチェーンストア店舗と問屋間では，日常多くの商品がやりとりされている．JCA では全国のチェーンストア間の取引をスムーズに行うため，すべてオンライン化している．JCA では，1980 年 7 月，「取引先オンラインデータ交換標準制御手順」を制定し，通信プロトコルの標準化を行った．これが **JCA プロトコル**である．このプロトコルは，ベーシック手順とほぼ同じ手順で，BSC2 に準拠している．

(1) JCA プロトコルの構成

センターと取引先との間のコンピュータ通信は，DDX 回線交換網により行われていた．また JCA プロトコルは **3 階層構造**である．図 5.32 に OSI 参照モデルにおけるプロトコルと JCA プロトコルとの対応を示す．

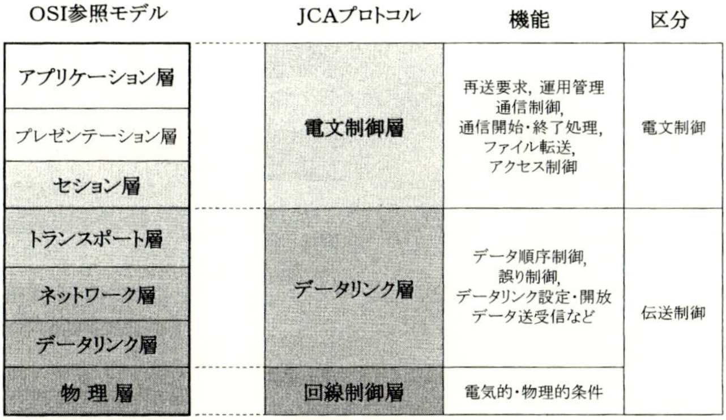

OSI参照モデル	JCAプロトコル	機能	区分
アプリケーション層	電文制御層	再送要求，運用管理通信制御，通信開始・終了処理，ファイル転送，アクセス制御	電文制御
プレゼンテーション層			
セション層			
トランスポート層	データリンク層	データ順序制御，誤り制御，データリンク設定・開放，データ送受信など	伝送制御
ネットワーク層			
データリンク層			
物理層	回線制御層	電気的・物理的条件	

図 5.32 OSI 参照モデルと JCA 手順のプロトコル比較

(2) 伝送制御

誤り制御方式は CRC で，生成多項式は $G=X^{16}+X^{15}+X^2+1$ が使われる．伝送コードは EBCDIC コードが使われる．電文のブロッキングは行わないため EBT 符号は使われない．

5.5.3 流通 BMS

(1) 流通3層間の EDI 標準化

2004 年頃から，JCA プロトコルの限界が叫ばれ，JCA プロトコルを進化させた新しいプロトコルとして，流通 BMS が制定（2007 年）された．流通 BMS（Business Message Standards：BMS）とは，「流通ビジネスメッセージ標準」のことである．流通 BMS は，電子取引文書（メッセージ）とセキュリティを含む通信プロトコルに関する EDI 標準を作成し，製造業，卸売業，小売業の「**流通3層**」間のビジネスプロセスをシームレスに接続して，業務の効率化と高度化・高速化を図ろうとするものである．

(2) 流通 BMS の標準化

流通 BMS 標準化では，先ず小売と卸，メーカの流通3層間の業務プロセスをモデル化した．またメッセージ交換を EDI 化した．すなわち，図 5.33 に示すように，先ずは3層間の業務プロセスをモデル化した．そして，業務プロセス，メ

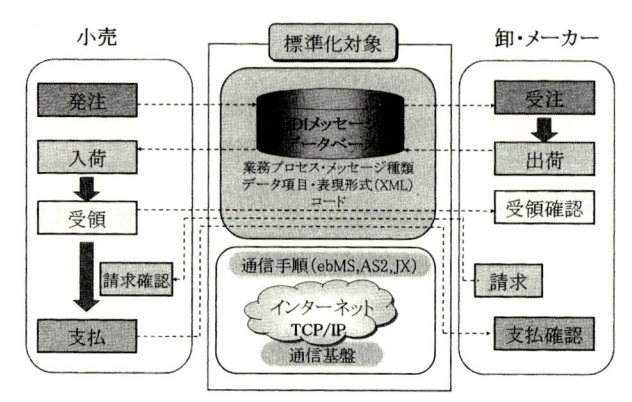

図 5.33 流通 BMS の業務プロセスモデルと標準化

ッセージの種類，データ項目，データ標準形式，コードを標準化した．また，通信基盤としては，インターネットを使い，TCP/IP プロトコルを使うことにした．通信手順は，サーバーサーバ間通信か，サーバークライアント間の通信か，により ebMS, AS2, JX の 3 種類を規定した.

(3) **標準化のメリット**

JCA 手順では，従来電話回線（モデムを利用）や ISDN（TA を利用）を使い，BSC2 プロトコルによって，通信を行っていた．これでは，通信速度も遅く，漢字や画像が送れないこと，モデムなどの機器も製造中止になったこと等，大きな課題であった．流通 BMS の導入により，JCA 手順では実現できなかった「流通 3 層」間のビジネスプロセスの効率化，高速化が図られ，大きな改善が行われた．たとえば，各層における作業負担の軽減，業務の効率化が実現されている．また，従来，卸・メーカ間と小売業は，個別の業務フローとデータ書式によって個別対応をしていたが，標準化により，流通業界共通の業務フローとデータ書式が利用できるようになり，作業負担軽減と業務の効率化が実現され，大幅に改善された．

さらに，JCA 手順に比べてデータの送信時間が大幅に削減されたことで，物流コストの削減や，発注から納品までの**リードタイム**（Lead Time: **LT**）の短縮が実現された．また，ネットワークインフラも，従来からのアナログ公衆網や専用線から，インターネット（TCP/IP）が利用できるようになり，通信コストの低減はもちろん，通信速度の高速化，大容量化が実現できるようになった．流通 BMS は，将来，次世代 EDI 標準を目指している．

[演習問題]

5.1 次の文は，OSI 参照モデル 7 層のうち，ある 1 つの層の機能を説明している．それぞれ層の名称を記述しなさい．
  (1) 隣接するリンク間でビット制御の誤り制御を行う．誤りがあれば再送制御を行う．
  (2) 蓄積機能や交換機能をもち，プログラム間で通信するためのすべての機能を有する．
  (3) 電気的特性や物理的な接続条件などを定める．

(4) データの符号表現，フォーマットなどの形式に関する機能を決める．
(5) エンド・エンドでルーティング，呼制御手順，パケットの順序制御などを行う．
(6) チャネルの分割使用（多重化）やセション間でのトランスペアレントなデータ転送を行う．
(7) 通信方式を決めたり，たとえばファクシミリ通信ではエンド・エンドでページごとの送達確認を行う．

5.2 通話者Aが通話者Bに電話をかけて通話をする場合，図5.34のネットワークアーキテクチャのモデルにあてはめるとどうなるか．(a)～(d)には通話者A, B, 電話機A, Bをそれぞれ記入し，(e)～(i)にはアーキテクチャの一般的名称を記入しなさい．

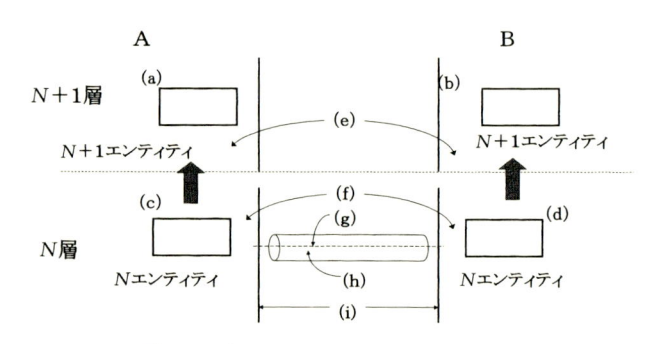

図5.34 ネットワークアーキテクチャモデル

5.3 (1) コネクション（CO）型と，(2) コネクションレス（CL）型について説明しなさい．

5.4 TCPプロトコルとUDCプロトコルの違いについて説明しなさい．

5.5 図5.35に示すようなネットワークのIPアドレスに適切な数値を入れなさい．

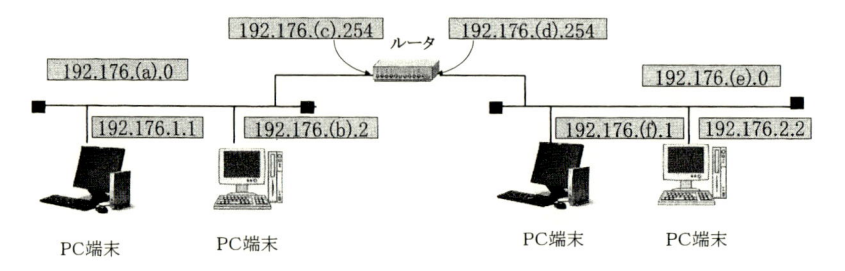

図5.35 IPアドレス

6章 インターネット技術

本章では，インターネット技術について説明する．インターネットは，ネットワークのネットワークと言われ，今や我々が生活する上で，なくてはならない存在である．したがって，インターネットの基本技術を学習しておくことは，インターネット社会を生きる上で必須の要件である．本章では，最初に，インターネットを概観し，IPアドレスやインターネットの構成，サービスについて説明する．

6.1 インターネットオーバビュー

6.1.1 インターネットとは

インターネット（Internet）は，米国防省が開発したARPAネット（1967年に設置）やCSNETがベースになっている．それにMILNETや全米科学財団（National Science Foundation）の支援を受けて誕生したNSFNETが加わり，大規模ネットワークに発展した．インターネットの基幹伝送部分は，全世界のプロバイダが提供するネットワークである．これらが相互に接続されてインターネットを形成している．それゆえに，インターネットは「ネットワークのネットワーク」といわれている．現在，国どうしが光海底ケーブルや衛星通信システムで接続され，巨大なネットワークを形成している．

一方，インターネットは，ルータをノードとするネットワークである．したがって，インターネットは，「ルータネットワーク」ともいわれる．インターネットの全体像を図6.1に示す．一般的には，LANとインターネットをルータで接続して利用する．利用者は特に経路を指定しなくてもルータが経路制御（ルーティング）をしながら，データパケットを高速で相手側のサーバやクライアントに届けてくれる．インターネットの番号体系としては**IPアドレス**が採用されている．IPアドレスはSRI（Stanford Research Institute）の**NIC**（Network Information

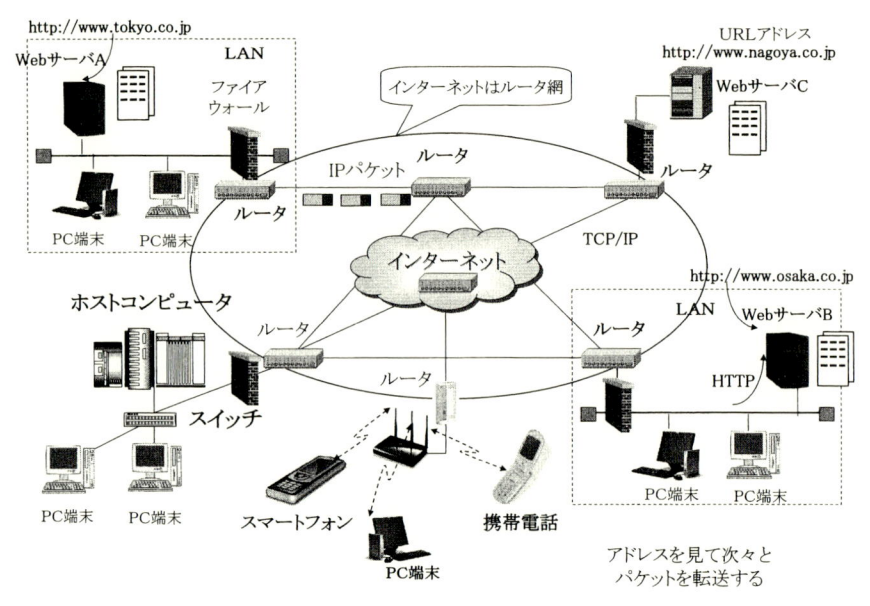

図 6.1 インターネットの構成例

Center）が管理し，申請すれば IP アドレスが付与される．

6.1.2 サービス概要

インターネットサービスには，電子メール，Web 検索，コミュニティ（サイト），テレビ電話など，さまざまなサービスがある（図 6.2）．中でも電子メールと Web 検索サービスは，最も多く利用されている．最近では，多くの企業や組織体，個人がサーバを立ち上げ，ホームページでいろいろな情報（コンテンツ）を発信している．これらの情報を効率よく検索するシステムがビューアである．ビューアには，Netscape や Explorer がよく使われている．ユーザーは，サイトのサーバにアクセスして，情報を収集し，ビューアでそれを見る．仮に情報がそのサーバにない場合には，アドレスによって次のサーバへアクセスし，目的の情報を探すことができる．このように多数のサーバに**ハイパーリンク**する機能がインターネットサービスの大きな特徴である．また，最近ではインターネット経由で Skype などによってビデオ会議もできる．さらに，最近注目されているのがクラ

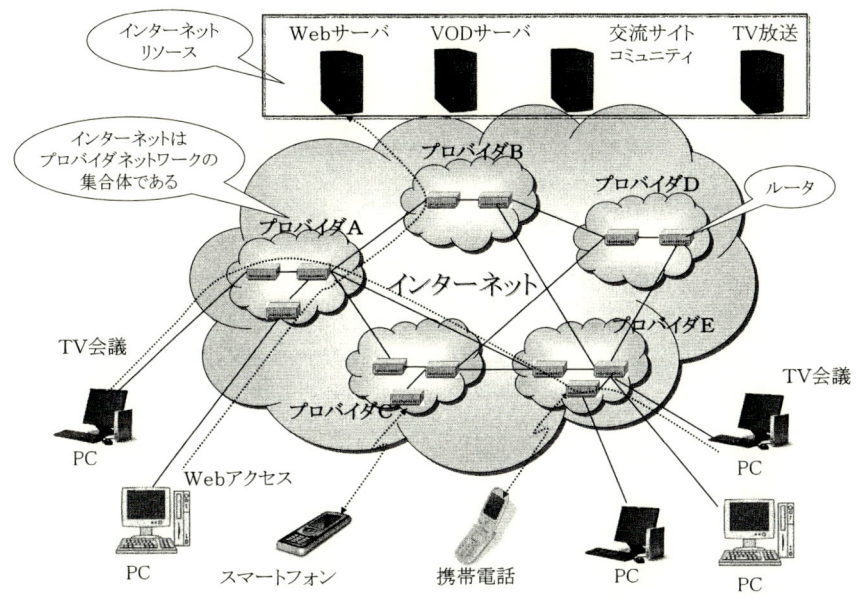

図6.2 インターネットサービス

ウドサービスである．利用者は，自社あるいは自宅にはIT設備やアプリケーションソフトは置かないで，クラウド事業者が提供する各種サービスをインターネット経由で利用する．利用者は，パソコン端末を用意すればインターネット経由でクラウドサービスが利用できる．クラウドは，IT設備に対する投資やソフトウェアのバージョンアップなど，保守・管理が不要である．さらに運用管理要員も不要であり，コスト面，運用面などで，大きなメリットがあり，注目されている．

6.2 インターネットの基本構成

6.2.1 しくみ

インターネットでは，パケットがルータを次々と経由して，転送され目的の情報にたどりつく．このルータは，それぞれの通信事業者（プロバイダ）が提供す

るルータである．図6.2に示すように，プロバイダが提供するルータ網を経由して，各種のインターネットサービスが受けられる．そのため，企業や学校，官庁など，組織体では，LANを構築し，先ずは，いずれかのプロバイダと契約し，プロバイダのルータに接続してインターネットを利用する．

6.2.2　基本構成

インターネットを利用するには，先ずLANを構築しなければならない．それぞれの組織体では，LAN環境の中に，各種サーバを用意する．たとえば，①Webサーバ，②メールサーバ，③DNSサーバ，④アプリケーションサーバ，⑤認証サーバは最低限必要である．個人でインターネット接続をする場合にも同様に，先ず家庭内LANを構築しなければならない．図6.3に示すように，プロバイダとの話し合いで，ADSLを利用するか，光ファイバーケーブルを利用するかを決める．ADSLの場合には，ケーブルモデムとブロードバンドルータが必要である（図6.3 (a)）．光ファイバーケーブルの場合には，光回線終端装置（Optical

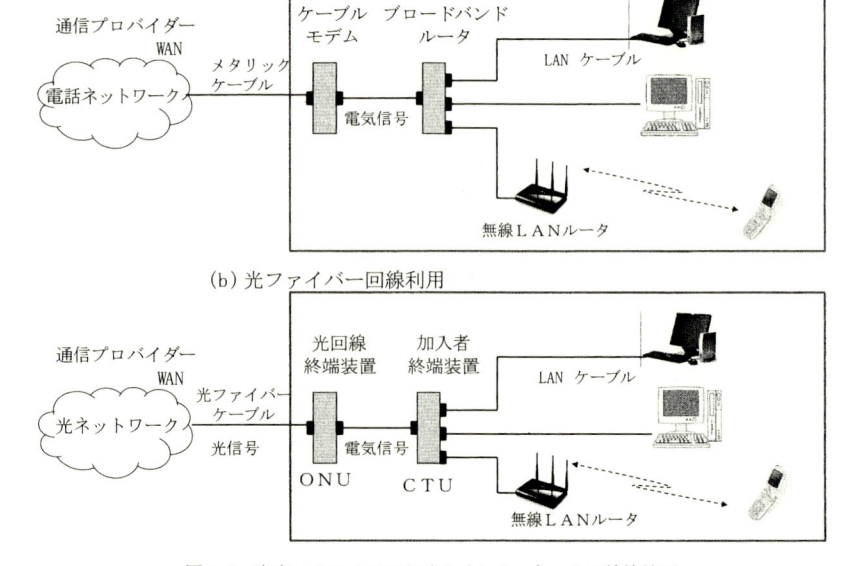

図6.3 家庭やオフィスにおけるインターネット回線接続例

Network Unit：ONU）と加入者線終端装置（Customer network Terminating Unit：CTU）が必要である（図6.3 (b)）．CTUにはルータ機能があるのでONUにCTUを接続し，CTUからLANケーブルで各PC端末に接続する．家庭内で無線LANを構築する場合には，ルータと無線LANアクセスポイントの両方の機能を持つ無線LANルータを設置する．

6.3 インターネットのアドレス体系

6.3.1 インターネットアドレス

(1) インターネットのアドレス

インターネットを使って通信を行うには，相手側の組織体や機器を特定する必要がある．つまり，「アドレス」によって相手を特定し，情報のやりとりを行う．相手を特定するアドレスには，MACアドレス，IPアドレス，ポート番号の3つがある．図6.4に各レイヤと3つのアドレスとの関係を示す．MACアドレスとIPアドレスについては，5.3.1「TCP/IP概観」で説明した．ここでは，インターネットの3つのアドレスの関連においてそれぞれ簡単に説明する．

(2) MACアドレス

MACアドレス（Media Access Control address）は，ネットワーク上に存在するすべてのネットワーク機器に一意に割り当てられた**物理アドレス**である．ルータなどすべてのネットワーク機器を識別するために使われる．OSI参照モデルでは，第2層のデータリンク層（Media Access Control）のアドレスである．図6.4 (a)に示すように，6 Byte，48 bitから構成され，上位24 bitで，ネットワーク機器を供給する全世界のメーカ（製造業者）を識別する．識別番号は，IEEEが一括管理している．下位24ビットは，各メーカ固有の機器を表し，製品番号を表わす．これにより，MACアドレスは世界中で唯一の番号となる．MACアドレスは，各メーカが製品出荷時に書き込み，ユーザーが変更することはできない．したがって，同じMACアドレスの機器は存在しない．

アドレスの表現方法は，48 bitを8 bitずつ16進数で表わし，「：」で区切り，6つのブロック（=48 bit）に分ける（図6.4 (a)）．「-」で区切る場合もある．

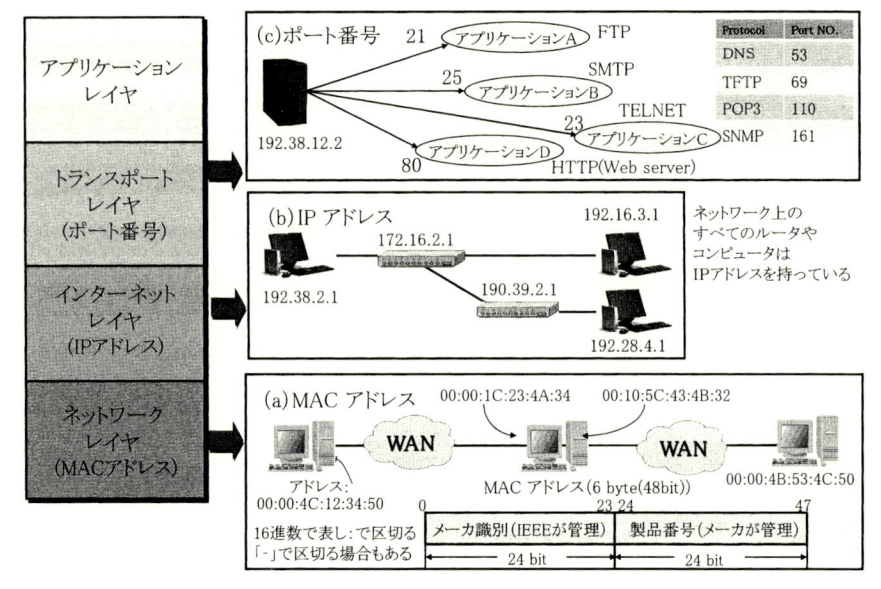

図6.4 アドレスの種類

(3) IPアドレス

LAN上には複数のPCやサーバがある．それぞれの機器を特定するため，固有のアドレスとしてIPアドレスが付与されている．IPアドレスは，32 bitで構成され，32 bitのビット列（固定長）を8 bitずつ区切って10進数で表す（図6.5）．IPアドレスは，ネットワークアドレス部とホストアドレス部から構成される．ネットワークアドレスは，企業や学校など組織体のグループのネットワークを識別するためのアドレスである．また，ホストアドレスは，ネットワーク内のパソコンや，ルータなど，ネットワーク機器を識別するアドレスである．

(4) ポート番号

インターネット上では，いろいろなサービスが提供されている．我々は簡単にそのリソースを利用することができる．しかし，IPアドレスによって通信相手のサーバやコンピュータにアクセスすることはできるが，IPアドレスだけでは，そのサーバ上で動いているサービスプログラムを指定することはできない．通信相手先のサーバ上にある複数のサービスプログラムのうちの1つを選んでサービス

6.3 インターネットのアドレス体系　　　　　　　　　　　159

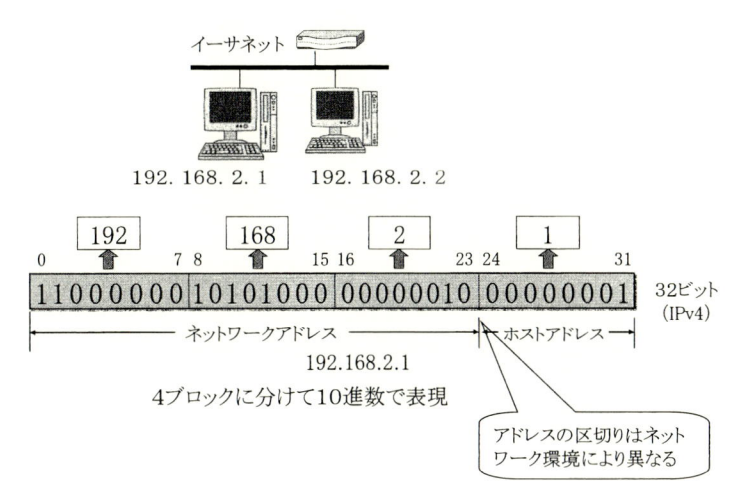

```
           イーサネット
    192.168.2.1    192.168.2.2

  ┌192┐ ┌168┐ ┌ 2 ┐ ┌ 1 ┐
  0     7 8    15 16  23 24    31
  11000000 10101000 00000010 00000001   32ビット
  ←―― ネットワークアドレス ――→←ホストアドレス→  （IPv4）
            192.168.2.1
       4ブロックに分けて10進数で表現
                         アドレスの区切りはネット
                         ワーク環境により異なる
```

図 6.5　IP アドレスの表記法

を受けるために**ポート番号**が必要である．たとえば，IPアドレスは，ある地域にあるマンショ　の住所に相当し，ポート番号はマンションの中の部屋番号に相当する．

図 6.4（c）に示すように，インターネットサービスでは，サービス種別ごとにポート番号が決められている．たとえば，**Web 検索**をするときに使うプロトコルは HTTP であり，ポート番号は 80 番である．メールの受信には，**POP3** を使うが，そのポート番号は 110 番である．**SMTP**（Simple Mail Transfer Protocol）はメールの送信に使うプロトコルであり，25 番である．ポート番号は，サービスを特定するために必要である．

6.3.2　Web サーバと電子メールのアドレス

Web サーバのドメイン名や電子メールのアドレスは，我々人間が理解しやすいように表記されている．しかし，このアドレスが，実際にインターネット上を伝送されるわけではない．インターネット上に転送されるのは，0 か 1 か，の 2 値連続符号である．

(1) Web サーバのアドレス

インターネット上にある目的の情報を検索する場合，Web サーバにアクセス

```
                ドメイン名    ・ドットで区切る
        http:// www . kic . ac . jp
                                    └→ 国名
                                └→ 組織形態（企業の場合は co）
                         └→ 場所・組織名
                  └→ ホスト名
```

IPアドレス
物理的な識別は32ビットで構成されるIPアドレスで行う

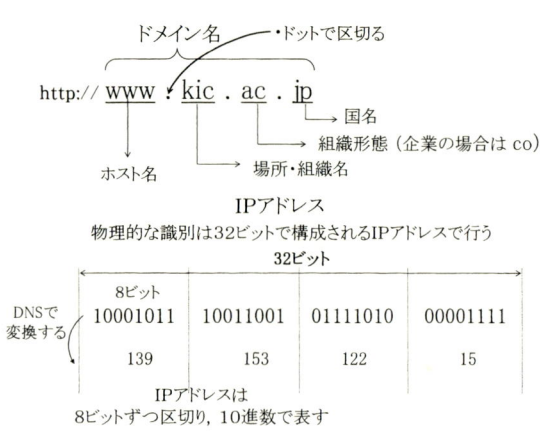

	8ビット			
DNSで変換する	10001011	10011001	01111010	00001111
	139	153	122	15

IPアドレスは
8ビットずつ区切り，10進数で表す

図6.6 Webサーバのアドレス

して検索する．たとえば，「http://www.kic.ac.jp」のようなアドレスを入力してWebサーバにアクセスし，目的の情報を探す（図6.6）．最初のhttpはアプリケーションの種類を表し，httpの場合，Webブラウザを表している．次のwwwは，Webサーバを指定することを意味する．kicは，組織名や場所を表す．acは，組織形態を表す．acは大学等の教育研究機関を表わし，coは会社を表している．jpは国名を表している．このアドレスをドメイン名という．Webサーバのアドレスは URL (Uniform Resource Location) ともいいそれぞれのサーバに付けられた固有のアドレスである．

(2) 電子メールのアドレス

Web検索と同じように，電子メールを使って通信する場合にも，相手を特定するためのメールアドレスが必要である．たとえば，ABC社に所属している山口氏は「yamaguchi@abc.co.jp」のようなメールアドレスになる．最初の「yamaguchi」は個人の名前で，@は名前と，次の組織などの情報との区切りを表している．@の次に組織名があり，次にco.jpとなり，組織形態と国名を表わす．

6.4 インターネットサービス

インターネットで各種サービスを提供するにはサーバが必要である．サーバ群には，**DNS サーバ**，**Web サーバ**，**電子メールサーバ**，**アプリケーションサーバ**などがある（図 6.2）．

6.4.1 DNS サーバ

人間にわかりやすいアドレス表記を 0，1 の 2 値連続符号に変換するサーバが DNS（Domain Network Server）サーバである．DNS サーバは，ユーザー名やドメイン名から相手の IP アドレスに変換する機能をもっている．利用者（クライアント）が，インターネット上の Web サーバにアクセスして情報検索する場合を例に DNS サーバの動作を説明する（図 6.7）．①利用者は，通信相手の**ドメイン名**を入力し，DNS サーバに知らせる．②DNS サーバは，ドメイン名を 0，1 の 2 値連続符号の **IP アドレス**に翻訳し，利用者に返送する．③利用者は，ビット列に変換された IP アドレスをインターネット上のサーバに送信する．

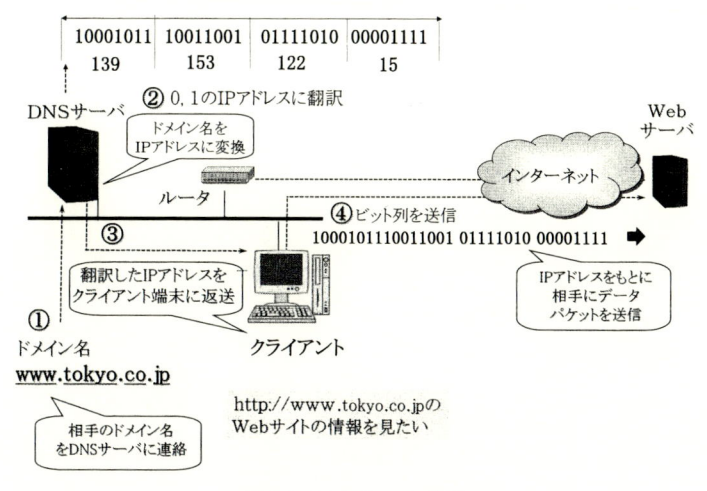

図 6.7 DNS サーバの機能

6.4.2　Webサーバ

(1)　Webサーバの基本機能

　Webサーバは，検索要求のあったユーザーにデータパケットを転送するサービスを行う．Webサーバとユーザーが情報のやりとりをする場合には，**HTML**（Hyper Text Markup Language），**HTTP**（Hyper Text Transfer Protocol）および **URL**（Uniformed Resource Locator）の3つが連携して動作する．Webサーバとユーザーの情報のやり取りを図6.8に示す．HTMLは，Webサーバ上のコンテンツを作成するための記述言語である．また，HTTPはTCP/IPの上位プロトコルで，Webサーバと利用者（Webブラウザ）が，HTMLで書かれた文書を送受信するときに使う通信プロトコルである．

　図6.8に示すように，①ユーザーはブラウザソフト（NetscapeやExplorerなど）を起動し，②URLをインターネット上に転送する．③Webサーバ上にはHTMLで記述された情報コンテンツがファイリングされている．④サーバは，ユーザーからのリクエストにより，HTMLプログラムソースを転送する．これらのやり取りは，TCP/IPのHTTPによって行われる．⑤ユーザーは，ブラウザソフトで，このプログラムソースファイルの内容を表示する．HTTPは，各ファイルを送受信するたびにセションの開設および終了処理を行う．

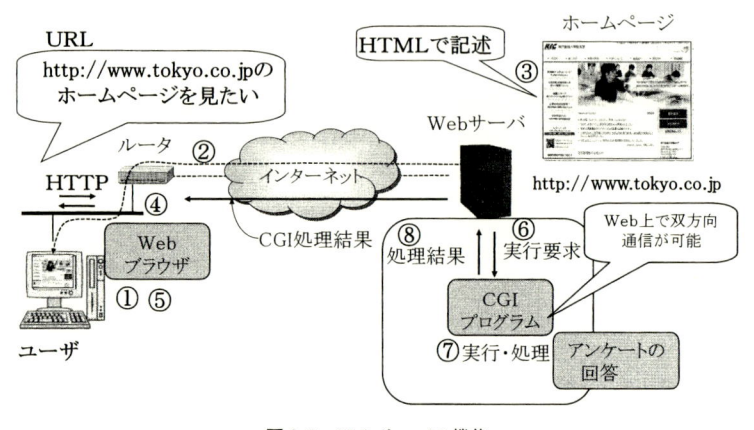

図6.8　Webサーバの機能

またHTMLファイルは世界中のWebサーバに分散配置されており，もしも，利用者が望む情報がサーバになければ，サーバは，URLの情報をもとに，他のサーバにリンクし，利用者にパケットファイルを転送する．ブラウザは情報を加工してみやすくするためのソフトである．

(2) CGI

Webサーバの基本機能として，今までは，サーバに蓄積してあるHTML文書をユーザーの要求に応じて，返送するだけであった．しかし，**CGI**（Common Gateway Interface）によって，ユーザーとWebサーバとの双方向通信が可能になった．図6.8に示すように，⑥Webサーバからの実行要求により，ユーザーからの問い合わせに応えたり，アクセス解析をしたり，Web上で，双方向型の処理が可能になった．また，アンケート調査を行い利用者からの回答やコメントを処理して結果をブラウザに返す（⑦⑧）という**データエントリ機能**もある．CGIプログラムの記述言語としては，**Perl**や**PHP**がよく使われている．また，**Python**や**Ruby**，**Java**などもよく使われている．

6.4.3 電子メールサービス

インターネットで電子メールを送受信するには，メールサーバが必要である．電子メールの仕組みを図6.9に示す．電子メールを送信する場合，先ずメールソフトを使って，メールを作成し，相手のメールアドレスを記述して送信する．メールは，ビット列に変換され，送信メールサーバからSMTPで相手側に転送される．そして，いったん相手側の受信メールサーバに蓄積される．受信側の受信者はPOP3により，適時，自分宛のメールを受け取る．

SMTP（Simple Mail Transfer Protocol）は，電子メールをメールサーバへ送信するときに使うプロトコルである．OSIのアプリケーション層のプロトコルで，SMTPサーバにアクセスするときにも使われる．ポート番号は25である．**POP**（Post Office Protocol）は，電子メールを受信するときに使うアプリケーション層のプロトコルである．現在は，POPのバージョン3が使われている．ポート番号は110が割り当てられている．

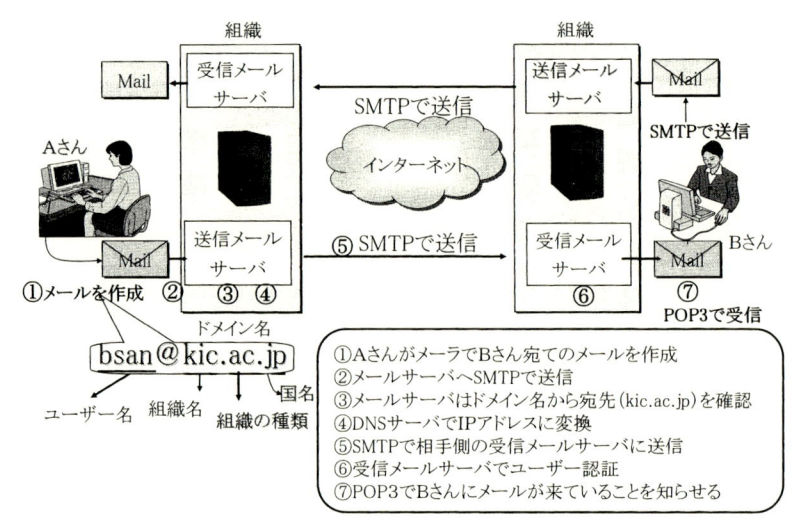

図 6.9　電子メールの仕組み

図中の説明:
- 組織（左側）：受信メールサーバ、送信メールサーバ、Aさん、Mail
- 組織（右側）：受信メールサーバ、送信メールサーバ、Bさん、Mail
- SMTPで送信 → インターネット → SMTPで送信
- ⑤SMTPで送信
- ⑦POP3で受信
- ①メールを作成　②③④
- bsan@kic.ac.jp
- ユーザー名／組織名／組織の種類／国名／ドメイン名

①Aさんがメーラで Bさん宛てのメールを作成
②メールサーバへ SMTP で送信
③メールサーバはドメイン名から宛先 (kic.ac.jp) を確認
④DNS サーバで IP アドレスに変換
⑤SMTP で相手側の受信メールサーバに送信
⑥受信メールサーバでユーザー認証
⑦POP3 で Bさんにメールが来ていることを知らせる

6.4.4　インターネットのセキュリティ

　インターネットは誰でも，気軽に，そして容易に利用できる．現在，全世界の多くの人々がインターネットを利用している．しかし，それ故に，いろいろな社会的な問題も起こっている．インターネットにとって「セキュリティ」は重要な課題である．セキュリティには，細心の注意を払い対策をとっておかないと，大きな被害を受けることになる．DoS 攻撃の踏み台にされ，他人にも大きな迷惑をかけることになる．

　インターネットでは，**ユーザー認証**や**ファイアウォール**，**プロキシサーバ**，**暗号化**などによってセキュリティを確保している．ユーザー認証は，認証サーバを用意して，利用者をパスワードで認証し，ネットワーク資源を利用させるかどうか判断する．ファイアウォールは，パケットフィルタリング機能によって実現する．たとえば，インターネットから送られてくる IP データグラムの送信元アドレスを調べて通過させるかどうかの判断を行う．このように，ある条件のパケットは通すが，それ以外は通さないというフィルタリング機能によりセキュリティを確保する．通常，ルータのソフトウェアがファイアウォール機能をもってい

る．

　一般にプロキシサーバによるセキュリティでは，プロキシサーバ上にあるアプリケーションデータだけは，ファイアウォールを通過させ，インターネットに出て行くことができるようにしている．

　また，プロキシサーバには，セキュリティ機能だけでなく，キャッシングプロキシサーバ機能がある．これは，利用者のアクセス頻度が高いWebサーバ情報をコピーしておき，他の利用者が同じ情報をアクセスした場合に，コピーを迅速に提供するという機能である．

　暗号化技術には，公開鍵方式，デジタル署名などがある．

[演習問題]

6.1 インターネットで使われるアドレスの種類を3つ挙げ，それぞれ簡単に説明しなさい．

6.2 CGIの機能について簡単に説明しなさい．

6.3 ホストAがホストCと通信する場合，ホストAから発信されるIPパケットのアドレス指定はa点ではどのようになっているか，空欄に適切な用語や数値を入れなさい．またホストBのIPアドレス指定についても空欄に適切な数値を入れなさい．

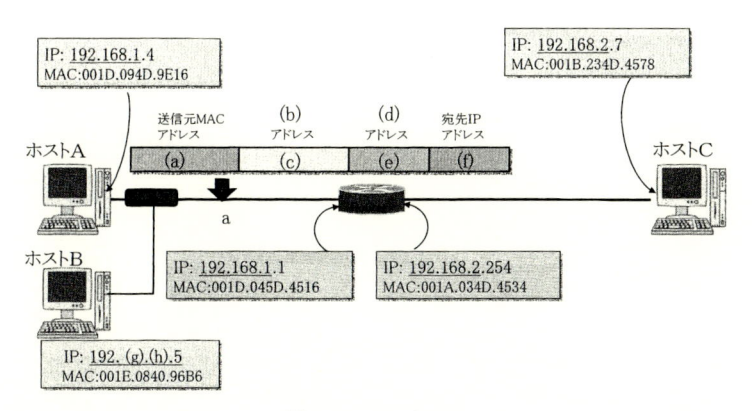

図6.10　IPアドレス

7章　モバイル通信

　通信技術は，今から約120年前に誕生し，時代の流れとともに，絶えず工夫と改善が行われ，進展してきた．通信技術は，今日の我々の社会基盤技術として，無くてはならない存在である．そして，通信技術は，産業界をリードする先端技術として成長している．この中でも特にモバイル通信技術の発展は目覚ましい．本章では，モバイル通信技術について，発展経緯，ネットワーク構成，接続の仕組み，多元接続方式の中心的な技術であるCDMAについて説明する．また，次世代の携帯電話であるLTEについてもふれる．

7.1　携帯電話の発展経緯

　現在は，第3世代携帯電話の時代であり，**W-CDMA**と**CDMA2000**方式の2つの方式が採用され，全世界で使われている．多元接続方式としてはCDMA方式が使われている．CDMAの変調方式はスペクトラム拡散方式である．CDMA方式は，個々の通信に異なる拡散コードを割り当て，これを送信情報に掛け合わせて送信し，受信側では逆拡散を行い元の信号に戻すという方式である．拡散コードがそれぞれ異なるため，ユーザー同士，干渉することはない．携帯電話の技術は，次のように発展してきた．

(1)　**第1世代（1G：1980～1990年）**
　1980年代初期，自動車で走行中に無線電話ができる「自動車電話」が開発された．これが携帯電話の始まりである．当時の自動車電話はアナログ通信方式であり，音声通話のみ可能であった．

(2)　**第2世代（2G：1990～2000年）**
　第2世代では，通信方式が，アナログからデジタル通信方式に代わり，デジタル電話が普及した．

(3) 第2.5世代（2.5G）

デジタル通信の時代になり，音声だけでなく，データ通信が可能になり，PHSも可能となった．

(4) 第3世代（3G：2000〜2011年）

ITUにおいてIMT-2000が提案され，現在，通信規格としてはW-CDMA方式とcdma2000方式の2方式が採用されている．携帯電話で音声，写真，動画，音楽などの伝送が可能になり，マルチメディア対応となった．端末も新しいスマートフォンやタブレット端末が次々と登場し，モバイル全盛時代になった．

(5) 第3.5世代（3.5G）

高速データ伝送が可能になり，高速インターネットアクセスが可能である．データ伝送速度は，最大2 Mbps，実際には384 Kbpsになった．

(6) 第3.9世代（3.9G：2011〜2012年）

伝送速度がさらに高速化され，LTE通信規格が制定され，現在，一部**LTE**が実施されている．LTEにより携帯電話，スマートフォン，無線ブロードバンドが光ファイバーと同等の通信速度で利用できるようになる．現在は，4Gの少し手前の3.9Gの時代といえる．

(7) 第4世代（4G：2013年〜）

4Gでは，本格的にLTEが実施され，動画を初め，高速・大容量のリソースを使った多彩なアプリケーションが開発され，利用されると思われる．

7.2 携帯電話ネットワークの構成

7.2.1 携帯電話ネットワーク

(1) ネットワーク構成

携帯電話のネットワークは，図7.1に示すように，通信事業者の基地局，加入者交換機，中継交換機および位置登録用メモリ（ホームメモリ）から構成される．携帯電話からの「**呼**」は電波によりセル内の基地局で受信され，基地局からは光ファイバー回線で加入者交換機に入り，中継交換機を通って，相手側の加入者交換機から基地局に入る．そして基地局から相手側の携帯電話につながる，という

7.2 携帯電話ネットワークの構成

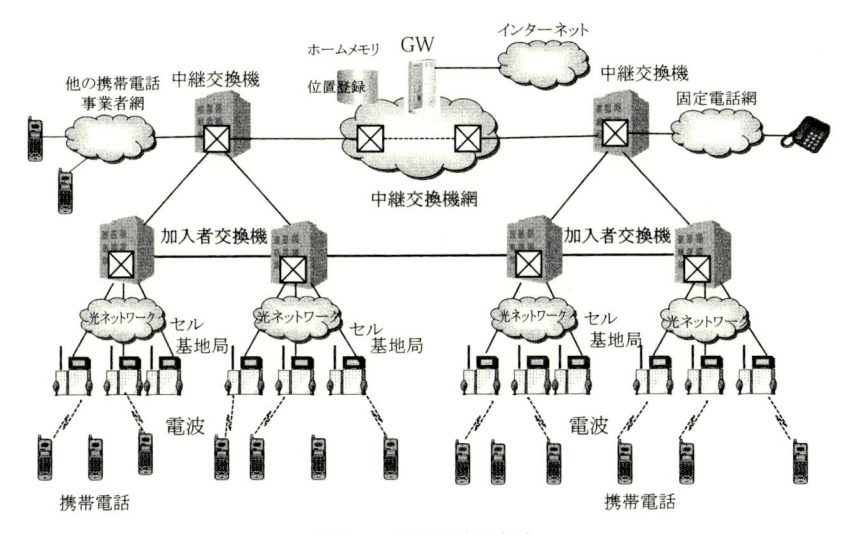

図7.1 携帯電話網の構成

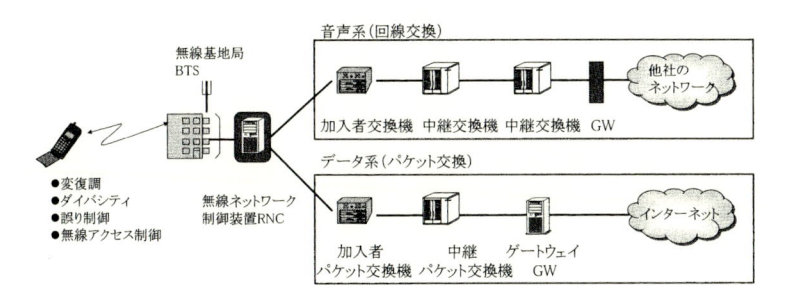

- ●携帯電話端末と基地局間は音声とデータは同じルート
- ●基地局と中継局間は音声とデータは別ルート
  - ✓音声は，**回線交換**，データは**パケット交換**

出典：日本実業出版社『通信技術のすべて』井上伸雄・著

図7.2 携帯電話のネットワーク構成

接続ルートになる．携帯電話網の構造は，従来からのアナログ加入電話網の階層と同じであり，接続の方法も基本的には変わらない．しかし，図7.2に示すように，現在の第3世代携帯電話では，端末と基地局間は音声とデータは同じルートで伝送されるが，基地局と中継交換局間は別ルートで伝送される．同図に示すように，音声は，回線交換方式で伝送され，データはパケット交換方式で伝送され

る．将来は，音声，データともに IP ネットワークに統合されることになっている．

(2) 接続の仕組み

携帯電話がつながる仕組みについて図7.3で説明する．A ゾーンにいる a さんが，B ゾーンにいる b さんに電話をかける場合を考える．先ず，a さん，b さんが携帯電話の電源を入れると，自動的に電波が発射され，今どこのゾーンにいるか，位置情報が基地局からパケット交換方式により位置登録用メモリに登録される．同時に，ネットワークは **USIM カード**の加入者情報を参照し，端末が正規に登録されている端末であることを確認する．

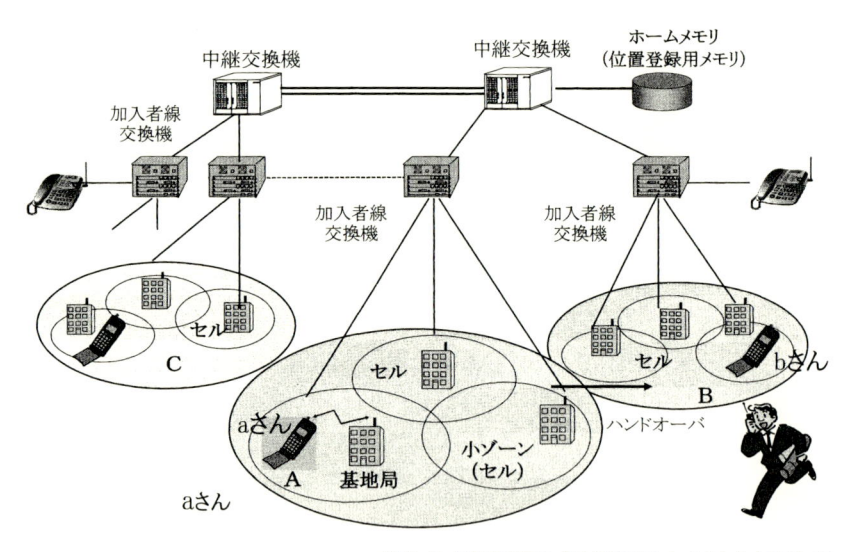

出典：日本実業出版社『通信技術のすべて』井上伸雄・著

図 7.3　携帯電話の接続の仕組み

次に，a さんがダイヤルして b さんをコールすると，基地局では，位置登録用メモリに問合わせ，b さんの所在を調べる．b さんが B ゾーンにいることを知ると，a さんが所属する基地局では，加入者交換機，中継交換機を経由して，B ゾーン内の b さんの近くの加入者交換機に接続を要求する．加入者交換機は，b さんに最も近い基地局から b さんを呼び出す．このようにして，a さん，b さん両者

の携帯端末が接続され，通話が可能になる．

このように，携帯電話接続は，電源を入れてから通信可能になるまで，多くの処理が行われる．

(3) セルとハンドオーバ

セルは1つの基地局がカバーする通信エリアのことである．それぞれのセルには基地局が設置されており，携帯端末の所有者が移動して，セルの範囲から出ても，再び次のセル内にある基地局と通信することができるようになっている．移動して基地局の切り替えをすることを**ハンドオーバ**という．

携帯電話では，決められた周波数の電波を利用するため，電波の有効利用が重要な課題となる．

図7.4に示すように，**FDMA** や **TDMA**，**CDMA** では，セル方式が異なる．すなわち，FDMA や TDMA では，f_1 から f_7 まで7種類の周波数を使う．しかし，同じ周波数を使うセルどうしは離して使うので実質的には混信は生じない．これに対して，CDMA はすべてのセルで同じ周波数を使うことができる．これは後述するスペクトラム拡散技術を使うことにより実現できる．CDMA は電波の有効利用ということからも注目される技術である．

図7.4 セル方式

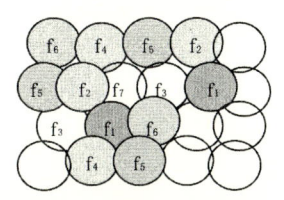

FDMA, TDMA: f_1〜f_7まで，7種類の周波数を使い，同じ周波数を使うセルどうしは離して使う

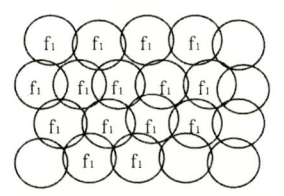

CDMA: すべてのセルで同じ周波数を使うことができる

7.3 携帯電話端末の構造

7.3.1 構造

携帯電話端末は，図7.5に示すように，大きく，アンテナ系，制御・記憶系，送信・受信系，電源系，信号圧縮系及び入出力系，その他，UIMや時計，SIMカードから構成される．これらの各デバイスが小さな筐体に収容されている．当初，アンテナは外部に出ていたが，最近では内蔵型で，外からは見えないようになっている．電源はリチウムイオン電池が主流であり，充電回路を搭載し，いつでも充電が可能である．インターネットにアクセスし，モバイルブラウザで画像や音楽のようなマルチメディアデータを扱うことができる．また，記憶装置は，CPU内蔵の補助記憶装置だけでなく，メモリーカードのスロットがあり，外部メモリへの記録もできる．

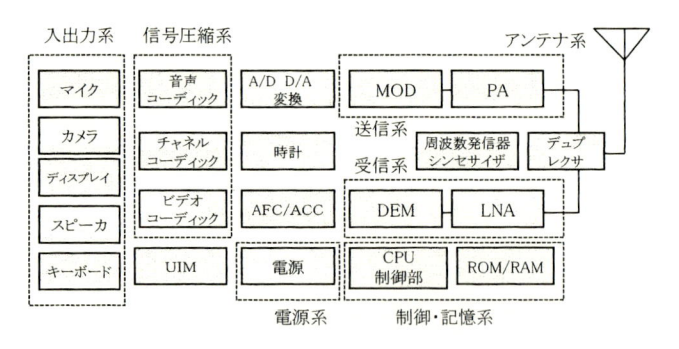

LNA：Low Noise Amplifier（低雑音増幅器）
PA：Power Amplifier（電力増幅器）
デュプレクサ：分波器
　　送信アンテナと受信アンテナを共有しているので強力
　　な送信波が受信機に入流しないようにする

図7.5　携帯端末の構成

最近，スマートフォンが利用できるようになり，携帯電話機能が大幅に進化している．たとえば，Android端末では，内蔵するオペレーティングシステムが開放され，利用者が自由にアプリケーションを開発し，それを公開し，誰でも利用

できるようになっている.

7.3.2 アンテナ

携帯電話端末で使われているアンテナの仕組みを図7.6に示す.電波は光の速度（$a=30$万km/sec）と同じ速度である.また波長λは，$\lambda=a$（光速m）/f（周波数Hz）で求められる.

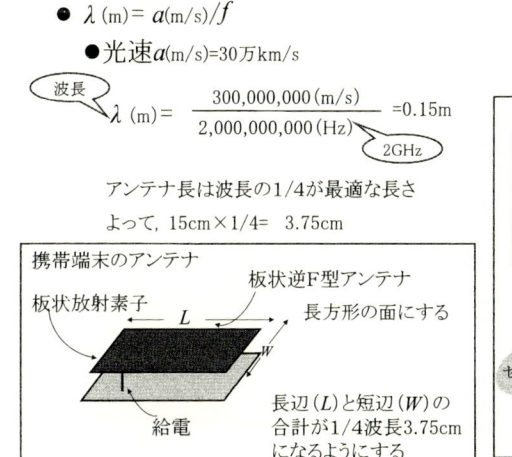

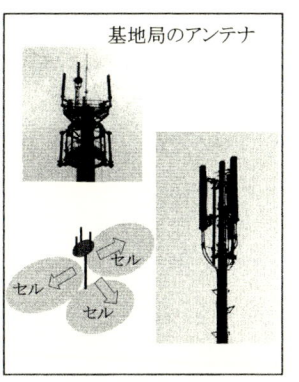

- λ(m) = a(m/s)/f
- 光速a(m/s)=30万km/s

波長 λ (m) = $\dfrac{300,000,000 \text{(m/s)}}{2,000,000,000 \text{(Hz)} \text{ 2GHz}}$ =0.15m

アンテナ長は波長の1/4が最適な長さ
よって，15cm×1/4= 3.75cm

携帯端末のアンテナ
板状放射素子
板状逆F型アンテナ
長方形の面にする
L
W
給電
長辺（L）と短辺（W）の合計が1/4波長3.75cmになるようにする

基地局のアンテナ
セル

http://www.pkml.com/csbs/ido.htm
http://www.musen.biz/cat28/

図7.6 アンテナの仕組み

周波数が，2GHzの場合，波長λは15cmとなる.携帯電話の場合，1/4波長のアンテナが最適であるので，アンテナ長は3.75cm（15cm×1/4＝3.75cm）となる.実際にアンテナを携帯端末に収納するには，**モノポールアンテナ**（不平衡型アンテナ）をL字型にした板状逆F型アンテナを利用する（図7.6）.一方，基地局側のアンテナには，無指向性や指向性にある各種アンテナが使われる（図7.6）.アンテナの形状は図7.6（右）に見るように，垂直方向に円筒形のアンテナ素子を数本組み合わせた形をしている.この円筒形ドームの中に，電波を発射する放射素子や電力を供給する給電装置が納められている.

7.3.3 USIM カード

第3世代携帯端末では，加入者に関するいろいろな情報が USIM カードに格納されている．

USIM（Universal Subscriber Identification Module）は，発信者識別に使われる IC カードである．USIM カードには，ID コードや電話番号などの情報が格納されている．携帯電話端末を購入するときには，事業者への利用申し込み契約が必要であるが，このときに USIM を更新する．USIM によって機種変更が簡単にできる．さらに，海外でも USIM カードに対応した電話機に差し替えることによって，ローミングサービスが利用できる．

7.4 接続方式

7.4.1 多元接続方式

モバイル通信の主な接続方式として，**FDMA 方式**，**TDMA 方式**および **CDMA**

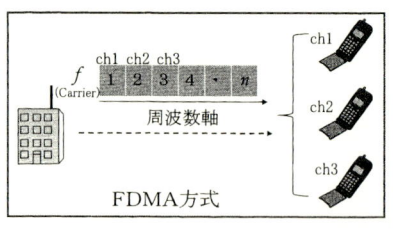

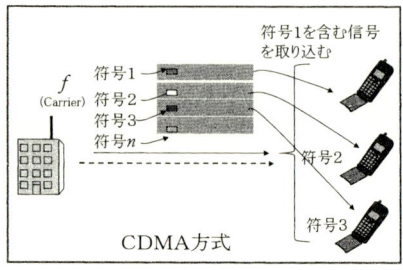

出典：日本実業出版社『通信技術のすべて』井上伸雄・著

図 7.7 多元接続方式

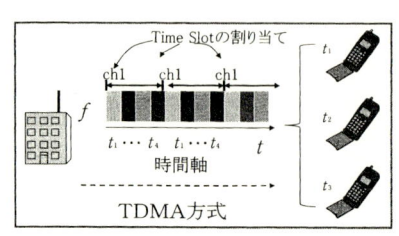

方式の3つがある（図7.7）．このほか，第4世代（LTE）携帯電話で使われる**OFDMA方式**があるが，これについては後述する．

(1) FDMA方式

FDMA（Frequency Division Multiple Access）方式は，すでに説明したように，周波数分割多元接続方式のことであり，周波数変調により多重化する．FDMA方式は，第1世代のアナログ自動車電話や携帯電話で利用された多元接続方式である．

(2) TDMA方式

TDMA（Time Division Multiple Access）方式は時分割多元接続方式であり，時間を区切って多重化する方式である．すなわち，ユーザー毎に音声をバッファで組立てるという方式である．この方式は，デジタル携帯電話やPDC，cdmaOne，欧米のGSM（Global System for Mobile Communications）など，第2世代（2G）の携帯電話で利用された方式である．TDMA方式は，日本で標準化された．

7.4.2 CDMA方式

(1) CDMAの原理

CDMA（Code Division Multiple Access）方式は，図7.7（右）と図7.8に示すように，音声チャネルごとに異なる特殊な符号を掛け合わせて多重化する．CDMAは第3世代以降のモバイル通信の多元接続方式に採用されている．異なる特殊な符号のことを「拡散符号（拡散コード）」という．図7.8に見るように，送信側でデジタル信号に拡散符号を掛け合わせて送信（拡散）し，受信側では同じ符号を掛け合わせ（逆拡散），元の信号に復元するという方法である．この方式では，各ユーザーが同じ周波数を同時に使うが，拡散符号は，他のチャネルではノイズになるので混信することはない．現在の携帯電話では，このCDMAを採用し，384 kbpsの音声，動画，高速データ通信を実現している．CDMAは，W-CDMAとcdma2000の両方の方式で採用している．

(2) スペクトル拡散の原理

スペクトル拡散の過程を図7.9によって説明する．たとえば，"101"という音声信号データを拡散コードを使ってスペクトラム拡散する場合を考える．先ず，

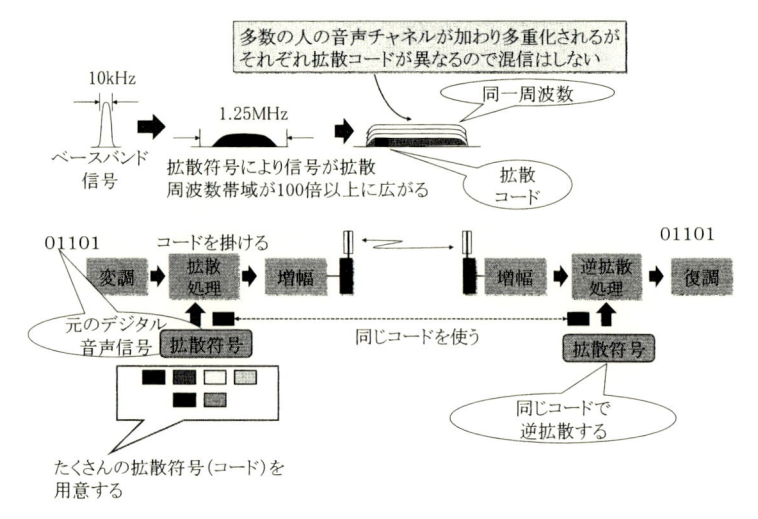

図 7.8 CDMA の原理

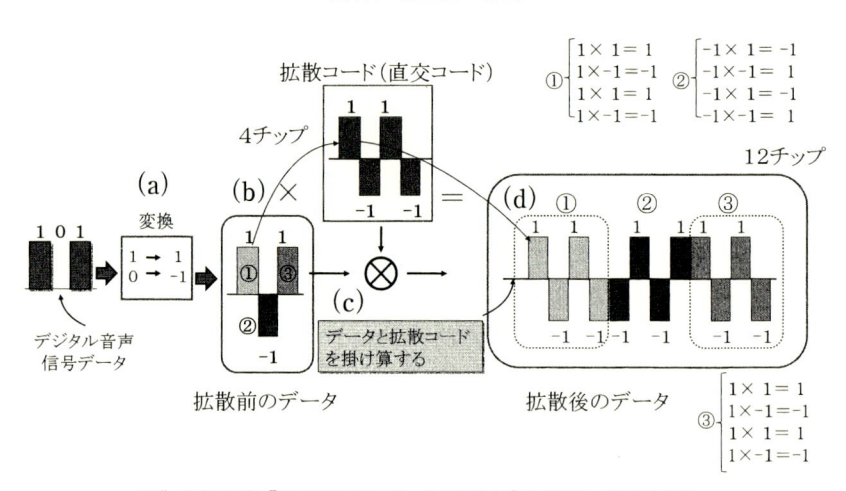

図 7.9 スペクトル拡散の原理

出典:日経BP社『携帯電話はなぜつながるのか』中嶋信生・有田武美著

(a) 101 を，1 はそのまま 1 に，0 は -1 に変換する．その結果，(b) 1 は＋（プラス）軸に配置でき，-1 は－（マイナス）軸に配置できる．(c) それぞれのビットに対して 4 チップの拡散コードをかける．信号 "101" の最初の "1" に注目し，

拡散コードをかけると，1×1=1，1×−1=−1，1×1=1，1×−1=−1 となり，その結果，拡散後のデータの最初の 4 bit ①のような配置になる．すべての掛け算が終わった段階では，(d) 拡散後のデータ①②③が得られる．図からわかるように，4 チップのデータが掛け算の結果，12 チップに拡散する．

スペクトラム拡散方式は，「1×1=1，−1×1=−1，−1×−1=1」であることを利用し，送信側で短いパルス周期をもつ**拡散コード**をかけ合わせ，かけた結果を送信符号として送信する．受信側では，同じ拡散コードをかけ合わせる**逆拡散**を行い，もとの信号を復元する．

(3) CDMA の特徴

CDMA は，スペクトル拡散方式により，機密性が高いこと，ノイズに強く他の信号からの干渉が少ないこと，さらに一定の通話品質が確保できる，などの特徴がある．さらに，CDMA は，TDMA や FDMA 方式に比べて効率よく通信ができることから，現在の 3 G 携帯電話サービスである W-CDMA や CDMA2000 の主要技術として使われている．

7.5 変調方式

7.5.1 変調方式

音声信号などのデータ信号を伝送するには，搬送波（キャリア）が必要である．この搬送波をデータ（ベースバンド）信号で変調する．図 7.10 に示すように，変調方式には，**周波数変調（FSK）**，**振幅変調（ASK）**，**位相変調（PSK）**，**直交変調（QAM）** がある．携帯電話では，直交変調（QAM）が使われる．

7.5.2 QAM

QAM（Quadrature Amplitude Modulation）は，図 7.10（右）に示すように，位相と振幅を，それぞれ少しずつ変えて変調する変調方式である．1 回の変調で 4 bit のデータを送る方式が 16 QAM である．また，図 7.11 の信号空間ダイヤグラムに示すように，位相と振幅をかえて 1 回の変調で 6 bit のデータを送る方式が **64 QAM** である．16 段階の振幅変調で 256 値（8 bit）を送る方式が **256 QAM** で

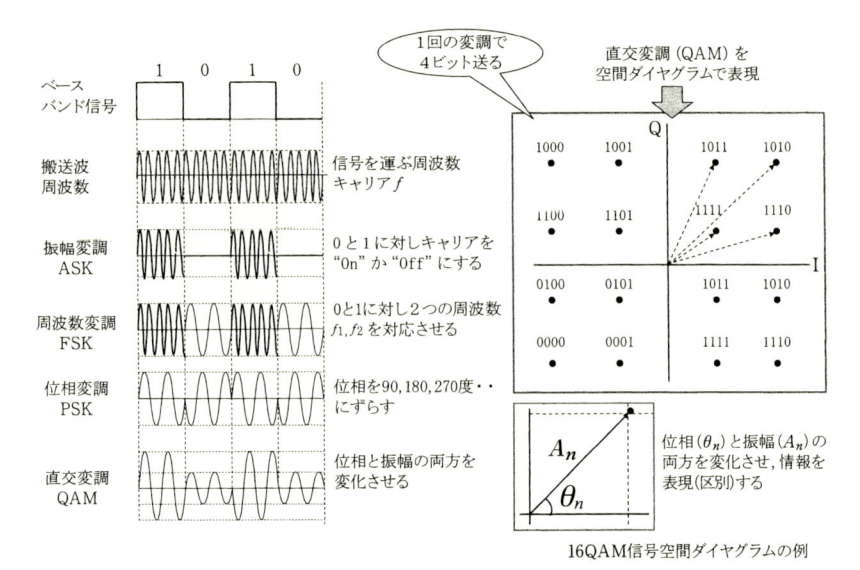

7章　モバイル通信

各種変調方式の比較

- ベースバンド信号: 1 0 1 0
- 搬送波周波数: 信号を運ぶ周波数 キャリア f
- 振幅変調 ASK: 0と1に対しキャリアを "On" か "Off" にする
- 周波数変調 FSK: 0と1に対し2つの周波数 f_1, f_2 を対応させる
- 位相変調 PSK: 位相を90, 180, 270度・・にずらす
- 直交変調 QAM: 位相と振幅の両方を変化させる

1回の変調で4ビット送る

直交変調（QAM）を空間ダイヤグラムで表現

16QAM信号空間ダイヤグラムの例

	Q		
1000	1001	1011	1010
1100	1101	1111	1110
0100	0101	1011	1010
0000	0001	1111	1110

位相 (θ_n) と振幅 (A_n) の両方を変化させ, 情報を表現 (区別) する

A_n, θ_n

図7.10　各種の変調方式の比較

QAM方式の例

1回の変調で6ビット送る　　1象限に16個の信号点

第2象限:
- 101100 101110 100110 100100
- 101101 101111 100111 100101
- 101001 101011 100011 100001
- 101000 101010 100010 100000

第1象限:
- 001000 001001 001101 001100
- 001010 001011 000111 001110
- 001001 001011 000101 000100
- 000000 000001 000101 000100

第3象限:
- 110100 110101 111001 111000
- 110110 110111 111011 111010
- 111110 111111 111011 111010
- 111100 111101 111001 111000

第4象限:
- 010000 010010 011010 011000
- 010010 010011 011011 011001
- 010101 010111 011111 011101
- 010100 010110 011110 011100

位相 θ と振幅値 A の組み合わせを変えることにより情報を表現 (区別) する

A_2, A_1, θ_2, θ_1

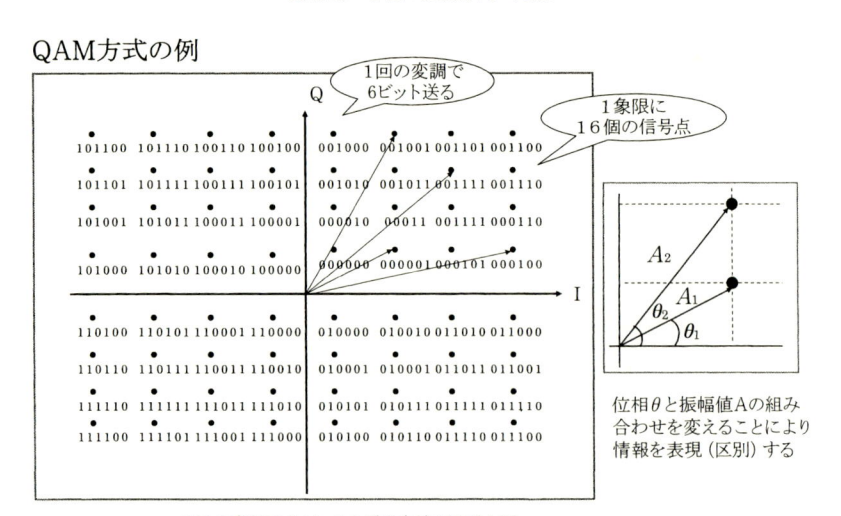

1回の変調で6ビットを送る方式が64QAM

http://www.wdic.org/w/WDIC/64QAM

図7.11　64 QAMの信号空間ダイヤグラム

ある.これら64QAMや256QAM方式は,振幅変調(ASK)や位相変調(PSK)に比べて,効率よくデータを送ることができるが,ノイズの影響を受けやすいという欠点がある.

現在,第3.5世代携帯電話では,16QAMが採用されている.またモバイル**WiMAX**では,64QAMが採用されている.XGP(eXtended Global Platform)では,256QAMが採用されている.XGPは,次世代PHSの標準規格であり,従来からのPHS技術をベースに,その技術を拡張したブロードバンド通信を実現するモバイルのプラットフォームである.第3.9世代携帯電話であるLTEでは,64QAMが採用されることになっている.

7.6 LTE

7.6.1 LTEとは

LTE(**Long Term Evolution**)は新しい携帯電話の通信規格である.現在の第3世代携帯電話のデータ通信速度をさらに進化させ,高速化した通信規格である.LTEは,高速・大容量のデータ通信が可能である.最大通信速度は,理論値で基地局からユーザー端末(下り/ダウンリンク)が最大326.4Mbps,ユーザー端末から基地局(上り/アップリンク)が最大86.4Mbpsである.これは第4世代(4G)の主流になる通信規格である.このように,LTEは高速であると同時にパケット定額料金も安いという特徴がある.

現在の携帯電話は,すでに説明したように,基地局と中継局間は,音声は回線交換方式であり,データはパケット交換方式であり,それぞれ別ルートで伝送している.LTEでは,これが改善され,音声通話もデジタルデータに変換し,映像・音声,データ,すべてをパケットに統合化してIPネットワークで伝送する.

7.6.2 LTEサービス

LTEは第4世代の通信規格であるが,携帯電話各社では3.9世代(第4世代の一歩手前)の高速通信サービスとして,すでに「4GLTEサービス」を開始している.

現在，イベント会場や屋内施設，地下鉄および観光地などで，「4GLTEサービス」が提供されている．4GLTEサービスでは，受信時下り（ダウンリンク）で最大75Mbps，送信時上り（アップリンク）で最大25Mbpsという光ファイバー並みの通信速度が可能になっている．海外でも携帯電話，メールおよびインターネットがそのまま利用できる．

7.6.3 LTEの要素技術

高速・大容量化を実現するLTEの要素技術としては，①多重無線アクセス方式，②アンテナ技術，③変調方式の3つが挙げられる．多重無線アクセス方式は，ダウンリンクには**OFDMA**が使われ，アップリンクには**SC-FDMA**が使われる．アンテナ技術は**MIMO**が使われている．また，変調方式はすでに説明した64QAM方式が使われる．これら3つの要素技術は，通信速度を上げる技術としてLTEに採用される．今後，これらの要素技術をさらに向上させ，周波数を効率よく使い，サービスエリアを拡大して，高速・大容量化を図ることが目標となっている．3つの要素技術について簡単に説明する．

(1) 多重無線アクセス方式

ダウンリンクの無線アクセス方式には，FDMAをベースにし，それを改良したOFDMA（直交周波数分割多元接続：Orthogonal Frequency Division Multiple Access）が使われる．OFDMAは多数の搬送波（キャリア）を利用して，それぞれのキャリアを異なるデジタル信号で変調し，同時並列伝送する方式である．また，アップリンクには，送信時の構造を簡単化したSC-FDMA（Single Carrier Frequency Division Multiple Access）が使われる．

高速ダウンリンクを実現するOFDMAの原理を図7.12に示す．FDMAでは，図7.12（左）に示すように，複数のサブキャリアを配置し，音声などのデジタル信号で変調したサブチャネルを一定間隔ごとに周波数軸上に配置して伝送する．

一方OFDMA（図7.12（右））では，あらかじめ，QAM（たとえば64QAM）で変調したデジタル信号を含む各サブチャネルを互いに干渉しないように，重ねて並べて，伝送する．このように，OFDMAは，互いに干渉しない周波数軸上のチャネルを各ユーザーに割り当て，多重化し，たくさんのユーザーの音声信号を効率よく，伝送する方式である．サブチャネルの搬送波と低速度のデジタル信号

7.6 LTE

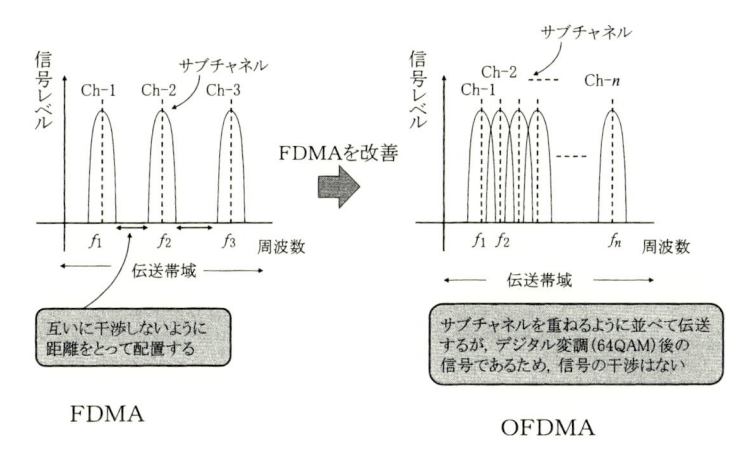

図 7.12 FDMA と OFDMA の比較

を特定の関係になるように工夫すると，互いに干渉を起こさないで，デジタル信号を送ることができる．

一般に複数の経路を通って電波が到達すると，時間的なずれが生じて雑音になる（マルチパス障害）が，OFDMAのメリットは，①このマルチパス障害に強いことが特徴である．また②サブチャネルの間隔を狭くできるので周波数の有効利用ができることである．

LTEの周波数帯域幅は，1.4 MHz，3 MHz，5 MHz，10 MHz，15 MHz，20 MHzの中から選択できる．通常は10 MHzが使われる．

(2) アンテナ技術

MIMO（Multiple Input Multiple Output）は，複数のアンテナを利用してデータを送受信する通信アンテナ技術である．MIMOのしくみを図7.13に示す．同図に示すように，複数のアンテナ（例では4本）を使い，同時に異なるデータ（a, b, c, d）を，それぞれのアンテナから送信し，受信側でそれを合成して，元の信号を得るという方法である．同じ周波数で一度に送受信するので高速・広域かつ高信頼通信を行うことができる．帯域幅は，理論上ではあるが，アンテナが2本の場合は2倍に，3本ならば3倍になる．MIMOは新世代アンテナ技術としてすでにWiMAX，XGPおよび無線LAN規格であるIEEE 802.11nに採用されている．

MIMOのメリットは，複数のアンテナから複数の経路を通って電波が届くの

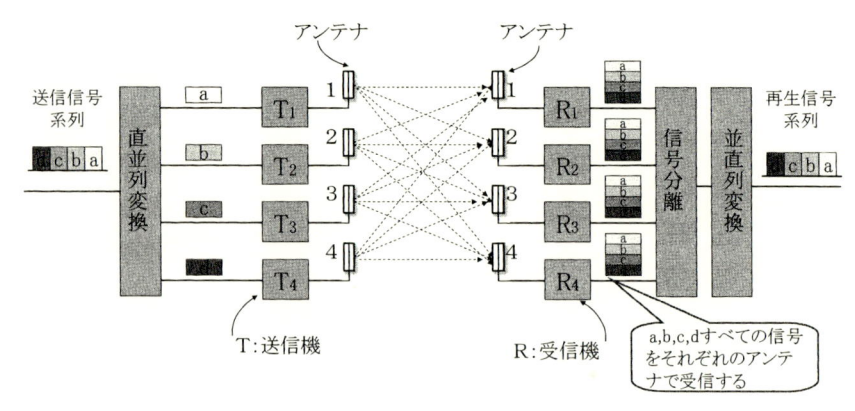

図7.13 MIMOの仕組み

で，障害物がある環境でも通信は安定し，通信状況を大幅に改善することができる．

(3) 変調方式

64 QAMは，すでに図7.11で説明したように，位相と振幅を変えることにより，1回の変調で6 bitを送ることができ，同じ周波数帯域でも従来の方式に比べて多くの信号を送ることができる．

［演習問題］

7.1 CDMAについて簡単に説明しなさい．

7.2 携帯電話で，ユーザーがあるエリア（ゾーン）外に移動しても接続できるのはどうしてか，簡単に説明しなさい．

7.3 デジタル信号を変調するには主に4つの方法がある．4つの方法を挙げて，それぞれの特徴を簡単に説明しなさい．また，振幅変調と位相変調を組み合わせ，8 bitを同時に送る変調方式を何と言うか，述べなさい．

7.4 マルチパスとは何か，またOFDMではマルチパスの影響をあまり受けないが，その理由を簡単に述べなさい．

8章　ネットワークサービス

　通信事業者（プロバイダ）が提供するネットワークサービスにはいろいろな種類がある．最も身近なサービスが，専用線やVPNサービス，広域イーサネットサービスである．自社のLANを構築する場合には，本社のLANと支社や事業所のLANを接続するが，プロバイダが提供する各種サービス内容をよく理解した上で，最適なネットワークシステムを構築しなければならない．その際には，トラフィック内容とその量，コストやセキュリティなどを考慮する必要がある．本章ではプロバイダが提供するネットワークサービスについて説明する．

8.1　専用線サービス

8.1.1　専用線サービス

(1)　専用線サービスとは

　専用線サービスは，プロバイダから専用線を借用し，利用者のLANどうしを常時，接続して，利用者固有の情報を伝送するものである．専用線サービスは，個々の利用者が帯域を専有するユーザー固有のネットワークであり，常時接続，相手固定，定額料金である．他のサービスと比べ，高価ではあるが，トラフィック量が多い場合には経済的に有利である．また，インターネットとは全く独立したネットワークであるので高いセキュリティが確保できる．

　たとえば企業などでは，第1種電気通信事業者から高速デジタル回線を借用して，企業内情報通信ネットワークを構築する場合が多い．これによって，本社と支社間，あるいは支社間どうしをLAN間接続して業務を行う．

　専用線には，いろいろな選択メニューがある．たとえば，通信速度，料金体系，方式（ATMか，STMか），インタフェースはメタリックか，同軸か，光ファイバーケーブルか，サービス品質の程度は，等々があり，よく検討しなければならな

い．

(2) 専用線サービスの種類

専用線サービスには，フレームリレー，セルリレー，ATM，ADSL，広帯域専用線サービス，イーサネット専用線，映像伝送サービスなど，多彩である．また，それぞれプロバイダにより，提供内容はほぼ同じでもサービス名称が異なる場合がある．たとえば，高速デジタル専用サービスと広帯域専用線サービスは，名称が異なるが，サービス内容はほぼ同じである．

従来，専用線サービスとして，フレームリレーなどが使われて来たが，光ファイバー網が容易に利用できるようになり今はあまり使われなくなってきている．

8.2 VPN サービス

8.2.1 VPN とは

VPN（Virtual Private Network）は，複数の利用者が共有する閉じたネットワークである．いわゆる公衆網の中の私設網である．公衆網の中で認証技術や暗号化技術を用いて，セキュリティを高め，安全な通信サービスを提供しようとする技術である．VPNには，図8.1に示すように**インターネット VPN** と，**IP-VPN**

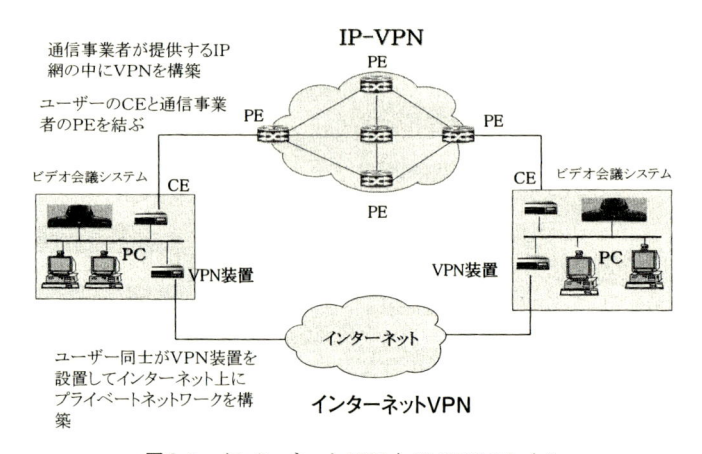

図8.1 インターネット VPN と IP-VPN のしくみ

の2つのタイプがある.

(1) インターネットVPN

インターネット VPN は，インターネットをインフラとして利用する私設網である．インターネット上に仮想的なトンネルを設定し，ユーザー認証，データの暗号化を行い，あたかも自社固有の専用線のようにインターネットを利用する．特徴としては，①インターネットを利用するので，比較的少ない投資でネットワーク構築ができる，②私設網が簡単に構築できる，③コストが安い，④セキュリティは専用線のように高くはないが，ある程度のセキュリティは確保できる．

さらに，インターネット VPN には，**IPsec**（IP Security）型と **VPDN** 型がある．IPsec 型は仮想トンネリング技術として IPsec を利用した VPN である．

IPsec とは，インターネットのセキュリティ方式で，レイヤ3で暗号化やパケット認証，カプセリング化を行う．

IPsec 型インターネット VPN は，インターネットを高いセキュリティで利用する場合に使われ，認証技術と暗号化技術は必須である．

一般に，高度な暗号処理を行うには専用のハードウェアが必要になる．しかしコスト高になるので，インターネット VPN では多少のリスクは覚悟して，暗号化を複雑にしないで通信コストを削減する．

(2) IP-VPN

IP-VPN は，通信事業者の IP ネットワークを実質的な私設網として利用する．図8.1に示すように，IP-VPN はユーザーの CE（Customer Edge router）とプロバイダーの PE（Provider Edge router）を接続して構築する．特徴は，公衆網を使うインターネット VPN よりはセキュリティが高いことである．IP-VPN には，**MPLS** による方法と，IPsec の暗号技術を利用する2つの技術がある．

(3) MPLS ベース IP-VPN

VPN は実質的に専用線のように利用できるが，専用線とまったく同じではない．同一のネットワークを複数の利用者が共有するため，セキュリティが問題となる．インターネット VPN の場合，コストは安いがインターネットを使うため不正アクセスなどを考えておかなければならない．そこで，注目される技術が **MPLS ベース IP-VPN** である．MPLS は，経路制御で高いセキュリティを確保し，仮想的にプライベートな専用線網を構築する技術である．

8.2.2 MPLS

(1) MPLS技術

MPLS（Multi Protocol Label Switching）は，**ラベルスイッチング技術**により経路制御を行う技術である．

ネットワーク内に仮想的なパスをはって通信路を確保する技術がMPLSである．MPLSは，IETFで標準化された技術であり，セキュリティの高い高速パケット転送方式である．図8.2にMPLSの概念を示す．

図8.2に示すように，それぞれのユーザーCEルータ，はパケットをプロバイダのPEルータに転送する．PEルータは受け取ったパケットにユーザー固有のラベルを付けて網内に送出する．パケットを受け取った相手側のPEルータは，ラベルを削除し当該ユーザーのCEルータに渡す．これを**ラベルパス**（LSP: Label Switched Path）という．

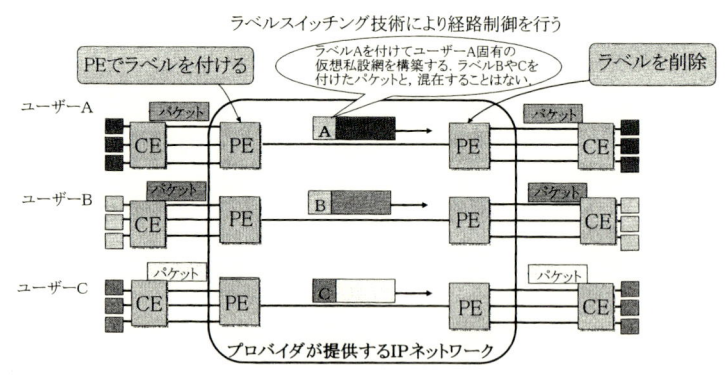

PE: Provider Edge router
CE: Customer Edge router

図8.2 MPLSの基本概念

IPネットワークには「コネクション」という概念がない．よってラベルパスはIP網でコネクション型の通信を実現し，IP網上でプライベートネットワーク（IP-VPN）を構築するという技術である．ラベルパス方式は，一種の仮想的な専用線と見ることができる．またMPLSにはクラスという概念があり，パケット

に優先順位を付けて処理することができる．

IP-VPN は，暗号によって暗号処理を行うため計算負荷が重くなる．またハードウェアを使っても高速化が難しく，コスト高となる．MPLS-VPN はラベルをキーとした高速転送可能な閉域ネットワークであり，セキュリティも高い．したがって最近ではラベルスイッチング方式である MPLS が広く使われている．

(2) MPLS による IP-VPN ネットワーク構成

MPLS による IP-VPN は，「レイヤ 2 MPLS-VPN」とも呼ばれている．レイヤ 2 MPLS-VPN では，ユーザは自社の拠点にカスタマ・エッジ (CE) ルータを設置する．これをプロバイダ側のプロバイダ・エッジ (PE) ルータに接続する．PE ルータは MPLS に対応していることが条件である．PE ルータでラベルの付加とクラス分けを行う．転送先の PE ルータは，このラベルを外してユーザーのルータに届ける．

ラベルによりあて先を判別するので，いろいろなユーザーが混在することはない．よって，IPsec のような暗号化は必要ない．また，パケットの緊急性や重要度により，クラス分けを行う．クラス分けにより QoS 制御が可能になる．

(3) QoS

QoS (Quality of Service) とは，ネットワーク上で帯域を予約し一定の通信速度を保証する技術のことである．遅延が許されないリアルタイム通信などに利用される．たとえば，音声や動画の配信，ビデオ会議，テレビ電話の場合には，リアルタイム性が高く，パケットの遅延は許されない．このような場合には，QoS によってサービス品質を保証する．QoS の方法には，送信パケットに優先順位を付けて送信するか，または一定の帯域を確保して，品質を保証する．伝送帯域を予約するプロトコルに **RSVP** がある．たとえば VoIP (Voice over IP) などは，リアルタイム性が重視されるので QoS で行われる．

8.3 広域イーサネットサービス

8.3.1 広域イーサネット

(1) 専用線サービスの進化

図 8.3 (a) に専用線サービスの進化の過程を示す．LAN 間接続は，当初，64 Kbps から 128 Kbps あるいは 364 Kbps 程度の速度を有する ISDN 回線や，フレームリレー回線 (128 Kbps) を使って行われていた．接続する LAN が増えると，LAN 間接続は，それよりも高速なデジタル回線や ATM 回線によって行われた．その後，VPN 技術の進展とともに，インターネット VPN や IP-VPN サービスが提供されるようになった（図 8.3 (b)）．特にラベルスイッチング方式による MPLS ベース IP-VPN が利用できるようになり，高速，大容量，高信頼のネットワークサービスが利用できるようになった．さらに現在では，レイヤ 2 スイッチで直接 LAN 間を結ぶ広域イーサネットサービスが利用できるようになっている

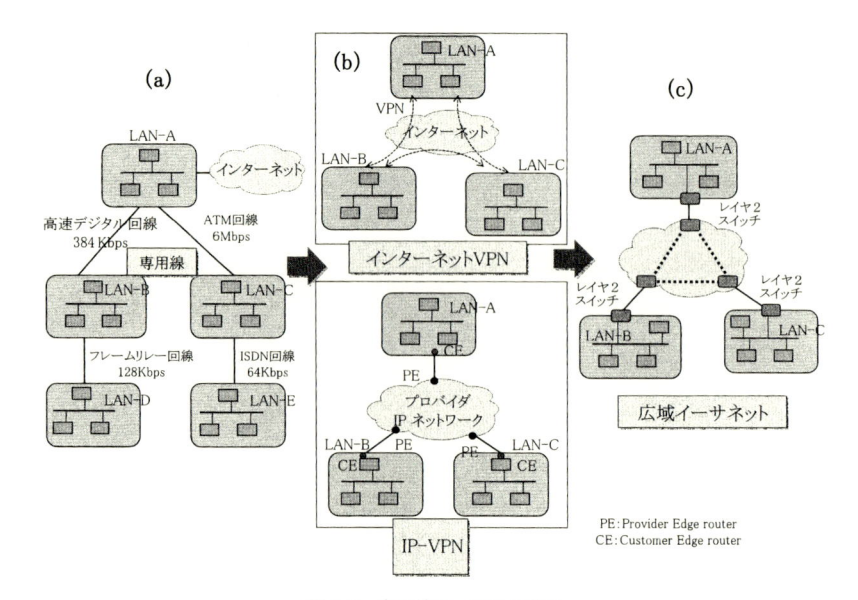

図 8.3　専用線サービスの進化

(図 8.3 (c))．

(2) 広域イーサネットサービス

広域イーサネットは，広域 LAN とも呼ばれる．広域イーサネットは，イーサネット（Ethernet）を利用して拠点間通信を実現するサービスである．広域イーサネットは，レイヤ 2 スイッチを使い，LAN どうしをデータリンク層で接続する，閉域性を確保する通信である．IP レベル（ネットワーク層）ではなく，イーサネットレベル（データリンク層）であることが大きな特徴である．

広域イーサネットは，LAN の広域化を実現するものとして，最近注目されているサービスである．広域イーサネットは，専用線網よりコスト・パフォーマンスに優れている特徴がある．IP-VPN と広域イーサネットの違いを表 8.1 に示す．

表 8.1 IP-VPN と広域イーサネットの違い

	IP-VPN	広域イーサネット
レイヤ	レイヤ 3 （ネットワーク層）	レイヤ 2 （データリンク層）
情報伝送単位	ルータを介する IP パケット通信	レイヤ 2 スイッチを介する MAC フレーム通信
プロトコル	IP のみ利用可	IP 以外の IPX や SNA などにも利用できる

広域イーサネットは，LAN の技術をそのまま WAN として利用していることから WAN との親和性も高いという特徴がある．

8.4 その他のネットサービス

8.4.1 FWA

FWA（Fixed Wireless Access）は，加入者と通信事業者間を高速無線回線で接続する固定無線アクセスシステムである．通信事業者が提供する加入者データ通信サービスで，ADSL や光ファイバー回線などの敷設が困難な地域への接続手段

として使われる．22 GHz，26 GHz，38 GHz の 3 つの周波数帯を使用し，最大 156 Mbps の高速データ通信が実現できる．FWA では，ユーザーの LAN 間を 1 対 1 に結んで通信を行う P-P（Point to Point）方式と，1 つの基地局と複数のユーザーを同時に接続し，1 対 n の通信を行う P-MP（Point to Multiple Point）方式がある．

図 8.4 (a) に示すように，**P-P 方式**では，伝送距離は最大約 4 km で最大速度約 156 Mbps である．**P-MP** 方式では半径約 1 km 以内の複数ユーザー間で LAN 間接続し，最大 10 Mbps 程度の速度で通信を実現する．特徴は，有線系の光ファイバー回線よりも手軽に早く回線設定ができ，コストも安価であることである．

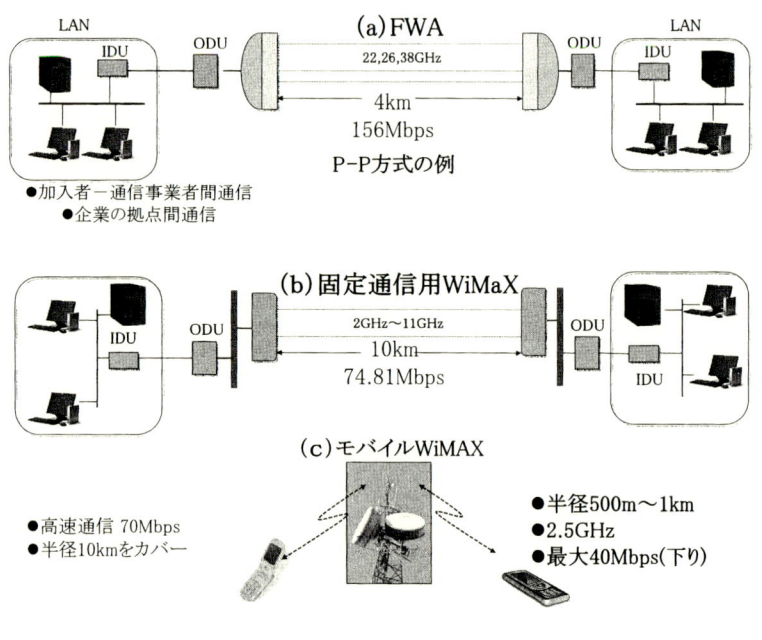

図 8.4 FWA と WiMaX

8.4.2 WiMaX

図 8.4 (b)(c) に示すように，**WiMaX**（Worldwide Interoperability for Microwave Access）サービスには，固定通信用 WiMAX サービスとモバイル用

WiMAX サービスがある．固定通信用 WiMAX は，半径 10 km をカバーし，70 Mbps の高速通信を実現する（図 8.4 (b)）．

一方，モバイル用 WiMAX（図 8.4 (c)）は，高速，大容量のワイヤレスブロードバンド通信方式の 1 つである．Wi-Fi よりも広いエリアをカバーする次世代ワイヤレスブロードバンドである．PC はもちろん，スマートフォンやタブレット端末により**高速ワイヤレスインターネット**を利用するには，必須のサービスである．インターネットプロバイダや，家電量販店などさまざまな事業者が WiMAX サービスを提供している．

規格には IEEE802.16-2004（16d）と，モバイル用途向けには IEEE802.16e（Mobile WiMAX）がある．

8.4.3 クラウドコンピューティング

(1) クラウドコンピューティングサービスとは
クラウドコンピューティング（cloud computing）サービスとは，インターネットを利用したネットワークサービスの利用形態のことである．

ユーザーはブラウザソフトをインストールしたパソコンや携帯情報端末などを用意し，サービス事業者が提供するサーバにアクセスし，各種のコンテンツを利用する．実際に処理が実行されるサーバやコンピュータは，サービスを提供する企業側に設置されている．ユーザーは本来用意すべきコンピュータやサーバは一切用意する必要がなく，いろいろなコンテンツがネットワーク経由で利用できる．

ユーザーは，設備投資する必要はなく，保守費やソフトウェアのバージョンアップも必要はない．さらに，そのための要員も必要ないという大きなメリットがある．ユーザーは，月々のクラウドサービス利用料金を支払うだけでコンピュータリソースが利用できる．一般にクラウドのサービスは，「利用者」と「サービス形態」の 2 つの側面から分類できる．

(2) 利用者からの分類
クラウドコンピューティングはユーザーがどのような種類の利用者か，により，次の 3 つに分類できる．①**パブリッククラウド**（public cloud），②**プライベートクラウド**（private cloud），③**ハイブリッドクラウド**（hybrid cloud）である．パ

ブリッククラウドは，不特定多数のユーザーを対象に提供されるものである．プライベートクラウドは，同一企業内または共通の目的を有する企業群を対象に提供される．ハイブリッドクラウドは，パブリッククラウド利用者とプライベートクラウド利用者を組み合わせた利用者に対するサービスである．

(3) サービス形態からの分類

サービス事業者が提供するサービス形態（サービスレベル）には，アプリケーションサービス（Software as a Service：**SaaS**），プラットフォームサービス（Platform as a Service：**PaaS**），インフラサービス（Infrastructure as a Service：**IaaS**）の3つがある（図8.5）．次に3つのサービスについて説明する．

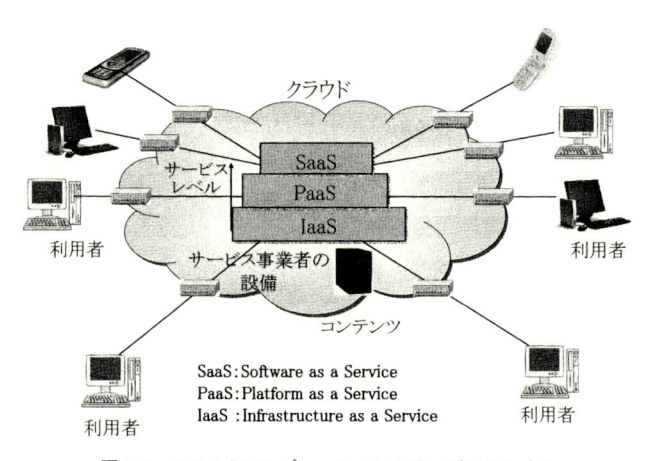

図8.5 クラウドコンピューティングサービスのしくみ

（a） アプリケーションサービス

SaaSは，オフィスソフトウェアなどの機能を提供するサービス形態である．今まで，企業等では，電子メールやワープロ，表計算などのオフィスソフトをパッケージとして購入し，自社のサーバにインストールして，個々人が自分のパソコンで利用していた．これをSaaSにより，インターネット経由で利用できるようにしたものである．今までのように，パッケージソフトを購入し，パソコンやサーバにインストールする必要はない．データがクラウド上にあれば，パソコンやスマートフォン，タブレット端末からデータを見ることができ，共有もできる

ようになる.

(b) プラットフォームサービス

PaaS は，SaaS の上位のサービスレベルで，ソフトウェア開発環境を提供するサービスである．従来，企業では，業務システムなどを構築する際に，先ず，必要なハードウェア基盤を整え，OS，ミドルウェアを購入して開発を行ってきた．PaaS ではサービス事業者が，開発に必要な基盤をデータセンター内に用意して，ユーザーに提供するサービスである．そしてユーザーの利用実績に応じて課金するというサービスである．企業では高価な開発環境を自前で用意する必要はなく，またハードウェアのメンテナンスの必要もない．さらにソフトウェアのバージョンアップなども不要になり，効率よく開発ができるというメリットがある．

(c) インフラサービス

IaaS は，ネットワーク，サーバ，ストレージおよび CPU などのハードウェアと，Windows や Linux など OS を含むインフラ環境を提供するサービスである．ユーザーは，提供されたインフラ環境に，アプリケーションソフトウェアをインストールして利用する．

[演習問題]

8.1 QoS がなぜ必要か，QoS の必要性について簡単にまとめなさい．
8.2 企業内ネットワークを構築する場合，MPLS-VPN（レイヤ 3-VPN）にすべきか，広域イーサネット（レイヤ 2-VPN）にすべきか，両者を比較しながら，どちらを選択すべきか，簡単にまとめなさい．
8.3 クラウドコンピューティングサービスのメリットとデメリットを挙げなさい．

9章　待ち行列理論と信頼性理論

本章では情報ネットワークを設計する際に基礎となる待ち行列理論やトラフィック理論，信頼性理論の概念について説明する．待ち行列理論やトラフィック理論，信頼性理論では，それぞれの理論について考え方を説明し，理論式を使った具体的な例題を中心に説明する．例題を解くことにより，それぞれの理論の考え方が理解できると思う．

9.1　待ち行列理論

9.1.1　待ち行列理論

(1)　待ち行列理論とは

サーバやホストコンピュータに多数の回線から同時にアクセスすると，一度に処理できず待ち行列ができる．このような場合，たとえば，ホストコンピュータではオペレーティングシステム（OS）の管理プログラムでアクセス競合を避け，待ち行列の管理を行う．またパケット交換では，あるルートの伝送路が輻輳すると，パケットを他の伝送路に迂回させるか，あるいは待ち行列をつくり，回線が空くのを待って空き次第伝送する．一般に限定された装置に複数の処理要求を同時に出すと，一度に処理できなくなり，待ち行列が発生する．待ち行列は通信設備だけではなく，銀行の窓口や駐車場，スーパーマーケットのレジなど，日常多くのところで見られる．待ち行列が発生すると，ある一定時間待つか，あるいはサービスを受けないであきらめて帰ることになる．一定時間待つ場合には，どれぐらいの時間待つのかが問題となる．待ち合わせの確率を理論的に求めるのが**待ち行列理論**である．

(2)　待ち行列理論のモデル

待ち行列の一般的な概念を図9.1に示す．図に示すように，サービスを受ける対象を**トランザクション**という．トランザクションは，ランダムに発生し，サー

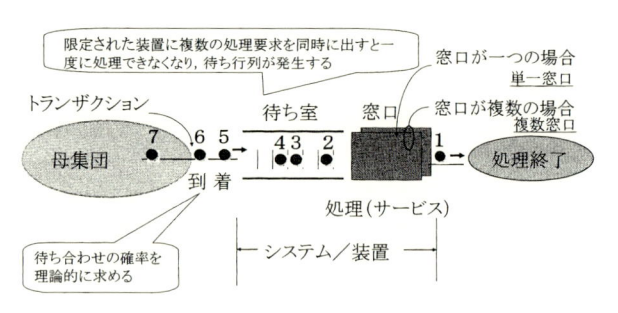

図 9.1 待ち行列のモデル

ビスを受けるために次々とシステムに到着する．そして処理を要求する．トランザクションにはいろいろなものがある．たとえばスーパーマーケットのレジであれば会計処理を待つ人であるし，駐車場であれば車である．また，通話の場合には**呼**（call）である．また，ある母集団からトランザクションが処理系に入ることを**到着**という．トランザクションは窓口で**サービス**（処理）を受けるが，窓口がふさがっていれば待ち室で待つ．そして，窓口が開き次第，処理を受けて出ていく．

待ち行列の問題を解くには，このようなモデルを想定する．このモデルを**待ち行列モデル**または**窓口モデル**という．

(3) モデルの特性を表す尺度

(a) 平均到着率（λ）

単位時間にシステムに到着するトランザクションの平均数をλという．λは平均到着時間間隔t_aの逆数であり，次式で表わされる．

$$\lambda = \frac{1}{t_a}$$

(b) 平均サービス時間（t_s）

システムに到着するトランザクションがサービスを受ける平均時間を**平均サービス時間**t_sという．t_sはトラフィック理論では**平均保留時間**を表す．また，μは単位時間あたりのサービストランザクションの平均数を表す．

$$t_s = \frac{1}{\mu} \ (\mu：平均サービス量)$$

9.1 待ち行列理論

(c) 呼量（a）

単位時間内に窓口サービスが行われている時間を**呼量**という．$a=1$ (erl) のとき，窓口は常時占有され，フル稼働状態を表す．単位は **erl（アーラン）**である．

$$a = \frac{\lambda}{\mu}$$

(d) 窓口利用率（ρ）

単位時間当りの**窓口利用率**を ρ という．

$$\rho = \frac{\lambda}{m\mu} \quad (m：窓口数(=s))$$

ρ は，**窓口数**（出回線数 s）が1のとき呼量 a に等しい．

(e) 平均待ち時間（t_w）

トランザクションがシステムに到着してからサービスを受けるまで，待ち室で待つ平均時間を**平均待ち時間** t_w という．

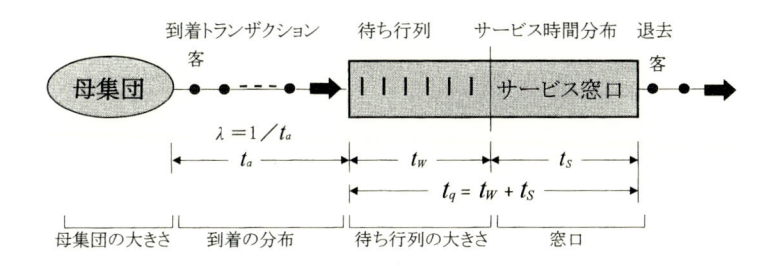

t_a：平均到着時間間隔	$t_a=1/\lambda$	
λ：平均到着率	$\lambda=1/t_a$	単位時間内にやってくる平均トランザクション数
t_w：平均待ち時間	$t_w=[\rho/(1-\rho)]\cdot t_S$	窓口が1の場合，窓口利用率 ρ は，呼量 a に等しい
μ：平均サービス量	$\mu=1/t_S$	
t_S：平均サービス時間	$t_S=1/\mu$	
t_q：平均応答時間	$t_q=t_w+t_S$	
a：呼量	$a=\lambda/\mu=\lambda\cdot 1/\mu=\lambda\cdot t_S$	

出典：都丸他著，「ネットワークスペシャリスト重点教本」，日本経済新聞社編(1999)

図9.2　待ち行列の関係式

(f) 平均応答時間（t_q）

トランザクションがシステムに到着し，サービスを受けて出るまでの時間を**平均応答時間** t_q という．t_q は系内時間ともいう．

$$t_q = t_w + t_s$$

図9.2に，待ち行列モデルの関係式をまとめておく．

(4) リトルの式

ある待ち合せシステムに到着するトランザクションの平均到着率を λ，平均待ち時間を t_w，平均待ち客数を L_q とするとき，次の式が成り立つ（図9.3）．

$$L_q = \lambda t_w$$

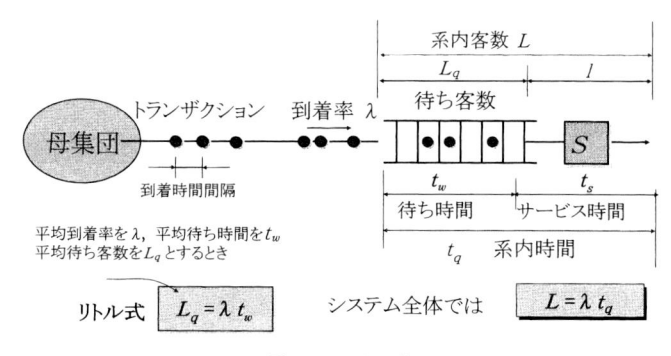

図9.3 リトル式

この式を**リトル式**（little formula）という．また，現在，窓口でサービスを受けている人を含めシステム（系）全体を考えると，次の式が成り立つ．

$$L = \lambda t_q$$

ここで，L は系内客数を表す．また，$t_q = t_w + t_s$ である．

［例題1］ ある図書館に1時間に30人の割合で学生が来館し，パソコン端末を利用して本の検索をするという．端末台数に制限があり，利用待ちが発生する．待ち合わせの学生数は，平均3.5人であった．また，学生が検索のためにパソコン端末を占有する平均時間は5分である．

(a) 学生の到着率 λ を求めよ．
(b) 平均待ち時間 t_w を求めよ．

(c) 学生がある時間待ってから，端末を使って検索し，帰るまでの時間を求めよ．
(d) この目的のために図書館に常時いる学生数を求めよ．

(解答)
(a) 単位時間内に図書館に来る学生（平均トランザクション）の割合（到着率 λ）は
$$\lambda = 30/60 = 0.5$$
(b) 平均待ち時間 t_w は，リトル式 $L_q = \lambda t_w$ より，
$$t_w = \frac{L_q}{\lambda} = \frac{3.5}{0.5} = 7 \,(\text{分})$$
(c) 学生がある時間待ち，その後，端末を利用して帰るまでの時間が系内時間であるから
$$t_q = t_w + t_s = 7 + 5 = 12 \,(\text{分})$$
(d) よって，図書館に常時いる学生数は系内客数である．
$$L = \lambda t_q = 0.5 \times 12 = 6 \,(\text{人})$$

(5) ケンドールの記号

待ち行列モデルには，条件によりいろいろなモデルが考えられる．各種のモデルを表現するのにケンドールの記号が使われる（図 9.4）．
$$X/Y/S(m)$$

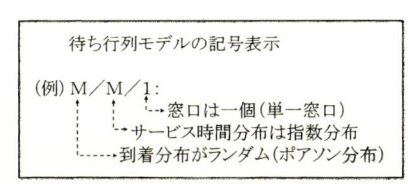

```
┌─────────────────────────────────────┐
│      待ち行列モデルの記号表示           │
│ (例) M／M／1：                        │
│            └→ 窓口は一個（単一窓口）    │
│         └→ サービス時間分布は指数分布   │
│      └→ 到着分布がランダム（ポアソン分布）│
└─────────────────────────────────────┘
```

一般式としては

```
                  ┌─ 窓口数   システムの容量 ─┐
                  │                            │
                     X／Y／S(m)
                        └→ 処理分布（サービス時間分布）
                              （または保留時間分布）
                     └→ 到着間隔分布（生起間隔分布）
```

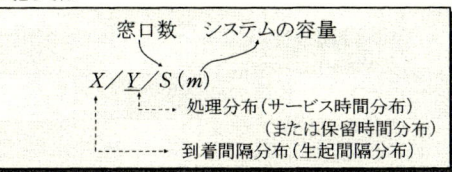

M：指数分布（ポアソン分布）　　G：一般分布　　D：一定分布（単位分布）

図 9.4 ケンドールの記号

ここで，Xは，トランザクションの**到着間隔分布**（生起間隔分布）を表す．Yは，**処理分布**（サービス時間分布）を表す．交換系では**保留時間分布**という．Sは窓口数で，対象によっては出線数またはサーバ数ともいう．また，mはシステムの容量を表す．一般にX，Y，Sは次の記号を用いる．

M：指数分布（ポアソン分布ともいう）
G：一般分布
D：一定分布（単位分布ともいう）

このほか，**K相アーラン分布**を表すE_k，一般分布で互いに独立である分布を表すGIがある．たとえば**M/M/1 モデル**は，トランザクションの到着がランダムで，サービス時間が指数分布にしたがう窓口が1つである単一窓口モデルを表す．

(6) 窓口モデルの種類

待ち行列モデルには，**単一窓口モデル**と**複数窓口モデル**がある．単一窓口モデルとは，1つの待ち行列に対して1個の窓口で処理をするモデルである．単一窓口モデルには，表9.1に示すように，**M/M/1，M/G/1，M/D/1 モデル**がある．複数窓口モデルとは，1つの待ち行列に対して複数の窓口で処理をするモデルである．複数窓口モデルには，M/M/m モデルが代表的である．

表9.1 窓口モデルの種類と特徴

窓口数	待ち行列モデル	到着分布	サービス時間分布	待ち時間 t_w の計算式	備考
単一窓口	M/M/1	ランダム	指数分布	$t_w = \dfrac{a}{(1-a)} t_s$	平均応答時間 単一窓口の場合 $t_q = \dfrac{1}{1-a} t_s$　$a=\rho$
	M/G/1	ランダム	一般分布	$t_w = \dfrac{a(1+C_s^2)}{2(1-a)} t_s$	C_s^2：保留時間の平方変動係数（分散/平均^2）（注2）
	M/D/1	ランダム	一定分布	$t_w = \dfrac{a}{2(1-a)} t_s$	
複数窓口	M/M/m	ランダム	指数分布	$t_w = \dfrac{P(B) t_s}{m - \lambda t_s}$	$P(B)$：m個の窓口がすべてサービス中である確率

注1) 回線利用率 ρ $(\rho = a/s)$ は，出回線数 n が1回線のときは呼量 a に等しい．
注2) ポランチェック-ヒンチンの式という．

複数窓口モデルにはこのほか，次のようなモデルがある．

① 到着がポアソン分布で，処理が指数分布，窓口数がS，システム容量が無

限（無限待ち数）である M/M/S モデル．
② 到着がポアソン分布で，処理が指数分布，窓口数が S，システム容量が m 個（待ち室 m）の M/M/S(m) モデル．
③ 到着がポアソン分布で，処理が指数分布，待ち室のない M/M/S(0) モデル．

(7) 待ち行列理論の応用

単一窓口および複数窓口モデルの応用例を例題により説明する．

(a) 単一窓口の例

[例題 2] 図 9.5 に示すように伝送速度 $V=64$ Kbps の回線を使い，平均長 $L=256$ (byte) の可変長パケットを伝送し，サーバに問い合わせを行うとき，平均待ち時間 t_w および平均応答時間 t_q を求めよ．ただしパケットはランダムに到着し，到着率 λ は 10（パケット/sec）である．また保留時間 t_s は，$t_s=L/v$ (sec) の指数分布で近似するものとする．

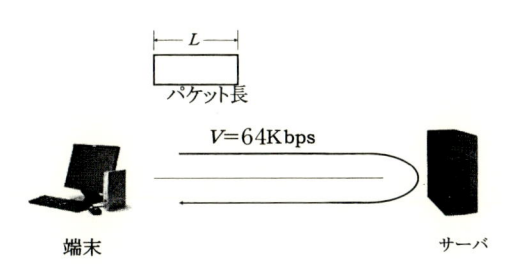

図 9.5 可変長パケットによる問い合わせ

（解答） 使用する回線は 1 回線で可変長パケットがランダムに到着し，サービス時間（保留時間）は指数分布である．よって，単一窓口モデルの M/M/1 を適用する．すなわち，長さが一定でないパケットが指数分布で到着する場合，回線保留時間は一定ではない．このような場合，M/M/1 モデルを適用する．

$$t_s = \frac{L}{v} = \frac{256 \times 8}{64,000} = 0.03 \text{ (sec)}, \quad a = \lambda \times t_s = 10 \times 0.03 = 0.3 \text{ (erl)}$$

$$t_w = \frac{a}{1-a} \times t_s = \frac{0.3}{1-0.3} \times 0.03 = 0.013 \text{ (sec)}$$

$$t_q = \frac{1}{1-a} \times t_s = \frac{0.03}{1-0.3} = 0.043 \text{ (sec)} \quad (t_q = t_w + t_s = 0.013 + 0.03 = 0.043)$$

よって平均応答時間は，<u>0.043 (sec)</u>

(b) 複数窓口の例

1個の窓口（回線）では処理できないような場合，複数の窓口（回線）が必要である．複数の窓口により問題解決を図るには，M/D/mモデルを適用する．M/D/mモデルの条件は，トランザクションの発生がランダムであり，サービス時間は指数分布にしたがう．また，それぞれの窓口への平均到着率は等しく，各窓口の平均サービス時間は等しい．

[例題3] 図9.6に示すように，コンピュータA，Bが7回線で結ばれ，照会応答を行っている．この場合，可変長のメッセージがランダムに到着し，到着率λは0.5（件/秒）とする．平均サービス時間 t_s=5秒で，指数分布にしたがうとき平均待ち合せ時間 t_w を求めよ．ただし，回線群がサービス中である確率は表9.2により求めよ．

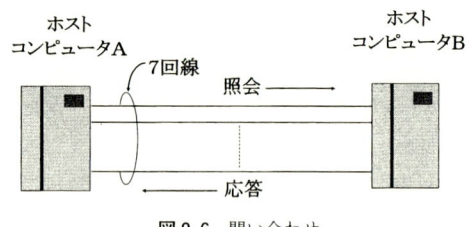

図9.6 問い合わせ

（解答）窓口（回線）数が可変長のメッセージがランダムに到着し，サービス時間（保留時間）は指数分布である．よって，この場合には複数窓口モデルのM/M/mを適用する．最初に m 回線がすべてサービス中の確率 $P(B)$ を求める．
$a=\lambda t_s$ より，a=0.5×5=2.5 erl，s=(n=)7であるから，表9.2より，$P(B)$=0.01である．よって

$$t_w = \frac{P(B)t_s}{m - \lambda t_s} = \frac{0.01 \times 5}{7 - 2.5} = 0.011 \text{ (sec)}$$

表 9.2 回線群がサービス中である確率

$P(B)$ \ n	0.001	0.005	0.01	0.02	0.1
1	0.0010	0.0050	0.0101	0.0204	0.1111
2	0.0458	0.1054	0.1526	0.2235	0.5954
3	0.1938	0.3490	0.4555	0.6022	1.2708
4	0.4393	0.7012	0.8694	1.0923	2.0454
5	0.7621	1.1320	1.3608	1.6571	2.8811
6	1.1459	1.6218	1.9090	2.2759	3.7584
7	1.5786	2.1575	2.5009	2.9354	4.6662
8	2.0513	2.7299	3.1276	3.6271	5.5971
9	2.5575	3.3326	3.7825	4.3447	6.5464
10	3.0920	3.9607	4.4612	5.0840	7.5106
15	6.0772	7.3755	8.1080	9.0096	12.4834
20	9.4115	11.0916	12.0306	13.1815	17.6132
30	16.6839	19.0339	20.3373	21.9316	28.1126
40	24.4442	27.3818	29.0074	30.9973	38.7874
50	32.5119	35.9818	37.9014	40.2551	49.5621
60	40.7950	44.7566	46.9497	49.6441	60.4013
70	49.2390	53.6615	56.1120	59.1291	71.2857
80	57.8104	62.6676	65.3628	68.6881	82.2033
90	66.4837	71.7551	74.6843	78.3059	93.1465
100	75.2420	80.9099	84.0642	87.9720	104.1098

（注） 表中の数値は呼量 (a) を現す.

9.2 トラフィック理論

9.2.1 トラフィック理論

(1) トラフィック理論とは

トラフィック (traffic) とは，一般に交通，物流あるいは情報の「流れ」のことである．特に電気通信におけるトラフィックとは，通話（呼）の流れのことを意味する．電気通信は，いつでも，どこでも，誰とでも，すぐに，通信が低料金でできることが望ましい．この条件を満足させるには，電気通信システムの**通信量**，**通信設備数**および**接続品質**の3つがうまくバランスしていなければならない．たとえば通信量が非常に多いのに，設備数が少ないと，ビジーになる確率が増え，サービスが低下する．これら3者の関係を理論的に明らかにし，バランス

のとれた最適な電気通信システムを設計する理論が**トラフィック理論**である.

(2) トラフィックの集団特性

(a) 呼の生起，終了

図9.7に示すように，通話のために回線が占有（使用）される開始時間 t_1 や t_3 を**呼の生起**という．また，通話が終了し，回線が解放される時間 t_2 や t_4 を**呼の終了**という．呼が生起し，終了するまでの時間 (t_2-t_1) を保留時間という．いくつかの呼の保留時間を平均したものが**平均保留時間**である．

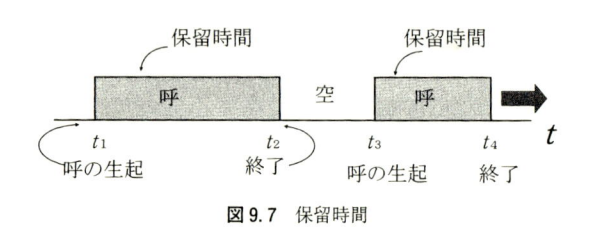

図9.7 保留時間

(b) 呼数

トラフィック理論では1つ1つの呼に注目するのではなく，呼を集団として統計的に扱う．図9.8は，回線 A, B, C, D の呼の状態を示している．ある時間 t_1 に，回線群の状態を見ると回線 A と回線 D が通話のために保留されている．このように，ある時間に生起した呼の数を**呼数**という．図の例では，時間 t_1 における呼数は2である．

トラフィック量： $T=\sum_{i=1}^{n} T_i$

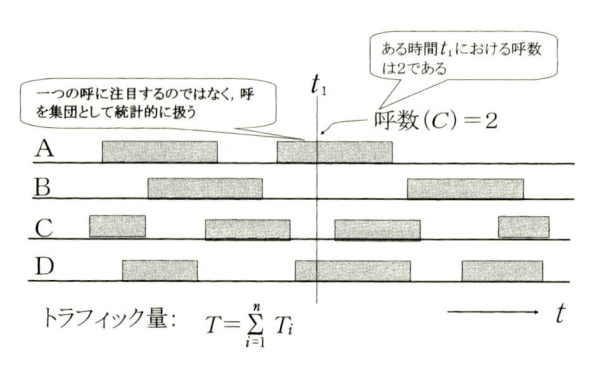

図9.8 トラフィック量

9.2 トラフィック理論

(c) トラフィック量

生起した呼が通信設備を占用する延べ保留時間を**トラフィック量**（traffic volume）という．すなわちトラフィック量とは，ある時間（観測時間）T_0 内に通信設備が占有された延べ時間をいう．よってトラフィック量 T は次式で表される．

$$T = \sum_{i=1}^{n} T_i$$

(d) 呼量

呼量とはトラフィック量（T）と観測時間（T_0）との比であり，**トラフィック密度**を表す．単位時間あたりのトラフィック量といってもよい．また呼量は，ある観測時間（T_0）内に，平均保留時間（h）（h は，待ち合わせ理論の平均サービス時間 t_s に等しい）の呼が C 個発生したとき，一般に次式で表される．単位はアーラン（erlang：erl）である．呼量と呼数の関係を図 9.9 に示す．

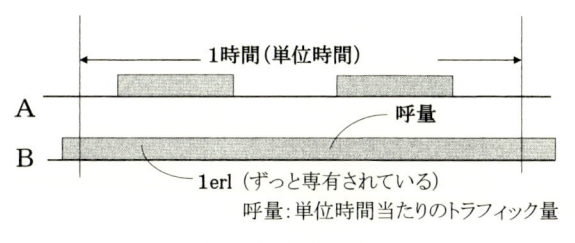

図 9.9 呼量と呼数

$$呼量(a) = \frac{トラフィック量 \left(\sum_{i=1}^{n} T_i\right)}{観測時間(T_0)} = \frac{呼数 \times 平均保留時間}{観測時間} = \frac{C \cdot h}{T_0} \,(\mathrm{erl})$$

1 アーランとは，1 回線が運ぶことのできる最大呼量である．たとえば，1 回線が 1 時間に間断なく使用されると，その呼量は 1 アーランである．

[例題 4] ある回線の 10 時から 12 時までのトラフィックの状態を調べたところ，図 9.10 のようになった．呼量 a_1 を求めよ．また，10 時から 11 時 10 分までの呼量 a_2 はいくらか．

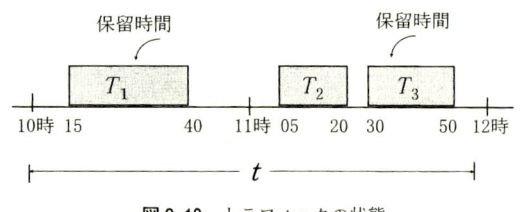

図 9.10 トラフィックの状態

（解答） 10 時から 12 時までの時間帯における呼量 a_1 を求める．
- トラフィック量　：$T_a = T_1 + T_2 + T_3 = 25 + 15 + 20 = 60$
- 観測時間　　　　：$t = 120$
- 呼量　　　　　　：$a_1 = T_a/t = 0.5 \, \text{erl}$

10 時から 11 時までの時間帯における呼量 a_2 を求める．
- トラフィック量　：$T_b = 25 + 5 = 30$
- 観測時間　　　　：$t = 70$
- 呼量　　　　　　：$a_2 = T_b/t = 0.43 \, \text{erl}$

[**例題 5**] ある回線群の 9 時から 10 時までの呼数を求めたところ 80 であった．また呼の平均保留時間は 180 秒であった．この回線群の呼量 a を求めよ．
（解答）

$$呼量\,(a) = \frac{C \times h}{T_0} = \frac{80 \times 180}{60 \times 60} = 4 \, \text{erl}$$

(e) 生起呼量とそ通呼量

ある交換機の入回線に生起する平均呼数を**生起呼量** (a) または，**加わる呼量**という（図 9.11）．これに対して呼が出回線を捕捉し，呼が運ばれたとき，**そ通呼量**

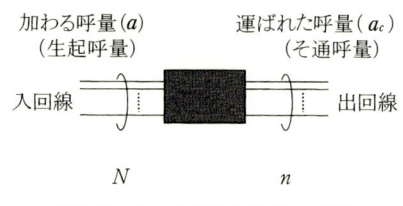

図 9.11 加わる呼量と運ばれる呼量

または**運ばれた呼量**（a_c）という．生起呼量とそ通呼量の間には $a \geq a_c$ の関係が成り立つ．

(f) 回線能率

ある回線群が運ぶことのできる最大呼量と実際に運ばれた呼量との比を回線能率（η）という．すなわち回線能率とは，回線の使用率を表し，出回線数（n）と実際に運ばれた呼量（a_c）との比であらわされる．

$$\text{回線能率}(\eta) = \frac{\text{運ばれた呼量}}{\text{最大呼量(回線数)}} = \frac{a_c}{n}$$

1回線の最大そ通呼量は1アーランであるから，$0 \leq \eta \leq 1$ の関係が成り立つ．

(g) 呼損率

呼損率（B）とは，ある回線群の生起呼量に対して接続されなかった呼との比をいう．すなわち，呼損率は話し中になる確率を意味している．

$$\text{呼損率}(B) = \frac{\text{運ばれなかった呼量}}{\text{加わる呼量}} = \frac{a - a_c}{a} = 1 - \frac{a_c}{a}$$

ある呼が交換機 A, B を通り接続されるとき，それぞれの交換機で発生する呼損率を B_a, B_b とすれば，**総合呼損率**は，$B = B_a + B_b$ で求められる．

[例題6] ある回線群の生起呼量（加わる呼量）を測定したところ99アーランであった．また，そのときのそ通量は95アーランであった．呼損率を求めよ．

（解答）

$$\text{呼損率}(B) = \frac{a - a_c}{a} = 1 - \frac{a_c}{a} = 1 - \frac{95}{99} = 0.05$$

(3) 呼の性質の仮定

トラフィック理論では，呼は通常ランダムに生起し，互いに独立で相互に関連性はないとして扱う．したがって統計的には呼の生起の仕方は，**ポアソン分布**にしたがう．生起した呼が設備を捕捉してから開放するまでの時間を，呼の保留時間という．保留時間は指数分布に近似する．

(4) 各パラメータの関係

(a) 出回線数（n）と生起呼量（a）との関係

出回線数（n）と生起呼量（a）との関係は，図9.12のようになる．いま，出回

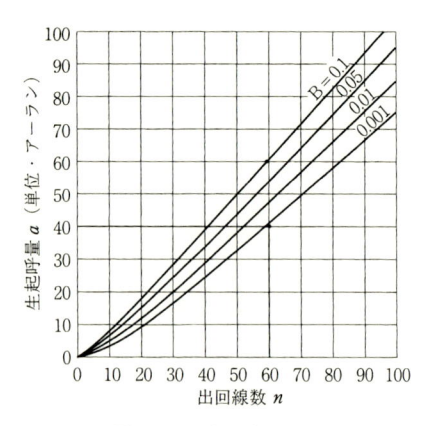

図 9.12 n と a との関係

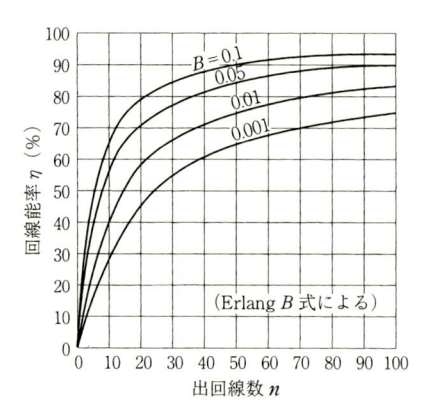

図 9.13 n と η との関係

線数を 60 回線,呼損率 B を 0.001 とすると,生起呼量は図 9.12 のグラフから,約 40 アーランになる.また呼損率 B を 0.1 とすると,約 60 アーランの呼を加えることができる.したがって加わる呼量が一定のとき,出回線数 (n) を大きくすれば,平均待ち合せ時間は当然短くなる.

(b) 出回線数 (n) と回線能率 (η) との関係

図 9.13 のグラフから分かるように,出回線数 (n) が大きくなると回線能率 (η) は向上する.また,出回線数が一定で呼損率が小さくなると,回線能率は低くなる.

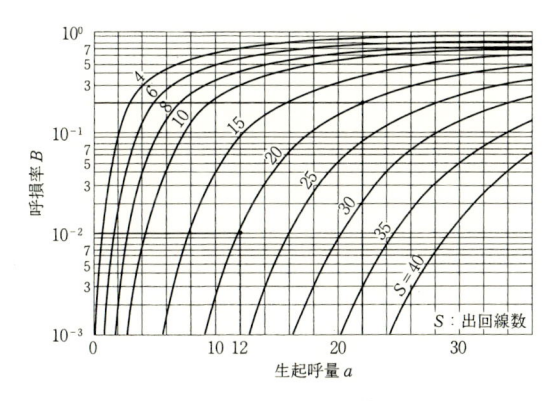

図 9.14 a と B の関係

(c) 生起呼量 (a) と呼損率 (B) との関係

図 9.14 より出回線数を 20，生起呼量を 12 アーランとすると，呼損率は約 0.01 になる．また，22 アーランとすると呼損率は約 0.2 になる．したがって呼損率を小さく（接続品質をよく）すればするほど，同じ生起呼量に対して必要な出回線数は多くとらなければならないことがわかる．呼損率を一定にしたとき，生起呼量が多くなれば，出回線数は増加させなければならない．

(5) 即時式と待時式

一般に，出回線数は入回線数に比べて少なく設定する．したがって，呼が回線話中になることがある．このときトラフィックをどのように制御するかによってサービスの仕方が違ってくる．この場合のサービス方式には，即時式と待時式がある．

(a) 即時式

出回線がすべて使用中で空出回線がない場合，接続をしないで拒絶するサービス方式を**即時式**（**損失方式**）という（図 9.15 (a)）．即時式は，呼の発生時に空きの出回線がなければ呼を無効にするという方式である．この場合，呼損が問題になる．即時式の場合の評価尺度としては呼損率が用いられる．呼損率は**アーランB式**で求められる．

(b) 待時式

出回線がすべて使用中で空出回線がない場合，回線が空くまで待つサービス方

式を**待時式（待ち合わせ方式）**という（図9.15（b））．この場合，待ち時間が問題となる．したがって待時式の場合の評価尺度は，待たなければならない確率（待ち率）や待ち時間が用いられる．待ち合わせ呼は出回線が空くまで待つが，待ち合わせる場合の待ち合わせ率や平均待ち合わせ時間等の式は**アランC式**で求められる．

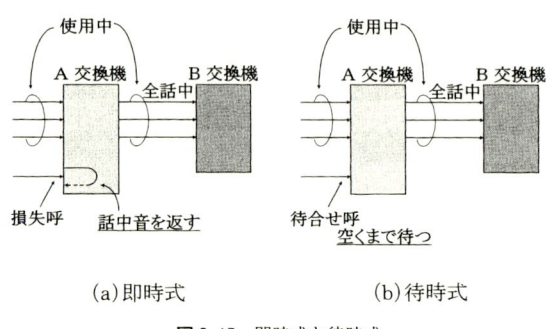

図9.15 即時式と待時式

9.3 信頼性理論

9.3.1 信頼性理論

(1) 信頼性とは

信頼性とは，「系，システム，機器及び部品などが定められた条件のもとで，ある期間中，規定の機能を遂行する確率」のことである．高度情報社会の進展により，情報ネットワークシステムはますます大規模化し，複雑化，高性能化している．そのために，システムに障害が発生すると社会活動や企業活動に大きな影響を及ぼすことになる．したがって，ネットワークシステムは，つねに高信頼度に保つ必要がある．システムの信頼性設計を行う方法が信頼性理論である．

ネットワークシステムの信頼性設計では，ハードウェア，ソフトウェアおよび保守者の誤操作に着目して設計する．

システムや機器，装置，部品などが使用を開始してから故障するまでの時間を

故障寿命という．故障寿命を確率変数 T とすると，信頼度は時間 t とともに変化する確率関数で表される．

ある時刻にシステムが正常である確率を信頼度関数 $R(t)$ とする．また不信頼度関数（故障分布関数）を $F(t)$ とすると，両者には次のような関係が成り立つ．

$$R(t)+F(t)=1, \quad R(t)=1-F(t)=Prob\{T>t\}$$

(2) 信頼性の評価尺度

信頼性を評価する尺度には，**信頼度 R，故障率 λ，平均故障時間 MTBF，平均修理時間 MTTR，稼働率 A** がある．

(a) 信頼度 (R)

信頼度は，与えられた条件の下で，ある期間中，決められた機能を果たす確率であり，次式で表される．

$$R[\%] = R(t) = 1 - F(t)$$

ここで $F(t)$ は累積故障率を表し，$F(t) = \int_0^t f(t)dt$ で与えられる．また $f(t)$ ($t \geq 0$) は，故障の密度関数を表わす．R の値は 0 から 1 までの範囲をとる．

(b) 故障率 (λ)

故障率 (λ) は，単位時間中に故障する平均故障回数であり，次式で表される．

$$\lambda[\%10^3 \mathrm{hr}] = \frac{f(t)}{1-F(t)} = \frac{f(t)}{R(t)} = \frac{d \ln R(t)}{dt}$$

(c) 平均故障時間（MTBF）

MTBF（Mean Time Between Failures）は，故障が発生してから，次の故障が発生するまでの平均時間であり，次式で表される．

$$\mathrm{MTBF} = \frac{総動作時間}{故障回数} = \frac{\sum A_n}{n} = \frac{1}{\lambda}\,[\mathrm{hr}]$$

(d) 平均修理時間（MTTR）

MTTR（Mean Time To Repair）は，何回か故障が発生した場合，1 件あたりの障害修理に要する平均時間であり，次式で表される．

$$\mathrm{MTTR} = \frac{総修理時間}{故障回数} = \frac{\sum M_n}{n} = \frac{1}{\mu}\,[\mathrm{hr}]$$

MTTR の代わりに **MDT**（Mean Down Time：故障回数の平均時間）を使う場合もある．また，これとは逆に，正常に動作しつづける平均時間として **MUT**

(Mean Up Time) も使われる.

$$\mathrm{MDT} = \frac{故障停止時間}{故障回数} \quad \mathrm{MUT} = \frac{実稼動時間}{稼動回数}$$

(e) 稼働率 (Availability)

稼働率は,利用率ともいわれ,修理しながら使いつづけている,ある系が,時刻 t で使用可能な状態にある確率をいう.

$$A = \frac{\mathrm{MTBF}}{\mathrm{MTBF}+\mathrm{MTTR}} = \frac{\mu}{\lambda+\mu} \quad (固有アベイラビリティ)$$

(3) RAS

システムの信頼度解析には,**RAS**(Reliability, Availability and Serviceability)を考慮することが重要である.RAS は,信頼性(R:Reliability)と稼働率(A:Availability),保守性(S:Serviceability)のことでシステムの評価尺度を表す.信頼性の評価尺度には,平均故障時間(MTBF)が使われる.また,稼働率の評価尺度にはアベイラビリティ(A)が使われる.保守性の評価尺度には平均修理時間(MTTR)が使われる.

(4) RASIS

RASIS(RAS, Integrity, Security)は,RAS の評価尺度に**統合性**(Integrity)と**安全性**(Security)を加えて,尺度を拡張したものである.RASIS は,信頼性の技術を総称した尺度としてよく使われている.RASIS には,次のような意味がある.

(a) 信頼性

システム稼働中の故障発生を最小化することが目的である.信頼性解析のための評価尺度として,平均故障間隔 MTBF と瞬間故障率 $\lambda = 1/\mathrm{MTTF}$(単位は FIT)が使われる.

(b) 稼働性または可用性

稼働性は,故障が起きてもシステムを停止させないで可能な限り稼動を続行させることが目的である.評価尺度は稼動率 A である.

(c) 保守性

保守性は,保守の容易さにより,故障個所の早期発見と早期修理を可能にすることが目的である.評価尺度は,平均修理率 MTTR と,保全回復率 $\mu = 1/$

MTTR が使われる.

(5) 信頼度計算

一般にシステム（系）は，たくさんの装置や部品から構成される．システムは，構成の仕組みにより直列システム（系）と並列システム（系）に分けられる（図9.16）．システムの信頼度は，直列システムや並列システム，それぞれの稼働率を求めることにより求められる．

(a) 直列システム

直列システム（図9.16 (a)）の稼働率は，すべての装置が正常に動作するときだけシステム全体が稼働する．どれか1つでも故障すればシステム全体が故障することになる．全体の稼働率を A_s とすると，

$$A_s = \prod A_i$$
$$= A_1 \times A_2 \times A_3 \times \cdots\cdots \times A_n \quad \text{ここで } i = 1, 2, 3, \cdots\cdots, n$$

として求められる．

(b) 並列システム

並列システム（図9.16 (b)）では，すべての機器が故障したときだけシステム全体が故障になる．どれか1つでも正常であればシステムは稼働する．全体の稼働率を A_p とすると，

$$A_p = 1 - \prod(1 - A_i)$$
$$= 1 - (1 - A_1) \times (1 - A_2) \times (1 - A_3) \times \cdots\cdots \times (1 - A_n)$$
$$\text{ここで } i = 1, 2, 3, \cdots\cdots, n$$

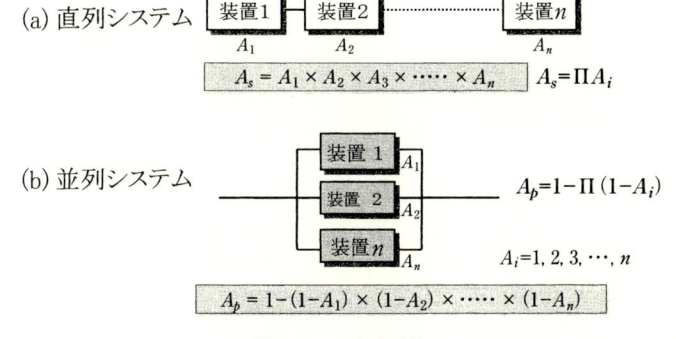

図 9.16 信頼度計算

として求められる．

[例題 7] 東京と広島間には，現在，名古屋経由で回線が設定されており，その信頼度は図 9.17 に示すとおりである．この回線構成に迂回回線を新たに設定して東京と広島間の信頼度を 0.90 にしたい．そのためには信頼度は最低，どれぐらい必要か求めよ．

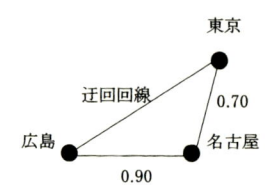

図 9.17 東京―広島間ルートにおける信頼度

（解答）
東京―名古屋―広島間は直列システムであるから信頼度は $0.90 \times 0.70 = 0.63$ である．

求める回線ルートの信頼度を x とすれば，図 9.18 のように信頼度 0.63 のルートとの並列システムになる．よって，

$$1 - (1 - 0.63) \times (1 - x) \geq 0.90 \qquad x \geq 0.729$$

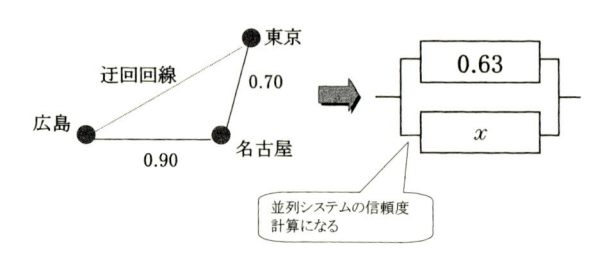

図 9.18 東京―広島間は並列システムになる

よって，少なくとも信頼度 0.73 以上が確保できる迂回回線を設定する必要がある．

[演習問題]

9.1 処理システムが1システムしかない，あるトランザクションが平均到着間隔，20秒の指数分布で到着する．トランザクションの平均サービス時間は15秒で指数分布にしたがうものとする．
   (1) システムの平均利用率を求めなさい．
   (2) 平均待ち時間を求めなさい．
   (3) 処理待ちのトランザクション数は平均どれくらいか．
   (4) 平均待ち行列の長さ（処理中を含む系内客数）を求めなさい．
   (5) サービス時間を含め，処理に要する平均待ち時間を求めなさい．

9.2 ある交換機に60アーランの呼量を加え，そのときの呼損率Bを0.1としたい．
   (1) 必要な出回線数を求めなさい．
   (2) 呼損率$B=0.001$としビジーになる確率を小さくして，サービスの向上を図るには出回線数をあと何回線増設すればよいか，求めなさい．

9.3 5分に1人の割合でお客が窓口に来てあるサービスを受けるという．1人当たりの平均サービス時間は8分である．窓口の呼量を求めなさい．

9.4 ある駐車場に1時間当り6台の割合で車が駐車する．平均駐車時間は20分である．駐車場は常時4台分ある．
   (1) この駐車場に到着した車が満車のために駐車できない率（ふさがり率）を求めなさい．
   (2) 満車で駐車できない確率を50台に1台にするには駐車場をいくつにすればよいか，求めなさい．

9.5 電話網を使って航空券の予約をするシステムがある．予約伝票1件あたりのシステム処理時間は平均6秒であり，平均10秒に1回発生するという．トランザクション処理中に他のトランザクションが発生した場合，待ち行列が発生するが，この待ち行列はM/M/1モデルにあてはまる．システムの平均応答時間を求めなさい．

9.6 図に示すようにプロセッサP_a, P_bを並列に接続して，2重化システムを構成した．2重化システムの稼働率を求めなさい．ただし，両システムともMTBFはT_1, MTTRはT_2で等しいものとする．

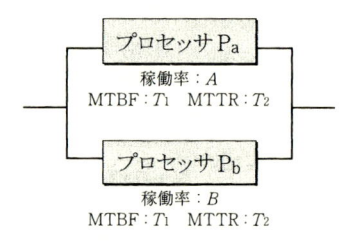

図 9.19 2重化システム

9.7 図 9.20 に示すように，稼働率が A_1, A_2 および B_1, B_2 である2つの直列システムが並列に接続された複合システムにおける稼働率 R を求めなさい．

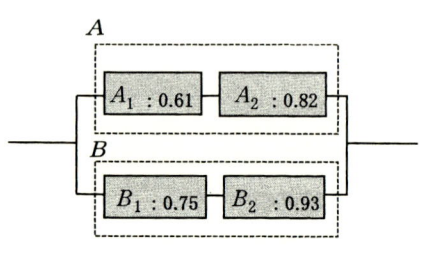

図 9.20 複合システム

10章　ネットワークセキュリティ

　本章では，情報ネットワークセキュリティに関する基礎技術を学習する．今日のネットワーク社会において情報の安全を確保するために「セキュリティ」は非常に重要である．現在，ネットワークに対するセキュリティ対策とその強化は重要な社会課題となっている．本章では，情報ネットワークに対して，どのような脅威があるのか，それを防ぐにはどのような対策や方法があるのか，さらに組織として，セキュリティ対策に取り組む「セキュリティマネジメント」について説明する．

10.1　情報セキュリティ

10.1.1　情報セキュリティの3要素

　近年，あらゆる企業や学校，諸機関，公共施設，そして個人が，インターネットを利用してメールやWeb会議，情報検索・収集など，重要な業務を行っている．それに対して，悪意をもった第3者（以下，クラッカーという：悪意をもって他人のネットワークに侵入し，コンピュータのデータやプログラムを改ざんしたり，破壊などを行う者）がインターネットに不正にアクセスし，故意にデータを改ざんしたり，盗聴・破壊したりするケースが多発している．ネットワークに対する攻撃や破壊には，故意によるもの，災害や過失による被害，システムの故障によるものがある．ここではインターネットに対する故意による破壊やアクセス，情報流出について考え，セキュリティ対策を考える．

　情報セキュリティで重要なことは，①機密性（Confidentiality），②完全性（Integrity），③可用性（Availability）が十分に確保されていることである．機密性とは，情報がアクセス権限のある人だけに利用でき，それ以外の人には利用できないようにすること，完全性とは，情報が悪意のある第3者の改ざんや破壊から守られていること，可用性とは，アクセス権限のある者は，いつでも情報が容

易に利用できることである．これを情報セキュリティの3要素という．

10.1.2 セキュリティの脅威

クラッカーがネットワークに侵入して行う悪意のある行為には多くの種類がある．①ウイルスを送信し，相手側のファイルやデータを破壊するもの，②大量のパケットを送信し，サーバ機能をマヒさせるDOS攻撃，③不正に侵入してWebやファイルのデータを書き換えたり，パケット内容を改ざんするもの，④なりすまし行為，⑤盗聴，⑥他人のサーバを踏み台にして，悪意のある行為を行うこと等々，さまざまである．

10.1.3 セキュリティ対策

クラッカーの脅威からネットワークを守るには，それぞれ多様な対策が考えられている．

(1) ウイルスチェックシステム

企業や大学，諸機関，プロバイダなど組織体のネットワークの入り口でウイルスチェックを行い，ウイルス侵入を防止する．一般的にはインターネットと組織内ネットワークを接続する際に，必ず設置するファイアウォール（Fire Wall：FW）である（図10.1 (a)）．ウイルスチェックシステムは，一種の「検疫」システムである．このシステムは，たとえば電子メールを受信した時に，ウイルスチェックを行い，ウイルスが存在すればそれを駆除して，組織内の利用者に駆除したことを通知する．また，送信メールにもウイルスがいれば駆除して外部に配信する．この場合，電子メール，Web，FTPのパケットが対象となる．（図10.1 (a)）

(2) 個人認証

不正アクセスやなりすましに対して，個人が特定できる認証を行う．

(3) 盗聴・漏えい

パケットの暗号化を行い，盗聴や機密の漏えいを防止する．

(4) 侵入検知システム：

IDS（Intrusion Detection System）とは，ファイアウォールが許可したパケットを監視するセンサーである（図10.1 (b)）．IDSはパケットを常にモニタリン

10.1 情報セキュリティ

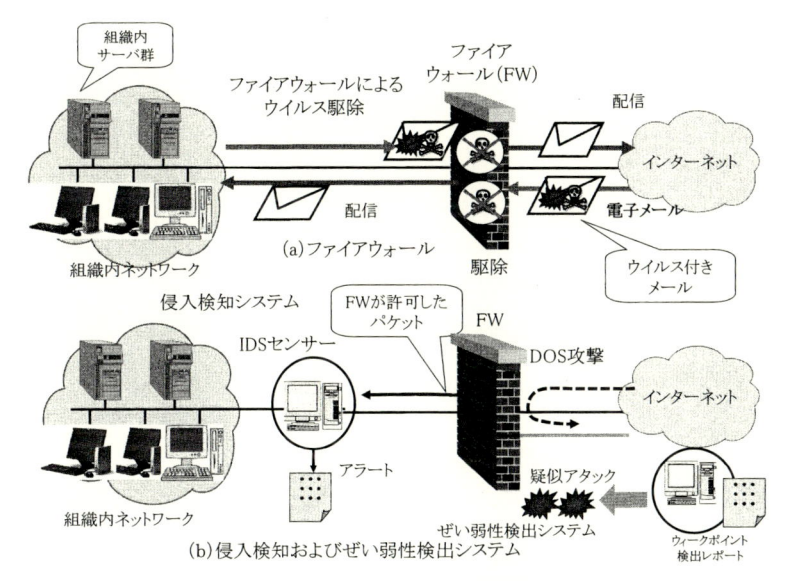

図10.1 セキュリティに対応する各種システム

グしている．たとえば組織外からのDOS（Denial of Service Attack：大量のデータや不正パケットを送りつける）攻撃，不正侵入，ページ書き換えなど，あらゆる攻撃を検出して防止する．また不正アクセスと思われる現象や手順をチェックし，どこから，どのような攻撃が，どのような頻度で行われているのか，をチェックし記録する．さらに不正アクセスであると判断した場合，ネットワーク管理者に「今攻撃を受けている！」というアラートをリアルタイムに通知する．場合によっては，ネットワークを自動的に切り離すこともある．

(5) ぜい弱性検出システム

ぜい弱性検出システムはクラッカーが不正侵入に利用するOSやアプリケーションのセキュリティホール，あるいはぜい弱な構成をあらかじめチェックするシステムである（図10.1 (b)）．クラッカーは，先ず組織内サーバの弱点（ミス）を探り出し，そこを突破口にして侵入し，破壊する．多数のサーバを利用する大規模な組織体の場合，各サーバに疑似攻撃をかけて，どこのサーバにセキュリティホール（弱点）があるのか，ウィークポイントを見付け出して対応する．この場合の対象はルータやFWの他に，UNIXシステム，Windowsシステムなど，組織

外に公開しているサーバが対象となる．

10.2 暗号化方式

暗号化とは，情報の機密性を確保するために，情報を送る際にデータ内容を変更し，受信側で復元してもとの情報を受信するという方法である．伝送途中で万が一盗聴されても中身は変更してあるので理解できない．暗号方式には，**共通鍵暗号方式**と**公開鍵暗号方式**がある．

(1) 共通鍵暗号方式

送信すべき元のメッセージを平文（ひらぶん）と言う．送信側では，この平文を鍵（Key）を使って暗号化して送信する．暗号化は，あるアルゴリズムにしたがってデータ変換する．データ変換した文を暗号文という．受信側では，この暗号文を鍵を使って復号化し，元の平文に戻す．この場合，暗号化する時と復号する時に同じ「鍵」を利用するので共通鍵暗号方式という．対称鍵暗号方式とも呼ばれる場合もある．

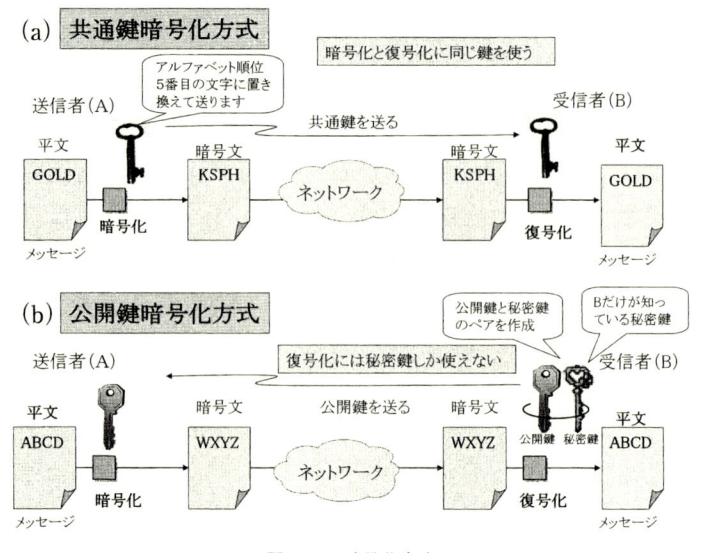

図 10.2　暗号化方式

10.2 暗号化方式

たとえば図 10.2 (a) に示すように「GOLD」というメッセージを送る場合「それぞれの文字について，アルファベット順位 5 番目の文字に変換して送ります」という約束のもとに，暗号文にして送信する．暗号文はネットワーク上では，「KSPH」として伝送される．受信側では，約束（鍵）にしたがって復号化し，元のデータ「GOLD」を得る．この方式は，方法が比較的簡単であるため，処理速度は速い．しかし，相手先ごとに固有の鍵を作成しなければならないので，たくさんの鍵を作らなければならない．また，あらかじめ安全な方法で相手に鍵を渡しておかなければならないという欠点もある．したがって限られた特定の相手とのやり取りに向いている．

(2) 公開鍵暗号方式

公開鍵暗号方式は，公開鍵と秘密鍵の 2 つの鍵を使ってデータの暗号化と復号化を行う暗号方式である．図 10.2 (b) に示すように，受信者（B）は，暗号文を作成する公開鍵と，暗号文を元に戻す秘密鍵の一組（ペア）の鍵を作成する．そして，受信者（B）は公開鍵を公開する．送信者（A）は，公開されている鍵（公開鍵）を使って B 宛にメッセージ（平文）を暗号化して送信する．B は自分の秘密鍵を使ってこれを復号化して平文を得る．公開鍵暗号方式では，「片方の鍵で暗号化した文はもう一方の鍵でないと復号できない」というアルゴリズムであるので，この場合，秘密鍵をもつ B だけが復号化できる．公開鍵暗号方式は，暗号化と復号化を同じ鍵で行う共通鍵暗号方式に比べ，公開鍵の共有が容易であり，相手の数に関係なく公開鍵は 1 つでよいので鍵の管理が容易で安全性が高い．公開鍵暗号方式では，RSA が良く使われている．

(3) SSL 方式

(a) インターネット上でのセキュリティ確保

SSL（Secure Socket Layer）は，Web サーバと Web ブラウザとの間で暗号化通信を行うセキュリティプロトコルである．最近，インターネット上で，クレジットカード番号や個人情報，企業秘密など，重要度の高いセキュリティ通信を行うことが多い．SSL は，インターネット上で，セキュリティの高い通信を行うためのプロトコルであり，現在，広く使われている．

SSL は公開鍵暗号や秘密鍵暗号，デジタル証明書，ハッシュ関数など，各種のセキュリティ方式を組み合わせて，データを暗号化する．SSL によって，データ

の盗聴や改ざん，なりすましを防ぐことができる．

　(b)　仕組み

　ユーザパソコンの Web ブラウザから接続要求を受けた Web サーバは，SSL サーバ証明書を発行し，サーバ認証を行う．SSL サーバ証明書とは，信頼のおける第 3 者機関（認証局）が発行する電子的な証明書のことで，Web サイト所有者の確認と，データ暗号化機能の 2 つの機能をもっている．SSL が導入されている Web ページには，URL 表示の「http://」に，「s」が付き，「https://」となる．「s」はセキュア（Secure）を意味している．

　(c)　公開鍵暗号方式による SSL

　SSL サーバ証明書の申込みを受けたサーバ側は，SSL を導入したサーバで「公開鍵」と「秘密鍵」をペアで作成する．そして，利用（申し込み）者に SSL サーバ証明書を送付する．この中には「公開鍵」が含まれている．利用者は，この公開鍵を使って暗号化したデータをサーバ側に送信する．サーバ側では，ペアで作成した一方の「秘密鍵」を使って解読する．これによって悪意を持った第 3 者からクレジットカード番号のような重要な情報を盗聴されることはない．

　このように，利用者は，特に意識することなくセキュリティを確保することができる．現在 SSL は，Ver 3.0 を改善した TLS 1.0 が IETF によって標準化されている．

10.3　情報セキュリティポリシィ

10.3.1　セキュリティポリシィとは

　クラッカーからの脅威からネットワークを守るには，先ず技術的な対策を講じることは言うまでもない．しかし，それだけでは不十分である．重要なことは，それぞれの組織体において，脅威に対する技術的な対策とそれを支える組織体制をしっかり整えておくことである．すなわち，情報セキュリティに対する当該組織体の考え方（方針：ポリシィ）をしっかりと定めておくことが重要である．

10.3.2 セキュリティの基本方針と体制

組織体が情報セキュリティポリシィとして決めておくべきことは，先ずは「基本方針の策定とその対策」である．具体的には，①情報アクセス権である．つまり，どの情報を誰にアクセスさせ，誰にアクセスさせないかを決める．②操作権として，どの操作を，誰に許可し，誰に許可しないかを決める．③防御体制として，ウイルスや外部からの侵入に対して，どのように対応するか，を決める．④維持管理として，ネットワークをどのような組織体制で維持管理し，また防御が正常に機能しているかをどのように確認するか，体制を決める．このように，脅威に対する技術的な対策はもちろんのこと，ポリシィを決めて，日頃から，運用管理体制を整えておくことが重要である．

このようなセキュリティ対策には膨大な経費と人手が必要である．このような必要経費を予算化しておく．その他，実施手順の策定，周知，組織内におけるセキュリティ教育，さらに，導入，実施，評価・見直し，改善など，PDCAサイクルの実施，運用，システムの監視，ポリシィの遵守状況確認が重要である．

[演習問題]

10.1 外部からネットワークに侵入する「悪意のある行為」にはどのようなものがあるか，代表的な例を挙げなさい．それに対しては，どのような対策が考えられるか，簡単に述べなさい．
10.2 共通鍵暗号化方式と公開鍵暗号化方式の特徴について簡単に説明しなさい．
10.3 ネットワークへの外部からの脅威に対し，ネットワークにはファイアウォール（FW）が使われる．FWの主な機能について簡単に説明しなさい．
10.4 インターネット通信のセキュリティを確保するために使われているSSLについて，そのしくみを簡単に説明しなさい．

演習問題略解

[1章]

1.1 (図1)

	M	E	D	I	A	BCC	BCS
b_1	1	1	0	1	1	0	0	0
b_2	0	0	0	0	0	0	0	0
b_3	1	1	1	0	0	1	0	0
b_4	1	0	0	1	0	0	0	1
b_5	0	0	0	0	0	0	0	0
b_6	0	0	0	0	0	0	0	0
b_7	1	1	1	1	1	1	1	0
P	0	1	0	1	0	0	0	0

図1

1.2 (1) **FDM**（周波数分割多重化方式：Frequency Division Multiplex transmission system）は，音声信号などのアナログ信号を振幅変調し，他の信号とともに周波数軸上に順序よく密に並べて，一度に多数の信号を効率よくまとめて伝送する方法である．

(2) **TDM**（時分割多重化通信方式：Time Division Multiplex transmission system）は，低速のパルス（デジタル）信号の空き時間に，他の端末からのパルス信号を挿入し，1つにまとめて（密にして）高速（多重）化して伝送する方法である．

1.3 (図2)

	ベーシック手順	HDLC 手順
（1）伝送方式	一方向しか伝送できない	両方向同時伝送が可能
（2）データ伝送単位	●ブロック単位 ●1ブロックごとに送受信間で確認する逐次応答方式	●連続転送が可能
（3）同期制御	キャラクタ同期制御	フレーム同期制御
（4）誤り制御	●水平垂直パリティ ●伝送制御符号は誤り制御の対象外	●CRC を採用，高度な誤り制御 ●制御フレームも誤りチェック対象
（5）データ伝送量	文字符号（8ビット）が伝送の最小単位	任意の長さのデータをビット単位で伝送
（6）アドレッシング	アドレスの概念がない	フレームごとにアドレスをつける
（7）その他		パケット伝送の基礎となった

図2

1.4 (1) 送信側の手順

① 単位符号表から文字「イ」のビット配列は次のようになる．

$$\text{イ} \Rightarrow \overset{b_7\,6\,5\,4\,3\,2\,b_1}{0110010}$$

② このビット配列を X の多項式で表すと，次のようになる．

$0110010 \Rightarrow 0\cdot X^6+1\cdot X^5+1\cdot X^4+0\cdot X^3+0\cdot X^2+1\cdot X^1+0\cdot X^0$

$P = X^5+X^4+X$

③ P に G の最高次の項を掛け，PX とおく．

$PX = (X^5+X^4+X)\times X^6 = X^{11}+X^{10}+X^7$

④ PX を G で割り，余りを CRC とする．

$$\begin{array}{r}
X^5+X^4+1\\
X^6+X^2+1\,\overline{\smash{\big)}\,X^{11}+X^{10}+X^7}\\
\underline{X^{11}+X^7+X^5}\\
X^{10}+X^5\\
\underline{X^{10}+X^6+X^4}\\
X^6+X^5+X^4\\
\underline{X^6++X^2+1}\\
X^5+X^4+X^2+1 = CRC
\end{array}$$

⑤ $PX + CRC = X^{11} + X^{10} + X^7 + X^5 + X^4 + X^2 + 1$

(2) 受信側の手順

① 受信した $PX + CRC$ を $G(=X^6 + X^2 + 1)$ で割る．

$$
\begin{array}{r}
X^5 + X^4 + 1 \\
X^6 + X^2 + 1 \overline{\smash{\big)}\, X^{11} + X^{10} + X^7 + X^5 + X^4 + X^2 + 1} \\
\underline{X^{11} + \phantom{X^{10} +} X^7 + X^6 } \\
X^{10} + X^4 + X^2 + 1 \\
\underline{X^{10} + X^6 + X^4 } \\
X^6 + X^2 + 1 \\
\underline{X^8 + X^2 + 1} \\
0 \longleftarrow \text{余り } 0
\end{array}
$$

② 割り切れるので，正常に受信できた．

1.5 a=0，b=1，c=2，d=2

[2章]

2.1 フレームリレー交換では，レイヤ2で，伝送エラー検出，フレーム多重化，0挿入／削除など，コア機能のみを行い，パケット交換のようにフロー制御や伝送エラーによる再送制御は行わない．これにより，パケット交換より高速化できる．

2.2 STMは位置多重とも呼ばれ，各端末からの信号の時間位置があらかじめ決められている．したがって，送るべき情報がなくても一定の時間を割り当てる（固定伝送）方式である．それに対して，ATMは，セルにラベルを付けて多重化して，速度に応じてセル数を決める（可変帯域伝送）方式である．

2.3 (1) パケット通信では，受信側端末で連続して受信できるパケット数をあらかじめ決めておく．受信側では送信側からつねに一定量のパケットを受信し，バッファがオーバーフローしないようにしている．連続して送ることのできるパケット数をウィンドウサイズ（W）という．Wにより，つねにパケットの最適数を受信することをウィンドウ制御という．

(2) 輻輳制御は，交換機のCPUやバッファの使用能率をつねに監視し，使用率が一定値を越えることが予想されると入力を規制する．このような制御を行うことを輻輳制御という．

2.4 ATM交換はパケット（セル）のサイズが53バイトと固定であるのに対し，パケット交換は128～4096バイトのように可変長である．また，ATM交換がハードウェアによるルーティングを行うのに対して，パケット交換はソフトウェア

で行う．またパケット交換は，交換処理をソフトウェアで行うため高速転送はできない．一方，ATM 交換はその欠点を補い，ハードウェアだけでセルを高速転送することができる．さらに，ハードウェアによるルーティングを行うことも可能である．ATM 交換は，固定長のパケット（53 バイトのセル）によって制御をシンプル化した交換方式である．

[3 章]

3.1 標本化周波数は，$f=2f_0=2\times 7\,\text{kHz}=14\,\text{kHz}$ である．
よって，$8\,\text{bit}\times 14,000=112\,\text{Kbps}$ であるから，この場合，112 Kbps の速度が必要である．

3.2 標本化の定理は，3 章を参照．
サンプリング周波数 4 kHz を時間に直すと，$t=1/f$ より，$t=1/4,000=0.25\,\text{msec}$ になる．よって，T_1 から 0.25 msec ごとに振幅の高さを求め，2 進数にすればよい．

① T_1 のとき $\Rightarrow (5)_{10}=(0101)_2$ ② 0.5 のとき $\Rightarrow (10)_{10}=(1010)_2$
③ 0.75 のとき $\Rightarrow (9)_{10}=(1001)_2$ ④ 1.00 のとき $\Rightarrow (7)_{10}=(0111)_2$
⑤ $T_2(1.25)$ のとき $\Rightarrow (5)_{10}=(0101)_2$

よって，ビット列は，01011010100101110101 となる．

3.3 ベクトル量子化とは，送受信端末でお互いに 4×4 画素からなるコードブックと呼ばれる同一の標準画素パターン表をもつ．そして，入力画像をブロックに区切って標準画素をパターンと照合し，一番似ている標準画素パターンを探し出す．画像を送信する場合には，マッチングした標準画素パターンのインデックスのみを伝送する．受信端末では，インデックスを受信してそれに該当する「標準画素パターン」を探して再生する．この場合，インデックス情報のみを伝送すればよいので大幅な情報の圧縮ができる．

[4 章]

4.1 CSMA/CD 方式ではパケットどうしの衝突を検出すると，発信端末に通知し，それぞれ異なったパケット送出時刻を指示し，パケット再送が行われる．それぞれ異なるバックオフ時間により，衝突は避けられる．再送は最大 16 回まで繰り返され，16 回の試行がすべて失敗したときは異常終了となる．

4.2 トークンリング方式は，データの送信権を与えるトークン（token）信号をノード間に高速で巡回させ，このトークンを捕えたノードだけが送信権を得て，デー

タを送信することができる方式である．他のノードはビジートークンによりデータの送信はできない．そのため，データの衝突は起こらない．

4.3 異なる VLAN に属する端末どうしが通信することを「VLAN ルーティング」という．「VLAN ルーティング」を実現するには，ルータか，レイヤ 3 スイッチを使う．最近では，ルータよりもレイヤ 3 スイッチを使って VLAN ルーティングをする場合が多い．

4.4 ユーザー数が増えるとクライアントとサーバ間のトラフィックは大幅に増加すると予想される．またデータ量も増加するので一定のレスポンスを確保するために，ルータからスイッチに変え，従来の 10 Mbps イーサネットから，レイヤ 3 スイッチによる 100 M イーサネットに変更する．これにより，今まで，クライアント - サーバ間の帯域が 10 Mbps であったのが，100 Mbps の帯域になる．

しかし，この場合，ネットワークはレイヤ 3 スイッチによる 100 M イーサネットに変更し，従来よりも大幅に高速・大容量になるが，サーバが従来と同じものでは，高いレスポンスは期待できない．したがって，サーバも処理能力の高いものに置換することにした．

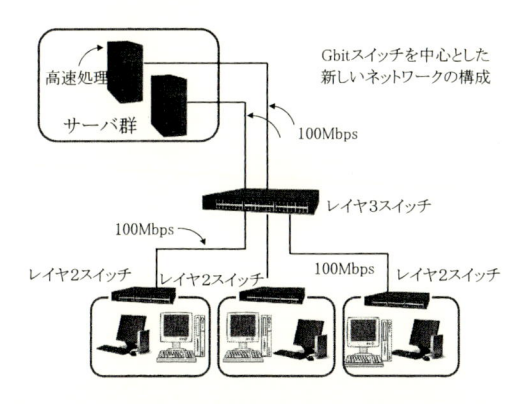

http://www.atmarkit.co.jp/fnetwork/tokusyuu/04nettr/nettr02.html

図 3 改善後の社内ネットワーク

[5 章]

5.1 (1) データリンク層，(2) アプリケーション層，(3) 物理層，(4) プレゼンテーション層，(5) ネットワーク層，(6) トランスポート層，(7) セション層

5.2 図4参照

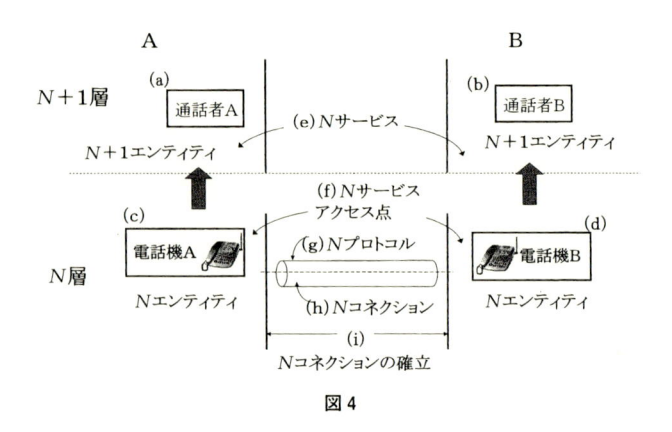

```
              A                         B
           (a)                       (b)
N+1層    ┌──────┐   (e) Nサービス   ┌──────┐
         │通話者A│ ←──────────────→ │通話者B│
         └──────┘                   └──────┘
        N+1エンティティ            N+1エンティティ
─────────────────────────────────────────────
                     (f) Nサービス
                      アクセス点
         (c)        (g) Nプロトコル      (d)
N層    ┌──────┐ ═══════════════════ ┌──────┐
        │電話機A│                     │電話機B│
        └──────┘ ─────────────────── └──────┘
        Nエンティティ (h) Nコネクション  Nエンティティ
                     (i)
                 Nコネクションの確立
```

図4

5.3 (1) コネクション (CO) 型通信

CO は端末間で通信を行う場合，はじめにデータリンクの確立を行い，相手側が通信可能かどうか確認後，通信を行う．通信終了後は，データリンクの開放を行う．CO は，信頼性が高く，安定した通信が可能であるが，オーバヘッドが大きく，通信効率はあまりよくない．固定電話や TCP, HTTP は，CO 型通信の例である．

(2) コネクションレス (CL) 型通信

CL は，アドレスを付けたデータパケットを送信側から受信側に一方的に送信する通信方式である．受信側でパケットが受信できたかどうかの確認は行わない．CL は，高速で効率的な通信が可能で，少量のデータを頻繁に送る場合に適している．またブロードキャストやマルチキャストのように，「1対多」の通信が可能である．VoIP やストリーミング映像配信に使われる．また，IP や UDP は CL 型通信を行うプロトコルである．

5.4 TCP はコネクション型で，パケットの転送順序を決めたり，パケットに欠落がある場合には再送するなど，パケット転送を保証するプロトコルである．UDP は，コネクションレス型で，パケットの転送順序や欠落を保証しないが，その代わり負荷が軽く高速で効率的な通信を行うプロトコルである．

5.5 (a)〜(c)＝1，(d)〜(f)＝2

[6章]

6.1 (1) MACアドレス，IPアドレス，ポート番号の3つである．MACアドレスは，ルータなどすべてのネットワーク機器に一意に割り当てられた物理アドレスであり，ネットワーク機器を識別するために使われる．OSI参照モデルの第2層（データリンク層）に相当する．48 bitから構成され，上位24 bitはネットワーク機器を供給する全世界のメーカ（製造業者）を識別する．下位24 bitは，各メーカ固有の機器番号である．
(2) IPアドレスは，インターネット上の国名や所属する企業，学校など組織体，さらには組織体のネットワークと，ネットワーク内のパソコンや，ルータなど，ネットワーク機器を識別するアドレスである．IPアドレスは，IPv4では32 bitで構成され，32 bitのビット列（固定長）を8 bitずつ区切って「182.64.12.1」のように10進数で表す．
(3) ポート番号は，Web上のサービスプログラムを特定するための番号である．たとえば，POP3は110，SMTPは25，HTTPは80番である．IPアドレスは，ある地域にあるマンションの住所に相当し，ポート番号はマンションの中の部屋番号に相当する．

6.2 CGIは，Webサーバからの実行要求により，ユーザーからの問い合わせに応えたり，アクセス解析をしたり，Web上で，双方向型の処理を行う．たとえば，Webによるアンケート調査を行う場合，利用者からの回答やコメントを処理して結果をブラウザに返す．今までWebは，ユーザーから検索要求のあった情報を一方通行的に返すという機能だけであったが，CGIによりユーザーとWebサーバとの双方向通信が可能になった．CGIプログラムの記述言語としては，PerlやPHP，Python，Ruby，Javaがある．

6.3 a＝001D.094D.9E16，b＝宛先MAC，c＝001D.045D.4516，d＝送信元，e＝192.168.1.4，f＝192.168.2.7，g＝168，h＝1

[7章]

7.1 CDMAは第3世代以降のモバイル通信の多元接続方式に採用されている重要な多重接続方式である．この方式は，音声チャネルごとに異なる「拡散符号（拡散コード）」という特殊な符号を掛け合わせて多重化する．すなわち，送信側でデジタル信号に拡散符号を掛け合わせて送信（拡散）し，受信側では同じ符号を掛け合わせ（逆拡散），元の信号に復元する．この方式では，各ユーザーが同じ周

波数を同時に使うが，それぞれ拡散符号が異なるのでユーザーの識別は可能で，互いに混信することはない．すなわち，他のチャネルではノイズとなるので混信することなく通信が可能である．

7.2 携帯電話の所有者が，移動し，ゾーンを変えるたびに基地局では，位置登録用メモリにその所在を登録する．したがって，受信者が，今どこのゾーンにいるのか，位置登録用メモリに問い合わせ，受信者が所属する基地局を経由し，当該受信者を特定して通話する．

7.3 ①周波数変調（FSK），②振幅変調（ASK），③位相変調（PSK），④直交変調（QAM）の4つである．①周波数変調（FSK）は，0と1の2値符号を，それぞれ2つの周波数 f_1, f_2 に対応させて送信する．②振幅変調（ASK）は，2値符号を振幅の大きさに対応させるか，あるいは，1の場合にはある周波数を on（出力）にし，0の場合は周波数を off（出力なし）にする．③位相変調（PSK）は位相を0，90，180度……とずらして0と1の2値符号を表現する．④直交変調（QAM）は，振幅変調と位相変調を組み合わせ，異なる2値符号を生成するという方法である．8 bit を同時に送る変調方式（$2^8=256$）を 256 QAM という．256 QAM は，16 QAM や 64 QAM と比べさらに高速通信が可能である．

7.4 送信アンテナから発射された電波には，伝搬途中で直接，受信アンテナに到達する直接波と，それとは別に途中にある，いろいろな障害物に反射して到着する複数の反射波がある．マルチパスとは，直接波と，遅れて受信アンテナに到着する電波とが時間遅れで到達し，位相のずれが生じてノイズになることを言う．また復号ができなくなることもある．OFDM のサブチャネルはデジタル変調（64 QAM）後の信号であるため，比較的マルチパスの影響を受けない

[8 章]

8.1 QoS（Quality of Service）とは，ネットワーク上で帯域を予約し一定の通信速度を保持し，サービス品質を保証するサービス（技術）のことである．

IP ネットワークでは，ある確率で，パケットの「転送遅延」や，到達時間のばらつきである「ジッタ（揺らぎ）」，パケットが伝送途中で消失する「パケットロス」が発生する．リアルタイム性が要求される音声や映像配信の場合には，パケットが一定時間内に確実に受信側に到着する必要がある．たとえば音声や動画の配信，TV 会議，IP 電話などに，遅延や，ジッタ，パケットロスが発生すると，音声が途切れたり，動画の乱れが生じ，サービス品質が低下する．場合によっては使えないこともある．

このように，リアルタイム性が要求されるアプリケーションには，優先的に必要な帯域を割り当て，パケットが確実に受信側に到着するように工夫する必要がある．

8.2 MPLS-VPN は，レイヤ 3 網であり，従来フレームリレー網を使っていたユーザーがさらにネットワークの高速化を図りたいという場合に適している．しかし，TCP/IP プロトコルだけにしか対応できないという欠点もある．一方，広域イーサネットは，レイヤ 2 網であり，TCP/IP プロトコルだけでなく，いろいろなプロトコルにも対応でき，新しいサービスにも対応できる．また，高速，かつ低コストであるため高価な専用線やフレームリレーに代わるサービスとして注目されている．どちらもそれぞれ特徴があり，どちらが有利ということは一概には言えない．ユーザーが現在，どのようなネットワークを使ってサービスを実現しているのか，また将来，どのようなネットワークに発展させたいのか，など，選択はユーザー要件により異なってくる．

8.3 ［メリット］
　　（1）ユーザーは設備投資が不要
　　（2）保守費やソフトウェアのバージョンアップ費用が不要
　　（3）いろいろなサービスが手軽に利用できる
　　（4）初期費用がかからず，少ない予算ですぐにビジネスが開始できる
［デメリット］
　　（1）データの機密性やセキュリティに不安がある
　　（2）従量制であり，使い方により経費が増えることがある．特に継続利用の場合には，専用サーバの方が安くなる場合がある．
　　（3）ユーザー側では IT ノウハウが蓄積されない

［9 章］

9.1 到着分布がランダムで，平均サービス時間が指数分布に従う単一システムであるから M/M/1 モデルが適用できる．
　　（1）$\rho(=a) = \lambda t_s = 1/20 \times 15 = 0.75$
　　（2）$t_w = a/(1-a) t_s = 0.75 \times 15/(1-0.75) = 45$ 秒
　　（3）$L_q = \lambda t_w = 1/20 \times 45 = 2.25$
　　（4）$L = \lambda t_q = \lambda(t_w + t_s) = 1/20 \times (45 + 15) = 3$
　　（5）$t_q = L/\lambda = 3/0.05 = 60$ 秒，$t_q = t_s/(1-a)$ から求めても同じ．

9.2 （1）60 回線　（2）23 回線

9.3 5分間に1人であるから，1時間では12人である．したがって，呼量 $a = C \cdot h/T_0$ より，$a = 12 \times 8/60 = 1.6 (\text{erl})$

よって，窓口に常時2人の担当者がいれば客を待たせることなく，また担当者も時間的な余裕をもって対応できる．$a = 1$ erl であると，担当者はフル稼動で休む暇がない．

9.4 呼量 $a = C \times h/T_0$ より，$a = 6 \text{台} \times 20 \text{分}/60 \text{分} = 2$ erl

(1) 呼量 $(a) = 2$，$n = 4$ のとき呼損率 B は表 9.2 より 0.1 である．よって10台に1台が満車で駐車できない．

(2) 満車で駐車できないのを50台に1台（確率0.02）にするには，$n = 6$ にすればよい．

すなわち，駐車場を2つ増設すればよい．

9.5 平均サービス時間 $t_s = 6$ 秒

平均到着率 $\lambda = \dfrac{1}{t_a} = \dfrac{1}{\text{到着時間間隔}} = \dfrac{1}{10}$

・$\lambda = 1/10 \quad \mu = 1/6 \quad \rho = \lambda/\mu = 6/10 = 3/5$

・$t_w = \rho/(1-\rho) \times t_s = (3/5)/(1-3/5) \times 6 = 9$

・$t_q = t_w + t_s = 9 + 6 = 15$（秒） <u>15（秒）</u>

9.6 システムの平均故障時間を MTBF，平均修理時間を MTTR とすると，稼働率は，次式で表わされる．

$$稼動率 = \dfrac{\text{MTBF}}{\text{MTBF} + \text{MTTR}}$$

この式から，先ず，システムの稼働率を求める．
この場合，一つのプロセッサの稼動率は $\dfrac{T_2}{T_1 + T_2}$ である．
一般に，

1) それぞれ稼働率が A, B であるシステムが直列に接続されている場合，システム全体の稼動率は，<u>$A \times B$</u> である．

2) 稼働率 A, B のシステムが並列に接続されている場合には，システム全体の稼働率は，<u>$1 - \{(1-A)(1-B)\}$</u> である．この場合，両システムの MTBF，MTTR が同じであるので，稼働率も同じで，A と B は等しい．よって，

$$1 - \{(1-A)(1-A)\} = 1 - (1-A)^2 \text{ となる．}$$

答えは $1 - \left(1 - \dfrac{T_1}{T_1 + T_2}\right)^2$ である．

9.7 $R_a = A_1 \times A_2 = 0.61 \times 0.82 = 0.50$

$R_b = B_1 \times B_2 = 0.75 \times 0.93 = 0.69$

$R = 1 - (1 - R_a)(1 - R_b)$

$= 1-(1-0.05)(1-0.69) = 0.85$

よって，稼働率 $R = 0.85$

[10章]

10.1 (1) 不正侵入やトロイの木馬，踏み台（中継）
　　　［対策］アンチウイルスソフト，サーバ設定，サーバ・セキュリティ，侵入検知システム，ファイアウォール，ユーザー認証など
　　(2) 盗聴，パケット改ざん
　　　［対策］暗号化，IPsec，SSL
　　(3) なりすまし
　　　［対策］ユーザー認証，ファイアウォール，侵入検知システム
　　(4) DOS攻撃，SPAMメール
　　　［対策］サーバ設定，侵入検知システム，ファイアウォール
　　(5) ウイルス
　　　［対策］アンチウイルスソフト（ウイルス対策ソフト），ファイアウォール，ユーザー認証など

10.2 (1) 共通鍵暗号化方式
　　送信側で文書を暗号化する時と，受信側で復号化する時に同じ「鍵」を使う方式．鍵は，たとえば「何文字ずらす……」のように双方で決めた「約束ごと」である．暗号化のときと，復号化の時と同じ「約束」にしたがって復号化する．この方式は，暗号化が比較的簡単であるため，処理速度は速いが，相手先ごとに固有の鍵を作成する必要があるので，たくさんの鍵を作らなければならないという欠点がある．
　　(2) 公開鍵暗号化方式
　　受信者は，暗号文を作成する公開鍵と，暗号文を元に戻す秘密鍵の一組（ペア）の鍵を作成し，公開鍵だけを公開する．送信者は，公開されている鍵（公開鍵）を使ってメッセージ（平文）を暗号化し，受信者に送る．受信者は自分の秘密鍵を使ってこれを復号化する．公開鍵暗号方式では，「片方の鍵で暗号化した文はもう一方の鍵でないと復号化できない」という約束（アルゴリズム）があるので，この場合，秘密鍵を持つ受信者だけが復号化できる．この方式は公開鍵の共有が容易であり，相手の数に関係なく公開鍵は1つでよいので鍵の管理が容易で安全性が高い．

10.3 (1) フィルタリングによるアクセス制御

　　フィルタリングにより，外部からの不正アクセスを防止する．たとえば，IPアドレスやポート番号を指定し，指定されたアドレスやポート番号以外は通過させないという制御設定を行う．またイントラネットからは許可されているアプリケーションだけを通過させるというアクセス制限を行う．

(2) アドレス変換

　　FWにはプライベートアドレスとグローバルアドレスの変換を行うNAT機能がある．この機能を使って，内部のIPアドレスは公開しない．

(3) ユーザー認証

　　ユーザー認証を行い，あらかじめ許可されたユーザーだけを通過させる．

(4) ログによる情報収集・解析

　　通信ログ（記録）をとることにより，不正アクセス情報を収集する．不正アクセス情報を解析し，セキュリティ対策を行う．

許可されたアクセスを利用して行われる攻撃については，FWでは防止できないため，他の方法でセキュリティ対策をする必要がある．

10.4 SSLは，WebサーバとWebブラウザとの間で暗号化通信を行うセキュリティプロトコルである．インターネット上で，セキュリティの高い通信を行うためのプロトコルとして，現在，広く使われている．ユーザーパソコンのWebブラウザから接続要求を受けたWebサーバは，「公開鍵」と「秘密鍵」をペアで作成する．そして，利用（申し込み）者に，「公開鍵」だけをSSLサーバ証明書に添付して送付する．利用者は，この公開鍵を使って暗号化したデータをサーバ側に送信する．サーバ側では，ペアで作成し保管しておいた「秘密鍵」を使って解読する．このように，SSLによって，データの盗聴や改ざん，なりすましを防ぎ，セキュアな通信を行うことができる．

参考文献

[1章]

1) 江村潤朗（監修），小野欽司，飯作俊一，田村武志：第二種共通テキスト⑦通信ネットワーク，p.13，p.21〜p.23，（財）日本情報処理開発協会，中央情報教育研究所（CAIT）編（1994）
2) 秋山　稔：通信網工学，p.6，コロナ社
3) 都丸敬介（監修），永井正武ほか：ネットワークスペシャリストテキスト，p.288，（財）日本情報処理開発協会，中央情報教育研究所編（1994）
4) 田村武志：システム開発要素技術（Ⅱ）（No.5），工学研究社（1993）
5) 市川量也（監修）：実務家のためのデータ伝送技術，NTT鈴鹿電気通信学園，データ伝送研究会編著，電気通信協会（オーム社）

[2章]

1) 初級情報処理技術者テキストシリーズ（Vol.2）「ハードウエア」：p.186，CAIT編
2) 江村潤朗（監修），八島朝一：情報通信システム入門，p.100，オーム社（1989）
3) 石坂充弘：やさしい情報通信，オーム社
4) 市川量也（監修）：実務家のためのデータ伝送技術，p.60，64，65，NTT鈴鹿電気通信学園，データ伝送研究会編著，電気通信協会（オーム社）（1987）
5) 電気通信技術研究会編：電気通信概論，電気通信協会（オーム社）（1987）
6) 宮保憲治：データ交換ネットワーク（No.4），p.85，工学研究社
7) 弓場英明，西郷英敏：高速データ転送を実現するフレームリレーの動向，電子情報通信学会誌，Vol.77，No.2，p.181-189（1994）
8) 八代善一，原　隆一ほか：フレーム・リレー絵とき読本，オーム社
9) 井上伸雄：ATM［1］，NIKKEI COMMUNICATIONS（1994）

10) 情報通信技術ハンドブック編集委員会編：情報通信技術ハンドブック，オーム社

[3章]

1) 村上篤道："帯域圧縮と画像伝送速度を考える"，コンピュータ&ネットワークLAN
2) 野坂邦史，村谷拓郎：衛星通信入門，オーム社
3) 宮内一洋，更田博昭，山本平一：衛星通信，東京電機大学出版局
4) 川橋　猛：衛星通信，コロナ社
5) 渡辺栄一：音声圧縮／伸長技術の評価と応用，エレクトロニクス（'90 7月号）（1990）
6) 丸山耕作，大石剛治：同一メモリサイズで録音時間を長くした1チップタイプ音声録音用圧縮／再生ICとその使い方，エレクトロニクス（'90 7月号）（1990）
7) 原島　博（監修）：画像情報圧縮，p.6，16，オーム社（1991）
8) 市川量也（監修）：実務家のためのデータ伝送技術，NTT鈴鹿電気通信学園，データ伝送研究会編著，電気通信協会（オーム社），（1987）
9) 井上伸雄：入門ビジュアルテクノロジー　通信のしくみ，日本実業出版社（1998）
10) 力武健次：インターネットの最新技術（第9回），NIKKEI COMPUTER，p.198-199（2000）
11) 富永英義，石川　宏（監修），マルチメディア通信研究会（編）：ポイント図解式 標準ATM教科書，アスキー出版局（1996）

[4章]

1) 上原政二（監修），マルチメディア通信研究会（編）：ポイント図解式 標準LAN教科書（上）（下），アスキー出版局（1996）
2) 小野瀬一志，岩田仙八郎（共著）：わかりやすいLANの基礎，オーム社（1997）
3) Data Beam社：H323，ITU規格の概要と市場における可能性（1998）

参考文献   239

4) 通信システム構築ガイドブック：日経コミュニケーション別冊, p.181
5) 秋山　稔（監修），池田佳和，松本　潤，藤岡雅宣：ISDN絵とき読本，オーム社（1989）
6) 津田　達，津田俊隆，遠藤一美：図解ISDNの伝送技術と信号技術，東京電機大学出版局（1992）
7) 光情報処理研究会編：LAN必修キーワード100,（株）光栄（1993）
8) 新デジタル1種集中講座, p.99,（株）リックテレコム（1993）
9) 田村武志：システム開発要素技術（II）（No.5），工学研究社（1993）
10) 富永英義：新時代をになうローカルエリアネットワーク, p.79, 81, 電気通信ニュース社（1993）
11) 藤島信一郎：通信担当者のためのISDN, p.31,（株）リックテレコム（1988）
12) 小野欽司，浦野義頼ほか：OSI & ISDN絵とき用語辞典, p.108, オーム社（1988）
13) ISDN用語研究会編：ISDN用語集, p.100, 電気通信協会（オーム社）（1991）
14) WINEプロジェクト（監修），笠野英松：ポイント図解式 中小LAN/WAN教科書，アスキー出版局（1999）
15) 瀬戸康一郎，末永正彦，二木　均，大橋信孝（監修）：ポイント図解式 ギガビットEthernet教科書，マルチメディア通信研究会編，アスキー出版局（1999）
16) 江村潤朗（監修），小野欽司，飯作俊一，田村武志：第二種共通テキスト⑦通信ネットワーク,（財）日本情報処理開発協会，中央情報教育研究所編（1994）

[5章]

1) 松尾三郎（監修）：データ通信システム，電子開発学園出版局編（1987）
2) 新デジタル1種集中講座, p.13, 14,（株）リックテレコム（1993）
3) 南　敏，白須宏俊，大友　功：現代通信工学, p.176, 産業図書（1993）
4) 伊藤　昇：エレクトロニクス技術集中講座テキスト，データ伝送／通信技術，日本工業技術センター（1985）
5) 福岡浩平（編著）：情報通信ネットワークシステム構築技術入門，共立出版（1993）

6) 小野欽司：電気通信標準化における地域標準化機関の役割，電子情報通信学会誌，Vol. 77, No. 2, p. 190-196（1994）
7) 電気通信協会編：データ伝送の基礎知識，オーム社（1985）
8) 市川量也（監修）：実務家のためのデータ伝送技術，NTT 鈴鹿電気通信学園，データ伝送研究会編著，電気通信協会（オーム社）（1987）
9) 松尾三郎（監修）：データ通信システム，電子開発学園出版局編（1987）
10) 電気通信協会編：デジタル通信の基礎知識，オーム社（1985）
11) 山下　孚（編著）：やさしいデジタル伝送，電気通信協会編，オーム社（1994）
12) 小野欽司，浦野義頼ほか：OSI & ISDN 絵とき用語辞典，p. 108，オーム社（1988）
13) 小野欽司，浦野義頼ほか：OSI プロトコル絵とき読本，p. 34, 100, オーム社（1991）
14) 勅使河原，難波：コンピュータネットワーク構築技術，日本工業技術センター編（セミナー資料）
15) 斎藤忠夫，石坂充弘：情報通信プロトコル，オーム社（1988）
16) 江村潤朗（監修），小野欽司，飯作俊一，田村武志：第二種共通テキスト⑦通信ネットワーク，（財）日本情報処理開発協会，中央情報教育研究所編
17) 楠　菊信，馬渡憲治：通信情報ネットワーク工学，オーム社（1985）
18) 井口信和：特集①エクストラネット TCP/IP, p. 2-21, コンピュータ＆ネットワーク LAN（3月号），オーム社（1997）
19) NAT：http://www.infraexpert.com/study/ip10.html
20) IP アドレス：http://www.infraexpert.com/study/ip3.html
21) IPv6 ヘッダ：http://www.itbook.info/study/ipv6-4.html
22) 全銀手順：IT-Pro, http://itpro.nikkeibp.co.jp/word/page/10008008/
23) http://www.dsri.jp/ryutsu-bms/standard/standard01.html
24) 流通 EDI 入門講座セミナー資料：（財）流通システム開発センター流通 BMS 協議会（2012）
25) IP アドレス：http://www.infraexpert.com/study/ip3.html
26) 廣田正俊：Cisco CCNA 試験・完全合格問題集，（株）ECH（2008）

[6章]

1) 酒澤茂之, 和田正裕：LAN/インターネット映像通信の標準, 映像情報メディア学会誌, Vol. 52, No. 12, p. 1769-1773（1998）
2) 石坂充弘：やさしい情報通信, p. 83, オーム社（1990）

[7章]

1) 井上伸雄：図解　通信技術のすべて, 日本実業出版社（2011）
2) http://www.a2a.jp/resources/mobile_phone.pdf, （株）A2A 研究所
3) MIMO とは：http://k-tai.impress.co.jp/cda/article/keyword/28004.html, 大和哲

[8章]

1) http://e-words.jp/w/IaaS.html
2) http://itpro.nikkeibp.co.jp/article/Keyword/20110216/357282/
3) 加納貞彦監修：次世代インターネット技術 7, 電気通信協会
4) 渡邊明正監修, 數間精一, 宮田正悟共著：広域イーサネット, IDG ジャパン（2003）
5) 大橋信孝著：IP-VPN と MPLS-VPN, IDG ジャパン

[9章]

1) 大久保弘六：電気通信技術者のための 図解トラヒック理論, 東京電機大学出版局（1987）
2) 真山政義：トラフィック理論と実際, 一二三書房（1978）
3) 大竹敏男, 加藤木昭, 永田　尚：やさしいトラフィック理論, 一二三書房（1978）
4) トラフィック理論：http://e-publishing.jp/contents/tuusin/tuusin04_00.pdf
5) 八木　驍, 勅使河原可海：コンピュータネットワーク, 朝倉書店（1986）
6) 大久保弘六：デジタル第 1 種 端末設備接続技術, 東京電機大学出版局（1993）

7) 新デジタル1種集中講座, p.137, (株) リックテレコム (1993)
8) 南　敏, 白須宏俊, 大石　功：現代通信工学, p.193, 産業図書 (1993)
9) 秋丸春夫：情報通信ネットワーク, オーム社 (電気通信協会) (1991)
10) 楠　菊信, 馬渡憲治：通信情報ネットワーク工学, p.118, 147, オーム社 (1985)
11) 都丸敬介 (監修), 永井正武ほか：ネットワークスペシャリストテキスト, (財) 日本情報処理開発協会, 中央情報教育研究所編 (1994)
12) 市川量也 (監修)：実務家のためのデータ伝送技術, NTT鈴鹿電気通信学園, データ伝送研究会編著, 電気通信協会 (オーム社) (1987)
13) 福永邦雄：コンピュータ通信とネットワーク, 共立出版 (1992)
14) 愛澤慎一 (編著)：やさしいディジタル交換, p.86, 電気通信協会 (オーム社) (1988)

[10章]

1) 三上信男：ネットワーク超入門講座 (第2版), ソフトバンククリエイティブ (2011)
2) SSL について：https://www.geotrust.co.jp/ssl_guideline/ssl_beginners/

索　引

【ア　行】

アーラン　197
アーラン B 式　209
アーラン C 式　210
悪意をもった第 3 者　217
アクセス解析　163
アクセス制御方式　126
アクセスポイント　100
アップリンク　107, 179
宛先 MAC アドレス　131
宛先アドレス　85, 135
アドレス　41, 127, 157
アドレスシーケンス　25
アドレス指定　130
アドレス照合　92
アドレス変換　95
アドレッシング　92, 115
アナログ交換機　52
アナログ信号　8
アプリケーションサーバ　156
アプリケーション層　118
アベイラビリティ　212
網トポロジー　80
誤り検出・回復手順　117
誤り制御　5, 48, 114
誤り制御方式　17, 148
暗号化　164, 185, 220
暗号化技術　184
暗号文　220
アンテナ　172
アンテナ制御装置　71
アンテナ素子　173
イーサネット　189
イーサネットアドレス　133
イーサネットスイッチ　92
イーサネットレベル　189
位相変調　8, 177
板状逆 F 型アンテナ　173
1 次群速度インタフェース　106

位置多重　51
位置登録用メモリ　168
一斉同報通信　72
一定分布　200
一般分布　200
移動体通信　67
インターネット　4, 125, 153, 188
インターネット VPN　184
インターネットアドレス　133
インターネットサービス　154
インターネット層　126
インターネットワーキング　125
インタフェース条件　113
インデックス情報　66
ウイルスチェックシステム　218
ウィンドウサイズ　46, 137, 138
ウィンドウ制御　46, 138
上側帯波　12
動き補償予測，動きの差分　65
衛星通信　3, 67
衛星通信サービス　71
衛星通信網　69
映像伝送サービス　184
遠隔講義　130, 145
エンティティ　120
応答パケット　87
オーバーフロー　46
オーバーヘッド　80, 124
音声符号圧縮装置　67

【カ　行】

開始デリミタ　87
回線インタフェース　55
回線交換　49
回線交換機　52
回線交換方式　38, 169
回線交換網　115
回線雑音　16
回線終端装置　42, 100
回線制御　15

回線接続フェーズ　20
回線切断フェーズ　20
回線能率　207
下位層　112
鍵　220
拡散，拡散符号　175
拡散コード　167
拡張ヘッダ　142
確率関数　211
仮想チャネル識別子　50
画像通信ネットワーク　3
仮想的なパス　186
仮想トンネリング技術　185
仮想パス識別子　50
家庭内 LAN　156
カテゴリ 1, 3, 4, 5　98
稼働率　212
加入者回線　42
加入者交換機　168
カプセリング化　185
幹線 LAN 用ケーブル　99
ギガビットイーサネット　101
ギガビットスイッチ　80
基幹 LAN　101
基幹スイッチ　96
企業内情報通信ネットワーク　183
基礎群　13
基地局　168
基本インタフェース　106
逆拡散　167
キャラクタ同期　16
キャリア　177
業界プロトコル　147
共通鍵暗号方式　220
共通バス　92
業務プロセス　150
近接した画素　64
空間スイッチ　41
空間分割交換方式　39

索　引

クラウドコンピューティング　191
クラウドサービス　154
クラス A, B　129
クラス識別　129
クラッカー　217
クラッド　75
グレーデッドインデックス形　99
グレーデッド型マルチモードファイバー　75
グローバル IP アドレス　132
加わる呼量　206
群計数チェック方式　17
系内時間　198
経路制御　96, 153, 186
経路選択　115
ゲートウェイ　90, 119
ケンドールの記号　199
呼　168, 196
コア　75
広域 LAN　189
広域イーサネット　189
広域イーサネットサービス　188
広域ネットワーク　94, 125
公開鍵　221
公開鍵暗号方式　220
交換ノード，交換装置　38
交換方式　38
公衆網　55, 184
高信頼性チャネル　146
高速通信サービス　179
高速デジタル回線　183
高速パケット転送方式　186
高速バス　80
高速ルーティング処理　96
高速ワイヤレスインターネット　191
広帯域専用線サービス　184
構内デジタル交換機　54
高能率符号化　62
コーデック　145
コード　6, 151
コードブック　66
コード変換　118

国際電気通信衛星機構　69
国際電気通信連合　112
国際標準　112
故障率 λ　211
個人認証　218
呼数　204
呼制御パケット　43
呼設定　45, 146
呼損率　207
固定通信用 WiMAX サービス　190
固定無線アクセスシステム　189
コネクション　186
コネクションオリエンテッド型　83, 123
コネクションモード　123
コネクションレス型　83, 123
呼の生起，終了　38, 204
呼量　197
コンテンション方式　20, 31
コンバータ　72

【サ　行】

サーバ　161
サーバークライアント間の通信　151
サービスアクセス点　120
サービス時間分布　200
サービス種別　134
サービスタイプ　133
サービスプリミティブ　120
サイクリック符号方式　18
細心同軸ケーブル　99
再送制御　48, 85
再送要求と再送方法　112
最大セグメント長　123
最大転送単位　127
サブチャネル　180
差分 PCM　67
サンプリング周波数　60
サンプリングの定理　60
シーケンス番号　30, 45, 137
シールド媒体　99
時間位置　40
時間スイッチ　41

時間スロット　91
識別番号　134, 157
システムの監視　223
次世代 EDI 標準　151
次世代 PHS　179
下側帯波　12
自動車電話　167
自ノード　89
次ノードアドレス　89
時分割交換方式　39
時分割多元接続方式　175
時分割多重化通信方式　14
集線多重化装置　40
周波数帯域　8
周波数分割多元接続方式　175
周波数分割多重化方式　11
周波数変調　8, 177
受信シーケンス番号　44
受信順序番号　30, 45
受信準備完了符号　22
出回線数　207
順序入れ替えスイッチ　40
順序制御　116
冗長な情報　62
衝突，衝突検出　85
情報コンテンツ　162
情報セキュリティ　217
情報セキュリティの3要素　218
情報チャネル　105
情報通信ネットワーク　3
情報フィールド　26
シングルモードファイバー　74
信号圧縮　172
信号空間ダイヤグラム　177
信号チャネル　105
信号ひずみ　75
新世代アンテナ技術　181
侵入検知システム　218
振幅変調，振幅変調方式　8, 177
振幅量　59
信頼性設計　210
信頼性理論　210
信頼度関数 $R(t)$　211
信頼度 R　211
スイッチング処理　95

索　引

スイッチングハブ　80
水平垂直パリティチェック方式
　　22
スター型 LAN　80, 91
スタティックルーティング　94
ステップインデックス形ファイ
　バー　99
ステップ型マルチモードファイ
　バー　75
ストリーム　127
ストリーム型マルチメディアデ
　ータ　145
ストリーム転送　140
スパニングツリー方式　94
スプリッタ　108
スペクトラム拡散方式　167, 177
スペクトラム拡散技術　171
スリーウェイハンドシェイク
　　136
スループット　96, 138
生起呼量　206, 207
制御フィールド　25
制御フラグ　137
制御フレーム　24
制御プロトコル　146
生成多項式　18, 148
生存時間　134
セキュリティ　164
セキュリティ対策　217
セキュリティプロトコル　221
セキュリティホール　219
セキュリティポリシィ　222
セグメント　126
セション層　117
接続手順　123
接続品質　203
切断確認, 切断指示パケット
　　45
ゼネラルフォーマット識別子
　　43
セル, セル方式　50, 171
セルリレー　49, 184
全銀 TCP/IP　147, 149
全銀手順　147
全二重コネクション　137

全二重通信　10, 117
専用回線網　55
専用線サービス　183
総合デジタルサービス網　105
送信シーケンス番号　44
送信順序番号　29, 45
送信元 MAC アドレス　131
送信要求符号　22
双方向同時通信　117
即時式　209
そ通呼量　206

【タ　行】

帯域幅　144
帯域予約　143
大規模ネットワーク　129
待時式　209, 210
対称鍵暗号方式　220
ダイナミックルーティング
　　94, 139
タイムスタンプ　144
タイムスロット　40, 90
タイムスロットの入れ替え　53
第 1 種電気通信事業者　183
第 1 世代, 第 2 世代　167
第 2.5 世代, 第 3 世代, 第 3.5 世
　代, 第 3.9 世代, 第 4 世代
　　168
ダウンリンク　107, 179
多元接続, 多元接続方式
　　70, 167
多重化, 多重化技術　5, 11, 14
多重化装置　40, 73
多重無線アクセス方式　180
多地点制御ユニット　146
単一窓口モデル　200
端局, 端局装置　71, 105
短波通信　3, 68
単方向通信　10
端末インタフェース　55
チェックサム　137
逐次応答方式　20
蓄積交換方式　38
地上マイクロ波通信　67, 69, 72
中規模ネットワーク　129

中継交換機　105, 168
長距離基幹通信網　72
超群　13
超小型衛星通信用地球局　72
直接中継方式　73
直交周波数分割多元接続　180
直交変換　65
直交変調　177
ツイストペアケーブル　81
通信アンテナ技術　181
通信衛星　68
通信開始手続き　112
通信規格, 規約　112, 179
通信サービス　184
通信事業者　79, 155
通信終了手続き　112
通信設備数　203
通信ソフトウェア　120
通信品質　142
通信プロトコル　112
通信量　203
データエントリ機能　163
データオフセット　137
データ構造　118
データ項目, データ書式　151
データ通信　1, 5
データ転送指示, 転送要求
　　121, 122
データの暗号化　185
データパケット　43, 126, 153
データベース・アクセス　118
データリンク層　82, 113, 157
データリンクの確立, 解放　19
適応 PCM, 適応差分　67
適応制御　143
デジタル PBX　54, 80
デジタル加入者線, 伝送方式
　　107
デジタル交換機　40
デジタル信号　8
デジタル多重端局装置　14
デジタルハイアラーキ　14
デマンドアサイン方式　90
テレックス通信, テレックス網
　　1, 4

索　引

テレビ会議, テレビ会議システム　55, 142
テレビ電話　154
電気通信事業法　79
電気的条件　113
電子商取引　147
電子メール　154
電子メールサーバ　161
伝送誤りの検出　115
伝送エラー検出方法　112
転送順序番号　41
伝送制御, 伝送制御技術　5, 15
伝送制御キャラクタ　21
伝送制御手順　5
伝送媒体　91, 113
伝送路符号　9
電波　67
電離層　68
電力増幅器　71
電話交換機　104
電話ネットワーク, 電話網　4, 104
同位エンティティ　120
同期式時分割多重化方式　14
同期制御, 同期制御方式　5, 16
統合デジタル通信ネットワーク　105
同軸ケーブル　3, 97, 113
等速だ円運動　68
盗聴・破壊, 漏えい　217, 218
トークン　86
トークンバス, トークンバス方式　83
トークンリング　83, 126
トークンリング型LAN　89
トークンリングスイッチ　92
トークンリング方式　83
閉じたネットワーク　184
ドメイン名　161
トラフィック　203
トラフィック制御　45, 127
トラフィック密度　205
トラフィック量　205
トラフィック理論　204
トランザクション　195
トランスポート　125
トランスポートコネクション　117
トランスポート層　116

【ナ 行】

認証技術　184
認証サーバ　156
ネゴシエーション　118
ネットワークアーキテクチャ　94, 111
ネットワークアドレス部　128, 158
ネットワーク機器　119, 157
ネットワークコネクション　117
ネットワーク層　115
ネットワーク相互間接続　133
ネットワークのネットワーク　153
ノード　80
ノーマルレスポンスモード　30

【ハ 行】

ハイアラーキ　104
ハイウェイの入れ替え　53
背景予測符号化　65
媒体アクセス制御副層　82
媒体共有型, 媒体占有型　91
ハイパーリンク　154
ハイブリッドクラウド　191
バイポーラ方式　9
パケット組立・分解機能　42
パケット交換, 交換機　24, 49, 52
パケット交換設備　42
パケット交換方式　169
パケット交換網　42, 115
パケット順序番号　116
パケット損失率　144
パケットタイプ識別子　43
パケット多重化, 多重の原理　42
パケット通信　4
パケット認証　185
パケットの衝突　84

パケットフィルタリング機能　164
パケットレベル　116
運ばれた呼量　207
バス型LAN　89
バス型配線　106
パターンマッチング手法　66
バックオフ時間　85
バックボーンLAN　89, 90
発光ダイオード　74
発呼要求パケット　44
発信元アドレス　85, 135
発信元ポート　137
バッファメモリ　127
パディング　135
ハブ　81
パブリッククラウド　191
反射波　74
搬送波　8
半導体レーザー　73
ハンドオーバ　171
半二重通信　10, 20, 117
光海底ケーブル通信システム　76
光波長多重化方式　76
光ファイバー回線　189
光ファイバーケーブル　3, 74, 97, 113
光ファイバー通信　67
光ファイバー通信システム　73
ビジートークン　86
ビジネスプロセス　150
ビジネスプロトコル　147
ひずみ　16
非対称デジタル加入者線伝送方式　107
ビットエラー　16
ビデオ会議　154
非同期式　16
非同期式時分割多重化方式　14
非同期転送モード　48
秘密鍵　221
標準画素パターン　66
標準同軸ケーブル　81
標本化　57

標本化周波数	60
標本化の定理	59
ファームバンキング	147
ファイアウォール	164, 218
ファイル形式	118
ファイル転送	118
ファクシミリ	105
ファクシミリ網	4
フィルタリング	93
フォーマット変換	95
負荷分散	103
複数窓口モデル	200
輻輳状態	127
輻輳制御	46, 127
復調	8
符号化アルゴリズム	63
符号化／復号化	57, 92
符号系列	57
物理層	113
物理的条件	113
不平衡型アンテナ	173
プライベート IP アドレス	132
フラグ	41, 134
フラグシーケンス	25
フラグ同期	16, 26
フラグメント単位	133
プラットフォームサービス	192
プリアサイン方式	90
フリートークン	86, 87
ブリッジ	93, 119
フレーミング機能	92
フレーム	25, 126
フレーム間予測	63
フレーム開始デリミタ	84
フレームサイズ	133
フレーム制御	88
フレーム多重	48
フレームチェックシーケンス	26, 41, 85
フレーム内予測	63
フレームフォーマット	25
フレームヘッダ	44
フレームリレー	47, 184
フレームリレー回線	188
フレームリレー交換	24
フレームレベル	115
プレゼンテーション層	118
フロー制御，制御機能	42, 115, 137
ブロードキャスト	132
ブロードバンドルータ	99, 132
フローラベル	141
プロキシサーバ	164
プロセス間通信	116
ブロックチェックシーケンス	17
プロトコル	112
プロトコル変換	95
プロバイダ	155, 184
フロントエンド LAN	90
分割と再構成	127
分散処理システム	111
閉域ネットワーク	187
平均応答時間 t_q	198
平均故障回数	211
平均故障時間	212
平均故障時間 MTBF	211
平均サービス時間	196
平均修理時間 MTTR	211, 212
平均到着時間間隔	196
平均到着率	196
平均保留時間	196
平均待ち客数 L_q	198
平均待ち時間 t_w	197
ペイロード形式	50
ペイロード長	141
ベーシック手順	20, 149
ベースバンド	81, 177
ベースバンド信号	73
ベクトル量子化	63
ヘッダ	21, 41
ヘッダ誤り制御	50
ヘッダ長	133
ヘッダチェックサム	134
変換符号化	63, 65
変調方式	8, 167
変復調技術	5
変復調装置	71
ポアソン分布	200
ポート番号	127, 159
ホームメモリ	168
ポーリング／セレクティング方式	20
ホストアドレス部	128, 158
保留時間	204
保留時間分布	200

【マ 行】

マイクロ波中継システム	3, 73
マイクロ波通信方式	69
待ち合わせ方式	210
待ち行列, 待ち行列モデル	195, 196
待ち行列理論	195
窓口モデル	196
窓口利用率 ρ	197
マルチキャスト通信	129, 143
マルチキャリア変復調方式	108
マルチメディア通信	105, 144
マルチモードファイバー	74
マンチェスタ方式	9
無線 LAN	99
無線 LAN アクセスポイント	99, 157
無線 LAN 規格	181
無線 LAN コントローラ	103
無線 LAN ルータ	100
無線通信方式	67
無線ブロードバンド	168
無線リンク	100
無装荷ケーブル通信方式	3
メールアドレス	160
メールサーバ	156
メタリックケーブル	107
メッセージ通信	118
メッセージの種類	150
メッセージ・フォーマット	112
メディア変換	105
モールス通信	1
モジュロ 2	27
モデム機器	72
モノポールアンテナ	173
モバイル通信	67
モバイル用 WiMAX サービス	190

索　引

【ヤ　行】

ユーザー CE ルータ	186
ユーザー固有のラベル	186
ユーザー情報フィールド	85
ユーザー認証	164, 185
有線通信方式	67
ユニキャスト	129
予測可能な情報	62
予測符号化方式	63
より対線	97, 113

【ラ　行】

ラベルスイッチング方式	186, 187
ラベル多重	52
ラベルパス方式	186
リアルタイム通信	142
リードタイム	151
離散コサイン変換	65
リトル式	198
リピータ	93, 119
リピータハブ	91
流通 BMS	147
流通ビジネスメッセージ標準	150
流通3層	150
量子化	57
量子化雑音	60
量子化値	60
両方向同時伝送	24
リング型	80
ルータ	4, 94, 119
ルータネットワーク	4, 153
ルーティング	94, 115, 153
ルーティングアルゴリズム	94
ルーティング機能	42, 96
ルーティングテーブル	126
レイヤ1，レイヤ2	113
レイヤ2 MPLS-VPN	187
レイヤ2スイッチ	95
レイヤ3，レイヤ4	116
レイヤ3スイッチ	95
レイヤ5	117
レイヤ6，レイヤ7	118

ローミング，ローミングサービス	103, 174
論理チャネル	43, 116
論理チャネル番号	43, 116
論理リンク	89
論理リンク制御データ	85
論理リンク制御副層	82

【ワ　行】

割り当てスロット	51

【数　字】

0 挿入 0 削除	16, 26
1000 BASE-LH	82
1000 BASE-LX, -SX	102
1000 BASE-T, 100 BASE-T	81
1000 BASE-ZX	82
100 BASE-TX	82
10 BASE-2, -5, -T	81
10G BASE-ER, -LR, -T	82
16 QAM	177
16 次生成多項式	28
16 値直交振幅変調	109
23B+D, 24B+D	106
256 QAM	177
2B+D	106
2×n 相方式	9
2重リング方式	101
2相方式	8
3G 携帯電話サービス	177
32 次生成多項式	28, 85
4G LTE サービス	179
4相方式	9
64 KbpsPCM 符号化方式	60
64 QAM	177, 180

【英　名】

ABM	31
AC	87
ACK	124, 137
ADPCM	67
ADSL	107, 156, 184
ADSL 端末装置	108
ADSL モデム	100
AM	8
AMI	9
Android 端末	172
APCM	67
ARM	31
ARP	131
ARPA, ARPA ネット	4, 125, 153
ARP リクエストパケット，ARP リプライパケット	132
ASCII コード	6
ATM	48, 184
ATM 交換	24
ATM 交換機，スイッチ	53, 92
BCC	21
BCS	17
BER	16
BSC2	147, 149, 151
B チャネル	105
CAP	109
CDMA, CDMA 方式	167, 174
cdmaOne	175
cdma2000 方式	167, 168
CGI	163
CL	124
CLP	50
CMI 方式	9
CO	123
CODEC	55, 145
CR	44
CRC，CRC 方式	18, 85, 148
CR パケット	44
CSMA/CD 方式	83
CTU	157
C バンド	70
DA	85
DC	105
DCT 方式	65
DDX 回線交換網	149
DISC コマンド	32
DLCI	48
DMT	108
DNS	125
DNS サーバ	156
DOS 攻撃	164, 218
DPBX	54

索　　引

DPCM		67
DSL 信号，DSL		108
D チャネル		105
EBCDIC コード		6, 148
EBT 符号		150
ED		87
EDI, EDI 手順		147, 150
EDI 標準化		150
EOS		147
erl		197
ETB		21
Ethernet		126
FC		88
FCS		48, 85
FDDI		89, 126
FDDI スイッチ		92
FDMA		171, 174
FDM ハイアラーキ		13
FM		8
FR		47
FS		88
FTAM		119
FTP		125
FW		218
FWA		189
GbE		101
Gigabit スイッチ		92
$G = X^{16} + X^{15} + X^2 + 1$		148
HDLC 手順		24, 115
HDTV 伝送		61
HF		68
HTML		162
HTTP		126, 159, 160
H.254/SVC		145
H.323		145
H.323 アーキテクチュア		146
IaaS		192
IDS		218
IDU		72
ID コード		174
IEEE		128
IEEE 802.11n		181
IEEE802		102
IEEE802 委員会		82
IEEE802.11a, 11b, 11g		100
IEEE802.3ab, 2.3z		102
IETE		125
IMT-2000		168
INTELSAT		69
Internet Protocol Suite		125
IP		4, 125
IPsec		185
IPv4		128
IPv4 パケット		133
IPv4 フォーマット，IPv6		141
IPv6 ヘッダーフォーマット		141
IP アドレス		127, 153
IP アドレス空間		142
IP データフレーム		133
IP ネットワーク		4, 105, 170
IP パケット長		134
IP モジュール		127
IP version 6		141
IP-VPN		184
IP-VPN サービス		188
IP-VPN 網		148
ISDN		3, 105
ITU		146
ITU-T		28, 106
I インタフェース		106
I フィールド，I フレーム		26
Java		163
JCA 手順，JCA プロトコル		147, 149
JIS コード		6
JIS 7 単位符号		6, 20
Ka バンド，Ku バンド		70
K 相アーラン分布		200
LAN		24, 79
LAN アダプタ		92
LAN 間接続		79, 96, 183
LAN ケーブル		157
LAN スイッチ		80
LAN セグメント		93
LAN プロトコル		125
LAN+WAN シームレス		146
LAN-WAN 接続		79, 95, 125
LCGN		43
LCN		43
LED		74
Length：L		85
Linux		125
LLC		82
LLC データ		85
LLC 副層		86
LS		105
LSP		186
LT		151
LTE		168
L2 スイッチ，L3 スイッチ		95
MAC		83
MacOS		125
MAC アドレス		92, 127, 157
MAC アドレステーブル		92
MAC 層，MAC 副層		86
MCU		146
MDT		211
MIMO		180, 181
MPLS ベース IP-VPN		185
MTBF		211
MTTR		211
MTU		127
MUT		211
M/D/m モデル		202
M/D/1 モデル		200
M/G/1		200
M/M/m		200
M/M/S モデル		201
M/M/S(m) モデル		201
M/M/S(0) モデル		201
M/M/1 モデル		200
NAK 信号		22
NAT		132
NFS		125
NIC		92, 132, 153
NRM		31
NRZ		9
N コネクション		120
N サービスアクセス点		121
N サービス提供者，利用者		121
N プロトコル		121
N+1, N−1 エンティティ		120
$n\text{BASE-}m$		81
N-SAP		121

N エンティティ	120	SA	85	TTL	134
N コネクション応答，確立確認，確立指示	122	SaaS	192	UA	30, 32
		SB-ADPCM 符号化方式	67	UDP	125, 140
ODU	72	SC-FDMA	180	UHF	68
OFDMA	175, 180	SFD	84	UIM	172
ONU	100	SHF 帯	70	URL	160
OSI 参照モデル	112, 157	SIM カード	172	USIM	174
PaaS	192	Skype	154	USIM カード	170
PAD	42	SMTP	125, 159	UTP	97
PCM 符号化技術，方式	57, 66	SNA	111	UTP ケーブル	81
PDC	175	SNMP	125	U フレーム	26
PDCA サイクル	223	SNRM	30	VLAN	96
PDU	122	SNRM コマンド	32	VoIP	187
PE ルータ	186	SP 系	53	VPN	184
PHS	168	SRI	153	VSAT	72
PM	8	SSL	221	WAN	79
PMX	53	STM	51	WDM	76
POP3, POP	159, 163	STP	97	Web 会議	217
POS	147	STX	21	Web 検索	154
P-MP 方式	190	SYN 信号，フラグ，符号	16, 123, 137	Web サーバ	156
P-P 方式	190			Web ブラウザ	162
QAM	109, 177	S フレーム	26	WiMAX	179
QoS	142, 187	TC	105	WiMAX サービス	190
QoS 管理，制御	103, 187	TCP プロトコル	125, 143	Wi-Fi	191
RAS, RASIS	212	TCP/IP	24, 125, 151, 162	W-CDMA	168, 175
RSA	221	TDM	14	xDSL	107
RSVP	143, 187	TDMA	83, 90, 171, 174	XGP	179
RS232C ケーブル	113	TDM 多重化方式	14	XML フォーマット	148
RTCP	144	TELNET	125, 126	$X/Y/S(m)$	199
RTP	144	TFTP	125	X.25 パケット交換	48
RTP/RTCP	143	Thick Ethernet	81	X.25 プロトコル	43, 115
RTSP	145	Thin Ethernet	81		

田村　武志　（たむら　たけし）
1967年　東海大学・電気工学科（通信工学専攻）卒業
専門分野　情報通信工学，情報システム工学，教育工学
　　　　　国際電信電話株式会社（現KDDI），KDD総研を経て，大阪府立大学名誉教授
　　　　　および神戸情報大学院大学名誉教授
現　在　大阪府立大学および神戸情報大学院大学・名誉教授．工学博士

新編　図解 情報通信ネットワークの基礎

検印廃止

| 2013年3月25日　初版1刷発行 | 著者　田村　武志　© 2013 |
| 2023年9月25日　初版6刷発行 | 発行者　南條　光章 |

発行所　共立出版株式会社

〒112-0006　東京都文京区小日向4-6-19
電話　03-3947-2511　振替　00110-2-57035
URL www.kyoritsu-pub.co.jp

印刷・製本　藤原印刷
NDC 547／Printed in Japan

一般社団法人
自然科学書協会
会員

ISBN 978-4-320-08571-8

JCOPY ＜出版者著作権管理機構委託出版物＞
本書の無断複製は著作権法上での例外を除き禁じられています．複製される場合は，そのつど事前に，
出版者著作権管理機構（TEL：03-5244-5088，FAX：03-5244-5089，e-mail：info@jcopy.or.jp）の
許諾を得てください．

■電気・電子工学関連書　　www.kyoritsu-pub.co.jp　共立出版

次世代ものづくりのための 電気・機械一体モデル（共立SS 3）	長松昌男他著
演習 電気回路	庄 善之著
テキスト 電気回路	庄 善之著
エッセンス電気・電子回路	佐々木浩一他著
詳解 電気回路演習 上・下	大下眞二郎著
大学生のための電磁気学演習	沼居貴陽著
大学生のためのエッセンス電磁気学	沼居貴陽著
入門 工系の電磁気学	西浦宏幸他著
基礎と演習 理工系の電磁気学	高橋正雄著
詳解 電磁気学演習	後藤憲一他共編
わかりやすい電気機器	天野耀鴻他著
論理回路 基礎と演習	房岡 璋他共著
エッセンス 電気・電子回路	佐々木浩一他著
電子回路 基礎から応用まで	坂本康正著
学生のための基礎電子回路	亀井且有著
本質を学ぶためのアナログ電子回路入門	宮入圭一監修
マイクロ波回路とスミスチャート	谷口慶治他著
大学生のためのエッセンス量子力学	沼居貴陽著
材料物性の基礎	沼居貴陽著
半導体LSI技術（未来へつなぐS 7）	牧野博之他著
Verilog HDLによるシステム開発と設計	高橋隆一著
デジタル技術とマイクロプロセッサ（未来へつなぐS 9）	小島正典他著
液晶 基礎から最新の科学とディスプレイテクノロジーまで（化学の要点S 19）	竹添秀男他著
基礎制御工学 増補版（情報・電子入門S 2）	小林伸明他著
実践 センサ工学	谷口慶治他著
PWM電力変換システム パワーエレクトロニクスの基礎	谷口勝則著
情報通信工学	岩下 基著
新編 図解情報通信ネットワークの基礎	田村武志著
電磁波工学エッセンシャルズ 基礎からアンテナ・伝送線路まで	左貝潤一著
小形アンテナハンドブック	藤本京平他編著
基礎 情報伝送工学	古賀正文他著
モバイルネットワーク（未来へつなぐS 33）	水野忠則他監修
IPv6ネットワーク構築実習	前野譲二他著
複雑系フォトニクス レーザカオスの同期と光情報通信への応用	内田淳史著
有機系光記録材料の化学 色素化学と光ディスク（化学の要点S 8）	前田修一著
ディジタル通信 第2版	大下眞二郎他著
画像処理（未来へつなぐS 28）	白鳥則郎監修
画像情報処理（情報工学テキストS 3）	渡部広一著
デジタル画像処理（Rで学ぶDS 11）	勝木健雄他著
原理がわかる信号処理	長谷山美紀著
信号処理のための線形代数入門 特異値解析から機械学習への応用まで	関原謙介著
デジタル信号処理の基礎 例題とPythonによる図で解く	岡留 剛著
ディジタル信号処理（S知能機械工学 6）	毛利哲也著
ベイズ信号処理 信号・ノイズ・推定をベイズ的に考える	関原謙介著
統計的信号処理 信号・ノイズ・推定を理解する	関原謙介著
医用工学 医療技術者のための電気・電子工学 第2版	若松秀俊他著